バルチック艦隊ヲ捕捉セヨ

海軍情報部の日露戦争

稲葉千晴

成文社

バルチック艦隊ヲ捕捉セヨ——海軍情報部の日露戦争——目次

バルチック艦隊ヲ捕捉セヨ——海軍情報部の日露戦争——

序章　「敵艦見ユ」の舞台裏

1　運命の電報・決意のZ旗

敵艦見ユトノ警報ニ接シ、連合艦隊ハ直ニ出動シ之ヲ撃滅セントス、本日天気晴朗ナレトモ波高シ

一九〇五年（明治三八年）五月二七日午前四時四七分、東シナ海で警戒に当たっていた仮装巡洋艦信濃丸が、五島列島西方七〇キロのところで、バルチック艦隊（ロシア第二太平洋艦隊）発見の第一報を無線で打電した。四時五二分発の信濃丸第二報が「タタタ」ではじまる艦隊発見の確報である。対馬に停泊していた海防艦厳島が第二報を受信して、五時五分に韓国南部鎮海湾《チンヘ》（釜山から東へ二五キロ離れた舞鶴に似た入り江、現在は韓国海軍の最大の基地）の連合艦隊旗艦三笠に無線で転電する。それを受け取った連合艦隊司令長官の東郷平八郎海軍大将は、右の電報をすぐさま東京の大本営海軍部（海軍軍令部）にケーブルで送付した。そして六時〇〇分、艦隊全艦に出撃命令を打電し、〇五分に三笠の錨を上げて自らも鎮海から出撃した。

中央が日本海海戦時に戦艦三笠の艦橋に立つ東郷平八郎
東城鉦太郎『三笠艦橋之圖』

同じく哨戒業務に当たっていた巡洋艦和泉は、信濃丸から業務を引き継いでバルチック艦隊の跡をつけた。ロシア艦隊は、対馬と壱岐の間の対馬海峡東水道を通過することが予想された。連合艦隊は、和泉から随時無線を接受し、敵の勢力、陣形、進路などを知り、沖ノ島付近で迎撃することを決定した。波が高かったため、水雷艇隊を対馬東岸にある三浦湾に避難するよう命じ、駆逐艦以上のほとんどの艦船を引き連れ、沖ノ島に向け東へ進んだ。同日正午、沖ノ島の北約二〇キロのところから北上する敵を迎え撃つため、南に転じた。午後一時三九分、連合艦隊主力はバルチック艦隊を発見した。同一時五五分、東郷は旗艦三笠の艦上にZ旗を掲げ、麾下の全艦船に次の命令を発した。

皇国ノ興廃此ノ一戦ニアリ、各員一層奮励努力セヨ

こうして、ロシア海軍のジノーヴィー・P・ロジェーストヴェンスキー（Zinovii P. Rozhestvenskii）中将率いるバルチック艦隊との間で、日本海海戦の幕が切って落とされた[1]。

2　東郷平八郎の本心を問う

東郷が必勝の決意をもってバルチック艦隊との戦闘に向かったことが、電報から容易に読み取れる。またZ旗を掲げることで、司令長官は部下全員に自らの決意を示し、国家の命運をかけて必死に戦うことを求めたことになる。

もちろん司令長官たるもの、内心の不安などおくびにも出さず、全軍の士気を鼓舞することは不可欠であり、「撃滅」などという過激な言葉も発せねばならない。少なくとも部下の前では、自信に満ちた顔つきで泰然として指揮を取らなければ、麾下の将兵たちが命を賭けて戦うなど到底できないからである。

ただし東郷といえども人間であろう。まだ見ぬ敵との戦闘への不安が頭をよぎり、部下の中から犠牲者がでることへの危惧が、心の奥底で膨らんでいたことは疑いない。ところが管見によれば、東郷長官がそのときの本心を自ら語ったという記録は残されていない。その事情を推測するに、のちに元帥となって神格化されてしまった提督が、実は当時は不安で一杯だった、などと口が裂けても言えなかったからではあるまいか。

日本海海戦の結果は、双方の戦力が拮抗していたにもかかわらず日本の圧勝に終わった。何が勝敗を分けたのか。戦術・戦略か、将兵の質や錬度か、艦船や兵器の性能か、あるいは別の要因があるのか。海軍の公式戦史では、過去を振り返って、丁字戦法・下瀬火薬・砲弾の着弾率・艦船の速力などが勝因として挙げられている。

東郷が日本側の戦力を熟知していたのは言うまでもない。各艦の性能・戦闘力・部下の資質など十分に掌握した上で戦闘に向かっている。だが敵に関してはどうであろうか。後知恵から当然のことのように語るむきもあるが、バルチック艦隊の編成や各艦の能力・兵器から乗組員の質や士気まで、完全に把握できていたのだろうか。

実のところバルチック艦隊は苦境に追い込まれていた。本隊は、四千キロも遠回りとなる喜望峰経由のルートをとらざるを得ず、酷暑のマダガスカルやカムラン湾で長逗留を強いられる。艦船は半年以上もドックに入れなかったため故障が目立ち、砲弾の補給がなかったため十分な実弾訓練もできず、乗組員の士気は振るわなかった。到底、準備万端の連合艦隊と正面からぶつかれる状況ではなかった。にもかかわらず司令長官のロジェーストヴェンスキー中将は皇帝の命令に逆らうことができずに、やむをえずウラジオストクを目指して対馬海峡に向かった。しかしそのことを東郷は知っていたのか。

日本海軍にとって憂慮すべき状況も存在した。海軍の特性として艦隊は大海原を自由に動き回ることができる。バルチック艦隊が極東に向かってくるにしても、航路は一つではない。敵の大艦隊を迎撃するためには、早期に艦影を発見して、すみやかに通報することが不可欠だった。ところが当時は飛行機も衛星もレーダーもなく、通信手段としての携帯電話やインターネットもない。無線通信は初期段階であり、通信機は大きくて容易に持ち運びはできず、船舶無線の通信距離は百キロ程度に限定されていた。しかも受信能力が安定しておらず、打電された電文を正確に受信できるかどうか不安を残している。海は広大である。米粒のような敵艦隊を早期に発見・通報するのは非常に難しいことだった。もしもバルチック艦隊が日本の監視網をすり抜けてウラジオストクに到達すると、日本海や太平洋における日本の制海権が脅かされる。連合艦隊は是が非でも敵を早期に発見して、万全の迎撃態勢を作り上げなければならなかった。東郷の苦悩はそこにある。

海戦の朝、ふたを開けるまでわからない状況で、東郷は単に「人事ヲ尽シテ天命ヲ待ツ」の心境だけだったのだろうか。筆者には、東郷がそれほど愚かだったとは思えない。「皇国ノ興廃此ノ一戦ニアリ」と自ら語っているように、ここで連合艦隊が敗れれば、それまで陸軍が満州で積み上げてきた勝利も水泡に帰すかもしれないのだ。バルチック艦隊の情報を相当程度分析し、可能な限りの対応策を準備していたはずである。

だが、その対応策とはどのようなものなのか。どのような敵情報に基づいて作戦を練ったのか。

筆者は東郷司令長官に問いたい。本当はどれほど不安だったのですか、どれほどの勝算を有していたのですか、と。

3　新史料と現地調査から見た日本海軍の情報戦略

もちろん雲上の長官が、筆者の問いに答えてくれるはずはない。当時の東郷長官や側近の心境を記した文書が、新たに発見されるわけでもない。これまで日本海海戦に関する書籍は数え切れないほど出版されているが、日本の勝算に関して学術的に的を射る答えは示されていないのが実情である。

日露戦争百周年を経た現在でも、私たちはその答えを得られないのだろうか。そもそも、本来そのような答えを得ること自体が不可能なのだろうか。

ところが近年、日露海戦史にも新たな光があてられるようになった。防衛省防衛研究所戦史研究センターに所蔵されている「千代田史料」に注目が集まったからである。本史料は、海軍が天皇に献上した戦史に関する膨大な検証史料である。海軍関連史料も終戦時に多くが焼かれてしまったが、宮内庁に保存されていた同史料は焼失を免れ、昭和三〇年代に防衛庁に寄贈された。その中には、たとえば一一〇巻にものぼる『極秘、明治三十七八年海戦史』（以下『極秘海戦史』と略）が含まれる。[2] 同書は、海軍軍令部が詳細な海軍戦史として作り上げたものであり、これまで通史として用いられてきた二巻本の軍令部編『明治三十七八年海戦史』の原典と言える。[3] この史料を使って、外山三郎『日露海戦史の研究』や野村実『日本海海戦の真実』などが執筆され、日露戦争中の海軍の活躍に関して新たな研究が生みだされた。[4] たとえば近年日韓の領土問題で注目される竹島に関する文書（日本海海戦後の望楼建設）も、本史料の中に眠っている。

『極秘海戦史』の目次を読むと、「諜報」という章が立てられている。ところが本文はなく、海軍省に一冊だけ報告書が提出されたと記されている。[5] 今日、防衛研究所に当時提出された諜報関係の報告書は残っていない。第二次世界大戦終結時に他の多くの陸海軍関連史料と同じく、灰燼に帰した可能性が高い。

とはいえ、海軍軍令部第三班（海軍情報部）で行われていたバルチック艦隊に関する情報収集活動を、解明する術が完全に失われたわけではない。『極秘海戦史』を読んでいくと、各所に諜報関連の記述がある。くわえて思わぬところに諜報活動の痕跡が残っている。「千代田史料」に含まれる、日露戦争中に第三班が作成して連合艦隊司令部や各艦の艦長、鎮守府や要港部に配布した「大海情」という文書綴である。「大本営海軍幕僚情報」を略したもので、一〇冊以上欠本もなくそろっていた。[6] これは、第三班が世界各地、津々浦々から軍令部に集まってくるデータを整理して、毎日のように海軍の各部門に配布した情報綴である。情報収集の手段などは克明に描かれてはいないものの、バルチック艦隊の半年以上にわたる足跡をたどることができる。どの程度まで日本がロシア海軍の動きを把握していたかを解き明かせる新発見の史料であった。

さらに防衛研究所には「海軍史料」なる文書綴も保管されている。この史料は、第二次大戦中、空襲で貴重な資料が焼失するのを恐れ、海軍が東京帝国大学付属図書館の地下収納庫に保管を依頼したものである。戦禍を免れ、戦後米軍に接収されたものの、昭和三〇年代に返還された。『明治三十七八年戦時書類』と呼ばれる史料群の中には「戦史原稿」という史料が含まれている。軍令部の参謀たちが『極秘海戦史』を執筆する際に利用した史料群である。彼らが「諜報」という章を書いたときに、材料として用いた電報や報告書がファイルされており、これまでの研究ではほとんど利用されてこなかった。[7]

日露戦争中の海軍は、陸軍と違って人員も少なかったため、諜報活動のため海外に多くのスタッフを割けなかった。黒海艦隊の調査、バルチック艦隊の航路に当たるバルト海、イギリスが制海権を有する北海、アフリカ沿岸やマダガスカル、インド洋から太平洋に入る諸海峡、東南アジア沿岸など、広範な地域をカバーすることは不可能に近い。そこで軍令部は情報収集を外部に委託せざるを得なかった。同盟国であるイギリス、在外公館に勤務する外務省職員たちや陸軍武官、商社・船会社などに支援を仰いだ。さらに外国、とくにイギリスの新聞特派員を情報提供者として雇っている。トルコのイスタンブールでは、日本産品の商売を営んでいた山田寅次郎が新市街のガラタ塔に部下を配置して、ボスポラス海峡を通過するロシア艦隊を見張った。東南アジアの主要な港では唐行《からゆ》きさん（娼婦として南方に渡航した貧しい村の女性たち）まで協力したという美談が残っている。これらの協力者が日露戦後に叙勲されることになり、その活躍を証明する書類が外務省で作成された。それをまとめた『日露戦役行賞一件』という十数冊のファイル、およびそれを裏付ける史料が外務省外交史料館に所蔵されている。[8] ヨーロッパ人の協力者に関しては、欧米のいくつかの文書館で裏付け調査をすることができた。さらに小説『坂の上の雲』の出版（一九六九〜七二年）後に、司馬遼太郎の下へも日本各地から少なからぬ情報が寄せられた。それが一九八一年にNHKの「歴史への招待」という番組で取り上げられ、広く紹介されている。[9]

日本外交の基本史料である『日本外交文書』の別冊日露戦争五巻本では、「局外中立」という項目に多くのページが割かれている。同書の編纂にかかわった大山梓（故人、大山巌元帥の孫、後の広島大学・帝京大学教授）が、膨大な外交史料の中から中立関連の文書を多く掲載したからに他ならない。なぜ限られたページ数の中で、大山はそうした文書を多数採用したのだろうか。もちろん一九六〇年代、非同盟や非武装中立など、中立主義が平和維持のための有力な手段ではないか、と学者の間で検討されていたからである。ところが中立関連の文書をバルチック艦隊の史料と並べて読むと、どのように列強が中立を隠れ蓑にして自国の利益を追求し、ロシアに便宜を図っていたかが浮かび上がってくる。たとえば中立国の艦船がバルチック艦隊に燃料や軍事物資を補給し、中立国の植民地がバルチック艦隊の寄港地となっていた。日本外務省は、中立国の艦船を調査して戦時禁制品の供給を妨害し、交戦国の艦隊が植民地の港湾に停泊するのを黙認している宗主国に対して、中立違反だと抗議する。日露戦争中の外交官たちは、海軍の依頼で情報収集していただけでなく、国際法という土俵の上でロシアと戦っていた。[10] 既存の史料もアプローチの仕方によって斬新な結論を導いてくれる。

従来、日本海軍が日本海海戦で勝利を収めた理由として、東郷長官の統率力、秋山真之参謀の卓越した作戦、日英同盟の貢献、将兵の練度と大砲の命中率の高さ、下瀬火薬の破壊力などが挙げられてきた。逆にプレシャコフ『日本海海戦　悲劇への航海』のようなロシア側の新研究では、長距離航海による士気の低下、新旧艦船を集めただけの雑多な艦隊編成、無謀な作戦計画など、ロシア側の敗因も言及されている。[11]しかし、日本側が周到に行ったバルチック艦隊に対する情報収集およびそれと関連した様々な活動は、忘れられていないだろうか。日露戦争後も機密解除が進まず、第二次大戦後になって公開された資料に基づき、今日やっと軍令部第三班の活動が日の目を見た。

　世界中から軍令部に集められた情報は本当に正しかったのだろうか。軍令部は、外務省と協力して、予想されるバルチック艦隊の航路に海軍士官や外交官を派遣し、あるいは情報提供者を雇い、情報を収集した。情報収集に莫大な経費もかけている。だが、当時は飛行機もなく船舶や鉄道でしか投錨予定地を訪れることができず、通信手段も限られており、情報の信憑性を確認する術がなかった。ところが現在ならば、当時の情報活動の軌跡を比較的容易にたどることができる。筆者は次の場所に調査へ赴き、当時の収集された情報がどれほど現地の地理を反映しているか確認してみた。バルチック艦隊の本拠地サンクト・ペテルブルク、ヘルシンキ沖の大砲台があるクイヴァサーリ島、出航の地リバウ（ラトヴィアのリエパヤ）、寄港地であるスペインのヴィーゴ、モロッコのタンジール（タンジェ）、エジプトのスエズ運河、マダガスカルのノシ・ベ島、ヴェトナムのカムラン湾である。また海軍士官や外交官、情報提供者が活躍したトルコのイスタンブール、マダガスカルのディエゴ・スアレス、シンガポール、サイゴン（ヴェトナムのホーチミン）、香港、上海である。韓国や国内では次の海軍望楼や海底ケーブルの設置場所を訪れた。鎮海（韓国の馬山付近）、鬱陵島、対馬、壱岐、呼子（佐賀県）、高崎山（隠岐の西ノ島）、千酌《ちくみ》と地蔵崎（島根県）、禄剛崎（能登半島）、津軽海峡両岸のほとんどの岬である。現地を訪れ、送付された情報と見比べると一喜一憂する。

イスタンブールのボスポラス海峡は思っていたよりも狭く、通過する船は新市街の海峡側のどこからでも一望できた。逆にシンガポール海峡は広くて、海軍の知識のない唐行きさんがセントーサ島から眺めて、ロシア艦隊を確認できたのか疑問が生じた。マダガスカルのノシ・ベ島の近くにはバルチック艦隊が身を潜められる湾があり、長逗留が可能なことが今回の調査で判明している。それを監視していた天草出身の赤崎伝三郎の足跡も、ディエゴ・スアレスで「キモノ・ホテル」として確認できた。二〇〇七年に外国人の立ち入りが許可されたカムラン湾をバイク・タクシーで視察したが、半周するにも三〇分ほどかかる広大な湾で、養殖筏が浮かぶのどかな風景だった。ここならば大艦隊も安心して停泊できたことだろう。海軍が鬱陵島・竹島・松江間の海底ケーブルを陸揚げした千酌海岸は波が静かで、隠岐の高崎山の望楼跡付近からは日本海が一望できた。ただし調査がいつもうまくいくとは限らない。スエズ運河の地中海側の入り口であるポート・サイードは、第三次中東戦争で徹底的に破壊されてしまい、当時の面影は失われていた。鬱陵島北部の海軍望楼跡は安龍福（竹島を最初に発見したと言われる韓国人）の記念館になっており、礎石すら確認できない。それでも現地を訪れると、情報の文面だけではわからない臨場感が伝わってきて、収集の苦労や当時の雰囲気を体感できる。サンクト・ペテルブルク、ヴィーゴ、サイゴン、香港では文書館や図書館を訪れ、当時の文書や新聞で史実を検証しようと試みた。

本書では、新発見の史料を用いて、日本がどのようにしてバルチック艦隊の情報を入手したかを明らかにして、当時の海軍の情報戦略を解明していく。さらに情報収集の現場を訪れて、集められた情報の信憑性を確認した。そして、東郷司令長官が日本海海戦でどれほどの勝算を有していたかを導き出してみたい。

第1章　二〇世紀初頭の世界と運輸情報通信

1　情報通信事情の過去と現在

二一世紀に暮らす私たちにとって、世界中からさまざまな情報を入手するのは難しいことではない。というのも、あらゆる分野で新技術が開発され、運輸・通信の分野で二〇世紀後半とは便利さが格段に進展したからである。たとえばテレビのスイッチを入れれば、世界中で起きた事件がリアルタイムでニュース番組から報道される。どれほどの規模の台風が何日後にどういうルートで来てどこに上陸するかも、気象衛星からの情報に基づき即座に予測できる。少ない予算で海外視察に行くならば、インターネットを使って格安航空券を捜し、ホテルの等級や場所を確認して予約する。訪れる視察場所の地図や衛星写真、それに街角の風景までディスプレイに表示される。出先で道に迷えば、ＧＰＳ（全地球測位システム）付のスマートフォンで現在地を確認し、その場で電話して道順を聞くこともできる。そもそも仕事で世界中のどこを訪れるのも、飛行機を使えば二四時間以内にほとんどのハブ空港に着ける。レンタカーを借り、カーナビを使って高速道路を突っ走れば、空港から離れた目的地でも数時間で到着する。灼熱の砂漠だろうが極北の氷河地帯だろうが、そこに向かう乗り物にはエアコンや暖房が完備されており、旅行は快適である。ホテルに入室すれば電子メールが山のように入っており、本社に国際電話をかけ、いざとなればｉＰａｄのような携帯端末を使ってネット会議も可能となる。クレジットカード一枚あれば、どこの街角のＡＴＭでも現地通貨を引き下ろせ、サインあるいは電子認証を用いることで支払いに現金さえ必要ない。

私たちは民主主義社会に生きており、「知る権利」を行使することができ、情報公開の恩恵を受けている。公立の文書館も整備され、司法・立法・行政各機関の文書も一定の期間を経れば、閲覧が可能となっている。マスメディアも発展し、不正・濫用・危険の臭いを嗅ぎつければ、それを徹底的に解明することが可能となった。通信技術でいえば、冷戦時代に人工衛星はスパイ衛星として開発されたが、今ではほとんどが民生用となり、気象・測量・通信など様々な分野で利用されている。衛星や光ファイバーを使った通信によって、場所も選ばずに通信の量が増え、通信速度も速くなった。そうした技術の上にパソコンの性能向上と一般への普及が進み、世界規模でインターネットが利用できるようになり、現在の情報化社会が構築されていると言えよう。

情報量も莫大である。たとえば、きわめて複雑で未知の領域だった動物のＤＮＡが解析可能となるなど、あらゆる分野で情報を集め、分析する技術が高まったため、情報量が幾何級数的に増加した。そうした情報を共有するため、デジタル通信を使った通信量が飛躍的に伸張し、メモリー技術の進展で多大な量のデータを保存できるようになった。それを使いこなすための様々なツールも開発されており、次々と押し寄せる情報の大波をスイスイと乗り越えられる。

とくに情報収集の際に大事なツールがデータベースである。図書・論文・新聞や雑誌記事など、パソコンをたたけばすぐに検索できる。経費はかかるものの検索結果をクリックすれば、図書館や文書館に行かずとも電子ブックやネット記事で読むことが可能だ。本書で利用している数十年前のイギリスの博士論文も、ブリティッシュ・ライブラリーのイー・ライブラリーから無料でダウンロードできた。アジア歴史資料センターのデータベースを呼び出して、百年以上前の外交文書を自宅のネット上で容易に閲覧できる。とりあえずグーグルやヤフーに検索文字列を打ち込めば、さまざまな組織のホームページを経て、膨大なデータベースにアクセスできてしまう。ネットはまさに情報の宝庫と化した。

一九七〇年代後半に貧乏学生だった筆者の運輸・通信環境を思い出してみよう。下宿には固定電話もテレビもなく、実家からの電話は大家さんが取り次ぎ、ドアの前に張り紙がしてあった。母親に電話するにもカード電話がなかったため十円玉をたくさん用意し、列を作って公衆電話の前に並んだ。携帯電話もインターネットもない時代だったため、テレビを視てラジオを聴くか、新聞を読むかしか情報を入手することはできない。大学の合格通知を急いで知るため、散るかもしれない「サクラ咲ク」という合格電報を入試直後に申し込んだ。銀行の自動振り込みなどできず、仕送りも現金書留だった。初めての海外留学は、腹巻に全財産を忍ばせて五木寛之の『青年は荒野をめざす』の文庫本を握りしめ、二週間かけて最安のシベリア鉄道で北欧に向かった。ヨーロッパを旅行するにも飛行機は高根の花で、もっぱら列車乗り放題のユーレイルパスで移動するしかない。列車に暖房はついていたもののクーラーなどはまだなく、もっぱら扇風機だけであり、旅行は快適とは言い難い。当時は日本から安ホテルを予約するなどの術はなく、やっとたどり着いたユースホステルが満員で追い返され、駅のベンチで一夜を明かしたこともある。持ち金が底をついて日本にコレクトコール（受信人払い）で国際電話をかけるのに、電話局で一時間以上も待たされた。外国の銀行口座に電信で日本から送金されるのに、それでも数日かかっている。留学中は活字が無性に恋しくなり、三〇〇キロ離れた日本大使館の領事部を訪れ、数週間遅れの新聞や雑誌にくまなく目を通した。それでも「昔（六〇年代？）に比べるとずいぶん情報が入るようになった」という年配の大使館員の言葉が忘れられない。

通信は電信から電話の時代に移っていた。回転式のダイヤル通話が普通で、プッシュフォンにはなっていなかった。データ通信はテレックス（電話回線を通じて文字データを送受信するシステム）が開発されていたが、会社などに設置されていただけで一般人は使えなかった。ファックス（ファクシミリ）はまだ家庭には普及していない。気象データは富士山頂のレーダーで集めていたものの、天気予報の精度は低い。衛星の能力も低かったのだろう、飛行機から航空写真を撮り、測量して地図を作った。写真もデジカメなどはなく、カラー写真は値段が高かった。中学校の理科室の横には暗室があり、フィルムを現像して印画紙に白黒で焼き付けた。コピーをするにも湿式のコピー機しかなく、文字はにじんで読みにくかった。

まだ七〇年代には、文科系に限れば膨大なデータベースなど存在しておらず、パソコンのデータ端末もない。書籍を読みたければ、たとえば国立国会図書館を訪れ、五〇音順に並んだ書名や人名索引の目録箱の箱を引出し、図書カードを丹念にめくりながら書名を探す。見つけると分類番号・著者名・書名・出版社・出版年などの書誌情報を申請書に書き込み、受付に渡す。開架式ではないため、注文した本が手元に届くまで一時間もかかった。「朝早く行って申し込み、本が届くまで昼寝しなさい」という指導教授のアドバイスが今でも耳に残っている。新聞記事を調べるのにも苦労した。図書館で縮刷版を広げ、ワープロもなかったため細かな字を鉛筆でノートに書き写す。縮刷版がない新聞は、マイクロフィルム・リーダーにリールをセットし、ハンドルを手廻しする。当時アルバイトをしないかと声をかけられ、教授が赤で囲んだ新聞記事を切り抜き、スクラップ・ブックに日付順で張り付けて小遣いを稼いだ。二一世紀と比べると、情報を入手するのに時間と手間がかかり、集められる量も少なく保存した内容も充実していなかった。集めた情報を引き出すのにも、山のように積まれホコリをかぶったスクラップ・ブックを、遮二無二めくっていく。重要な記事には付箋が張ってあったが、付箋が千切れており記事がみつからない。手に入る情報量は、現在の百万分の一あるいはそれよりも格段に少ないかもしれない。

二〇世紀初頭の運輸・通信は、七〇年代からもはるかに遅れている。まだ電話は一般家庭に普及しておらず、オフィス間でもダイヤル電話はなくオペレーター経由の電話なため、接続に時間がかかった。音声も悪くて聞き取りにくい。市井の人々は小まめに手紙や葉書を書いた。市内ならば郵便の集配業務が一日に数度もあったため、午前中に投かんすれば夕方には便りを読むことができた。しかし遠距離ならば数日かかり、ヨーロッパに送るとなれば一か月以上の期間を要している。それもそのはず飛行機はまだなく、船舶も帆船の時代は終わったものの、石炭を燃料とする蒸気船であり、航続距離も短かったため頻繁に寄港を繰り返した。木船から鋼船に切り替わっており、暖房はあったがまだ冷房も扇風機もなく、熱帯地方を航海すると船内は蒸し風呂のようだった。長距離航路の船内で疫病が蔓延することもあり、海外旅行は命がけである。自動車は一八八〇年代に発明されていたが、まだ一握りの人々しか利用していない。タクシーなどはなく、日本や中国では人力車、ロンドンやパリでは辻馬車が主要な交通手段だった。鉄道といえば、線路や鉄橋が過大な荷重に耐えられず複線区間が限られていたため、スピードは遅く積載量も限られていた。電化されておらず、蒸気機関車が貨車・客車を牽引していたため給炭や給水に手間がかかり、機器の精度も悪かったため故障が多かった。時刻表があっても遅れるのは日常茶飯事であり、現在から見ればのんびりした旅をするしかない。

もっとも速い通信手段は電信だったが、非常に高価で文字数も限定された。日本から欧米に電報を打つとすれば、短い電文でも今日の三〇万円は下らない。東京からロンドンに電報を打つには、事務所から直接回線に接続できないため、まずは電文を作って東京丸ノ内の電信局に持っていく。電信の回線数が少ないため順番を待たされ、伝送速度が遅くしかも長距離伝送できないため、時間をかけて何度も中継局で電文を打ち直す。やっとロンドンの電信局に到着すると、電文を配達人が馬車で届ける。シンガポール・インド経由の南回りの電信線で東京からロンドンの目的地まで、最低でも十数時間かかったはずである。

一九世紀末に発明された無線通信も長波しか受信できず、しかも機器が不安定なため、受信できたかどうかを絶えず確認しなければならなかった。周波数の概念はなく、同時に二カ所で打電すればすぐに混信して聞き取れなくなってしまう。不確実な無線通信は、日本に関して言えば到底実戦に耐えうる代物ではなかった。ただし大海原を航行する船舶間でコミュニケーションをとる手段は他になかったため、不安を抱えながらも日本海軍は各艦船に無線機を積み込んでいた。

外国に関する情報は決定的に不足していた。当時の最高学府である東京帝国大学の付属図書館が一八九三年に本郷に新築される。一九〇四年の蔵書数は約三四万冊、洋書も全体の四割の一四万冊を数えていた。明治政府は先進国から科学技術を導入するために、多大な労力と経費を払って蔵書を揃えた。日露戦争当時における日本最大の図書館であったが、外部には解放されていない。文部省管轄下の東京図書館は東京教育博物館（上野の科学博物館の前身）と同居しておりまだ規模が小さかった。今日の国会図書館の前身である帝国図書館が上野に開設されるのは一九〇六年のことである。貴族院と衆議院にそれぞれ図書館があったものの、蔵書数は東大と比べるとはるかに劣り、〇九年でも各二万冊しかなく、洋書は全体の三分の一程度だった。小規模な公立図書館は存在していたものの、閲覧料金を徴収しており手に入る外国文献は少なく、翻訳の数も限られていた。一般人が無料で入れる最初の公共図書館は東京の日比谷図書館であるが、その開館は〇八年まで待たねばならない[1]。

コピー機もないため手書きでノートを取るのが唯一の記録手段である。まだラジオもないため、主要なメディアといえば新聞だけであるが、主要紙でも紙面は少なく広告ばかり目立ち、今日の情報誌程度の内容しかない。記事の信頼性も推して知るべしであろう。日本人の新聞特派員はアジアの主要都市を除けばほとんど外国には派遣されておらず、外国からの最新情報は欧米の通信社頼みだった。現地を訪れて情報を集めるにも、どの国にも情報公開法がないため多くの情報は機密という名目で政府に独占されていた。そもそも今日的な意味でのきめ細かな情報自体が存在しなかったのだろう。「知る権利」も確立しておらず、革命運動などによる社会不安も存在したため、多くの場所が立ち入りを制限され、基地や軍港には近寄れなかった。外国人は絶えず監視の対象となり、軍事施設をスケッチしただけでも逮捕される。衛星も飛行機もないため、基地や要塞などの全体像をつかむのはきわめて難しかった。ましてや艦船の航行ルートや大砲・水雷の命中率について事前に調べるなど、至難の業だったはずである。地図を作るにもまだ徒歩で測量し、海図の水深は重りを付けた紐の長さで測っていた。詳細な地図や海図は機密扱いで市販されていない。

手に入る情報量は、一九七〇年代と比べても千分の一以下であろう。だれもが情報を集めるのに辛苦を重ねたにちがいない。やっと入手した情報も、今日の感覚からすれば非常に確度が低く、しかも時間がかかった。そうした時代に日本海軍は、地球の裏側を出発したバルチック艦隊の編成・装備・士気・ルートに関する情報を、どのようにして収集したのだろうか。

2　世界に広がる電信網の発達

一八三〇年代にサミュエル・モールス（Samuel Morse）によって電気通信（テレグラフ）が発明されると、モールス符号の考案とあいまって、欧米を中心に広く利用されるようになった。電信柱を立て、柱の上部に絶縁用の碍子《がいし》を着けて、裸電線を碍子に巻き付けて、電信局間を結んでいた。四〇年代末、ガタパーチャという特殊な樹液で電線を被覆する技術が開発されると、海底に電線を敷設することが可能となる。この海底ケーブルによって、海に阻まれて架空線（電柱を使って張られた電信線）を建設できなかった地域へも、電報を打つことができた。以後、欧米列強の植民地支配やビジネスに必要な情報伝達手段として、有線電信網は世界中に張り巡らされた。

ヨーロッパと日本を結ぶ最初の電信線は、一八七二年にデンマークの大北（グレート・ノーザン）電信会社によって開設された。同社はコペンハーゲンからバルト海に浮かぶボルンホルム島を経て、海底ケーブルでラトヴィアのリバーヴァ（リバウ）まで繋げる。そこから架空線をモスクワ、オムスク、イルクーツクというシベリア経由で伸ばしていき、ウラジオストクまで結んだ。そしてウラジオストク・長崎・上海を結ぶ海底ケーブルを建設した。七三年には海底ケーブルが香港まで到達する。

大北電信がシベリアを通る北廻り経路を完成させる一方で、イギリスの東方（イースタン）電信会社が中心となって、南廻りで東アジアまで電信網を広げてきた。すでにドーバー海峡海底ケーブルを使ったロンドンからパリまでの電信線、フランス・イタリア間の架空線、またイタリアからマルタ島までの海底ケーブルは五〇年代に完成していた。さらに六〇年代末までに、マルタからエジプトのアレクサンドリア、紅海のアデン経由でインドのボンベイ（ムンバイ）までの海底ケーブルができあがる。イギリスはインドの直接統治を始める五八年までに、カラチを基点として西海岸のムンバイと東海岸のマドラス（チェンナイ）の間の架空線を完成させた。そこからさらに海底ケーブルを東に延ばす。七一年にはイギリス系の東方拡張オーストラリア中国電信会社（東方拡張電信）が、マドラスからペナン島を経てシンガポールまで、さらに仏領インドシナのサイゴン経由で香港までの海底ケーブルを敷設した。ちなみに、これらのイギリス系の通信会社は一九三〇年代に有線と無線を統合して、ケーブル・アンド・ワイヤレスという世界最大の通信会社に成長する。

東方電信はアジアへの海底ケーブル網の独占的運用を目指す。一八七〇年にはマルタからスペイン南端のジブラルタル、ポルトガルのリスボンを経由して、イングランド南西端ランズエンド岬まで独自のケーブルを敷設した。のちに東方拡張電信は、大北電信とは別の海底ケーブルを福州経由で上海まで敷設する。大北電信の独占に阻まれて、日本にまではケーブルを建設できなかったものの、七〇年代初めまでにイギリスは東アジアにおいて独自の電信網を確立した。[2]

当時の電信技術は未発達で、今日のようにヨーロッパで送信された電報が、中継なしで即座に日本で受信できるわけではない。自動中継装置もない、電線も長距離通信に堪えうるケーブルではなかったため、

イギリス系ケーブル
大北電信ケーブル
他のケーブル
バンクーバー
ウィニペグ
セントジョーンズ
シカゴ
ニューヨーク
サンフランシスコ
ホノルル
ウエリントン

世界の主要ケーブル通信網（1905 年）

"Via Eastern: the Eastern and Associated Telegraph Companies' Cable System", Cable & Wireless Archive, London (1991)

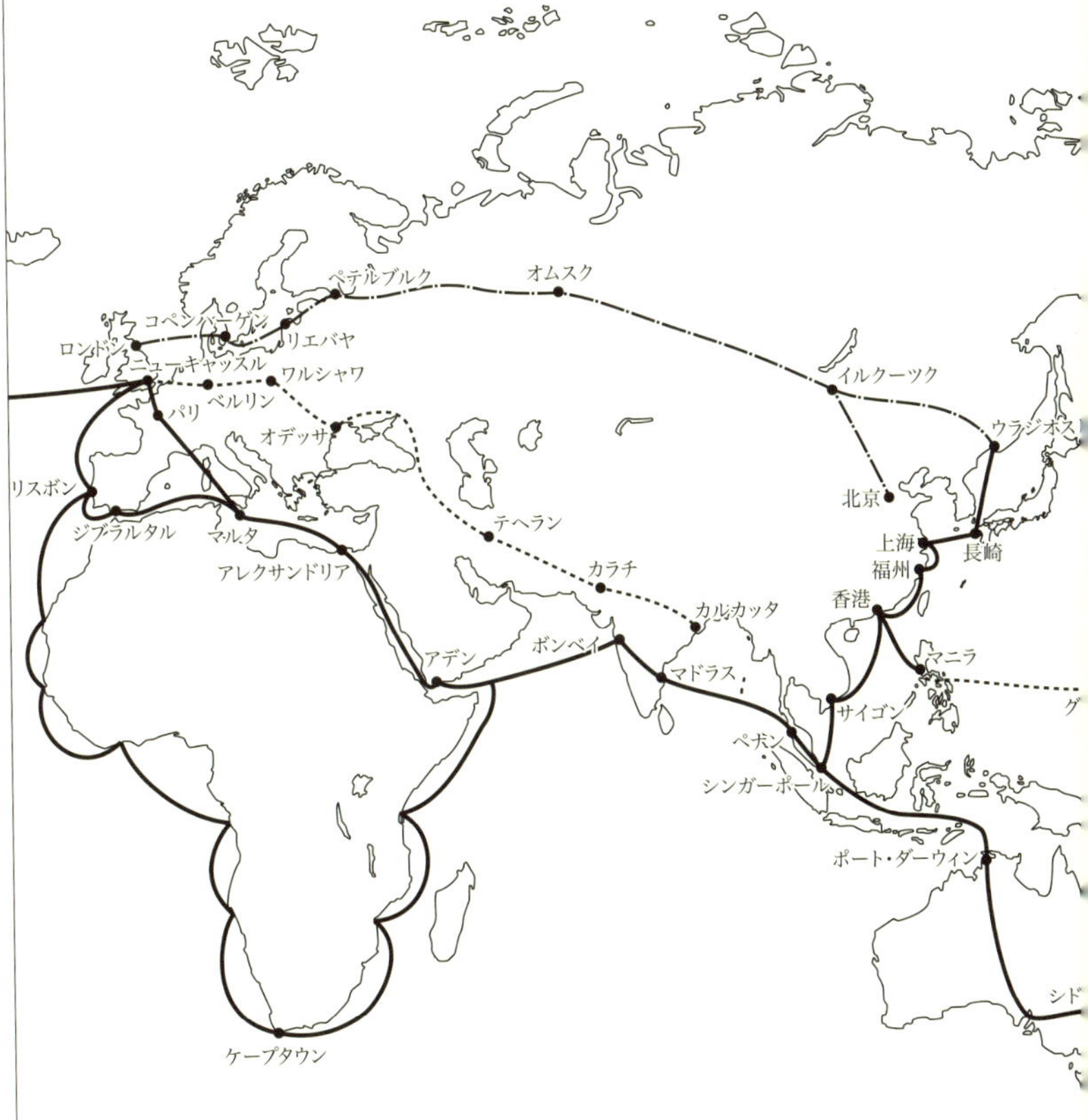

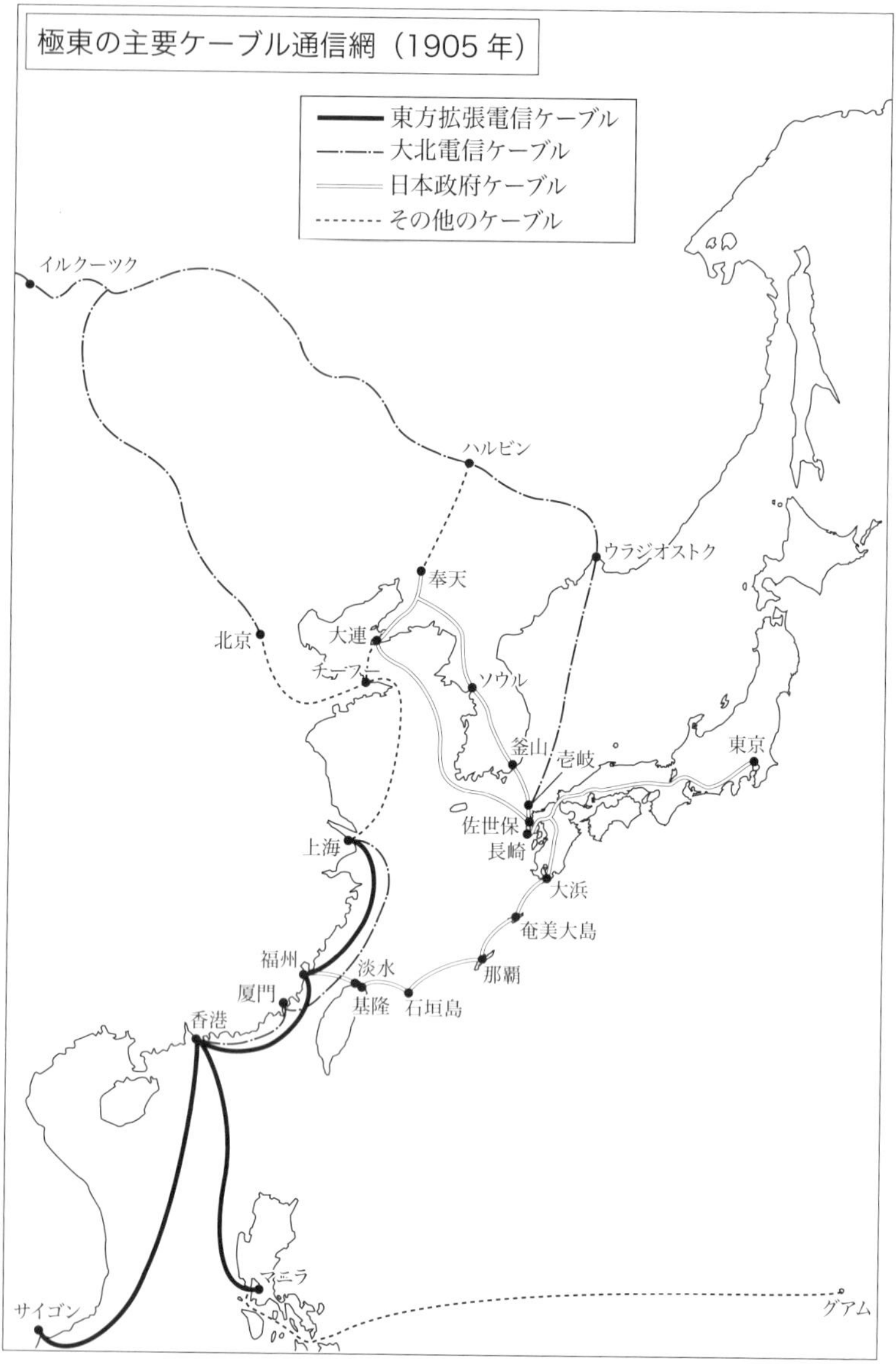
極東の主要ケーブル通信網（1905年）
東方拡張電信ケーブル
大北電信ケーブル
日本政府ケーブル
その他のケーブル
イルクーツク
ハルビン
ウラジオストク
奉天
大連
北京
チーフー
ソウル
釜山
壱岐
東京
佐世保
長崎
上海
大浜
奄美大島
福州
淡水
那覇
厦門
基隆
石垣島
香港
マニラ
サイゴン
グアム

途中に多くの中継局を置き、多くの労力と時間を使ってはじめて電信の運用が可能となった。とはいえ二〇世紀初めまでには電信機器やケーブルの進歩にもめざましいものがある。それまで電鍵のキーを手で叩いて発信していたのに対して、一八五〇年代末に紙テープに孔を開けて機械に読み取らせる送信機が開発され、発信の精度と速度が高まった。さらに当初のモールス式受信機がペンで紙テープに符号を描かせるものだったのに対して、九九年には直接テープに孔を開ける自動受信鑽孔器が発明された。中継所で紙テープの符号を係員が読み取り、新たに送信器用の紙テープに孔を開けて送信する手間が省けた。こうした技術革新の結果、日露戦争までにはヨーロッパから日本へ打電した場合、八〜一二時間で電報が到着した。[3]

日露戦争前夜には、東アジアの国際通信をめぐる状況が錯綜していた。ウラジオストク・長崎・上海間の海底ケーブルを建設した大北電信は、七〇年代以降会社の利益を守るため、東アジアにおける海底ケーブルの乱立に反対した。八二年には、日本と中国大陸間のケーブルの敷設権を三〇年間独占するという約定を、日本と結ぶことに成功している。日本は中国との独自のケーブル建設を禁止された。ところが日本は日清戦争によって台湾を獲得する。台湾を統治する必要上、九七年に大隅半島の大浜（鹿児島県南大隅町）から奄美大島・那覇・石垣島、そして台湾北部の基隆《キールン》に海底ケーブルを建設した。一方すでに清国が八七年に台湾と福州の間に海底ケーブルを敷設していたため、九八年に日本はそれを購入する。福州には東方拡張電信の中継局があったため、日本は大北電信のケーブルを利用せずに、英国系の電信会社を使って、直接中国大陸ひいてはヨーロッパとの交信ができるようになった。

このままでは大北電信の通信利権が日本によって侵害される。その脅威に対して、デンマークとイギリスが東アジアでの電信政策で共同歩調をとった。九九年、大北電信と東方拡張電信は、次の約定を日本と結んでいる。大北電信のケーブル独占権が有効なうちは、台湾に発着する電報に限り台湾・福州線を利用してもよいというのだ。[4] 日本は九州から台湾までのケーブルを建設し、台湾・福州間のケーブルを清から買収したにもかかわらず、自らのケーブルを使った大陸との交信を制限された。[5] 列強の通信利権を打ち破れないまま、日本は二〇世紀をむかえることになる。

電報料金についても言及しておこう。二〇世紀初頭に日本からヨーロッパに電報を打つと、一ワード（アルファベット一五字以内）あたり二円四二銭かかった。官庁が外国に電報を打つ（公電）際のワード数を平均すると、一通一三・六ワードである。すなわち一通平均で約三三円、当時の一円は米価や公務員給与で比較すると現在の一万円ほどの価値があったため、今日の三三万円も支払わなければならなかった。きわめて高額な通信手段だったと言えよう。[6]

外国で収集された情報は、ほとんどの場合現地で打電されケーブルを通じて日本に入ってくる。日本海軍はきたるロシアとの戦争に際して、諸外国に駐在する外交官や海軍武官たちと連絡を取るため、莫大な経費をかけても速報性に優る電信を利用しなければならなかった。日本にとって当時の電信は、もっとも重要な通信手段である。その手段に不備が生じないよう、日本は万全の対策をとる必要に迫られていた。

3　無線電信の発明と開発

一八九六年、イタリア人のグリエルモ・マルコーニ（Guglielmo Marconi）は、イギリスで無線電信の実験に成功し、特許を申請して受理された。これは放電によって電磁波を発生させ、それをモールス信号の形にしてアンテナを経て大気中に飛ばし、それを受信するというシステムだった。ケーブルを必要としない画期的な通信手段である。ただし初期の無線は、強力な直流電源を使って五〇メートル以上の高さのアンテナを必要としたにもかかわらず、電波が飛ぶ距離はけっして長くはなかった。というのも、電波は大気中あるいは大気圏外でも自在に伝搬するのだが、金属粉末をガラス管に入れたコヒーラ検波器の感度が悪かったからである。さらに電気スパーク作用で放射された電波は非常に幅広い周波数帯で発信されたため、二つ以上の交信が同時に同地域で行われると混信を招く。くわえてコヒーラ管を叩いて検波特性を復帰させるデコヒーラの速度が遅かったため、一分間に受信できるワード数も制限されてしまい、多くても一〇ワード程度しか打電できない。まだ三極真空管もなかったため微弱な電波を増幅できず、その結果として受信信号の判別が困難だった。こうした機器の未発達によって、安定的な送受信が難しくなり、信号の認識率も上がらなかった。[7] 二〇世紀初頭の無線通信はまだ発展途上だったと言える。

有線通信の最大の問題は、通信をする際に絶えずケーブルを繋いでおかなければならないことだった。無線通信ならば、電波が大気中を伝搬するためケーブルを必要とせず、移動する船舶との間で容易に交信ができた。海難救助などを管轄する逓信省《ていしん》や、海上における敵艦の早期発見・迅速な連絡を必要としていた海軍省が、無線通信に関心を示した。とくに海戦における情報伝達の成否は勝敗に直結するため、各国海軍は無線通信の開発を極秘として、密かに技術を向上させようとした。

無線局ならば送受信機を置きアンテナを立てさえすれば、ケーブル建設という莫大な経費をかけずに、容易に通信が可能となる。民間でも画期的な情報伝達手段を民生用に利用するため、列強各国の電気技術者が技術開発にしのぎを削っていた。たとえばイギリスでは、マルコーニが一八九七年にマルコーニ無線電信会社を創立して、ドーバー海峡で英仏間の通信を実現させた。一九〇一年末大西洋を隔てた無線通信に成功する。[8] ドイツでは、ベルリン工科大学のアドルフ・スラビー（Adolf Slaby）教授とゲオルグ・フォン・アルコ（Georg von Arco）伯爵が共同で無線機を開発し、〇三年創設のテレフンケン会社で無線技術を発展させた。[9] アメリカでは、〇六年に世界初のAMラジオ放送を成し遂げたレギナルド・フェッセンデン（Reginald Fessenden）や、同年に三極真空管を作ったリー・ド＝フォレスト（Lee de Forest）が、独創的な無線機を開発した。[10]

ロシア人の手による無線通信の開発を侮ることはできない。ペテルブルクの海軍水雷士官学校教官であったアレクサーンドル・S・ポポーフ（Alexander S. Popov）は、ヘルツの電磁波やファラデーの電磁誘導に関する実験をロシアで再現した人物である。彼はマルコーニとは異なり、酸化鉄を半分ほど満たしたコヒーラ管を開発し、検波器の感度や動作の安定性を高めた。また受信機にベルを組み込み、モールス符号の音響受信を可能にした。一八九七年からは開発した無線機を二隻の巡洋艦に搭載させ、洋上実験を繰り返した。九八年、独仏の無線電信開発の現地調査に出かけ、パリでポポフ・デュクレテ式無線電信器を試作させた。ロシアに戻ると、無線電信を運用できる人材の育成と、実戦に耐える無線設備の開発に乗り出す。一九〇〇年にはポポフ・デュクレテ式無線機が、独ジーメンス社のペテルブルク工場で製造され始める。翌年に無線機開発の功績から、ポポーフはペテルブルク電気技術大学の教授として招聘された。ただし〇四年一〇月に出航したバルチック艦隊には、性能の優るドイツのスラビー・アルコ式無線機が搭載された。[11]

日本の状況を見てみよう。一八九七年一月、マルコーニが無線電信を発明したとイギリスで報道された際、同国に多数の海軍士官が派遣されていた。日本海軍は世界最高水準の海軍技術を有するイギリスに新造艦を何隻も発注しており、それらを同国から日本に廻航するためである。士官たちはロンドンで無線電信を海軍に導入するよう前向きに話し合った。九九年春、駐英海軍武官の川島令次郎中佐は、無線電信の優秀性を強調し、英海軍にも導入されている状況を説明して、日本海軍でも研究すべきだと上層部に進言した。くわえて当時イギリスで艤装中だった戦艦敷島に、マルコーニ式無線機を搭載するよう検討させた。加藤高明駐英公使がマルコーニ社との購入交渉に乗り出したが、同社が機器代金以外に百万円（現在の百億円）以上の特許使用料を要求してきたため、購入を断念する。

日本国内でも無線電信に注目が集まっていた。たとえば荒天の際に岬の先端にある灯台と連絡を取るのに難渋しているとして、逓信省で無線電信を導入できないかと検討され始めた。九七年、同省電気試験所主任の松代松之助は、現物を見ず英電気学会誌だけを頼りに無線電信器を試作して実験した。九八年には隅田川河口で公開実験を行い、三・四キロの無線通信を成功させた。以後電気試験所において実験が繰返され、一九〇三年には最長で一二〇〇キロまで交信距離を伸ばすことができた。

話を海軍の対応に戻そう。海軍省は無線通信の有用性を理解しなかったわけではなく、九九年一〇月に外波内蔵吉《となみくらきち》海軍少佐に命じて調査研究を続けさせた。すぐに外波は逓信省に赴き、共同研究を提案する。電気試験所はおもに有線通信の研究をすすめていたため、無線は海軍が中心となって研究するべきだと主張し、主任の松代を海軍に転籍させてもよいと応えた。松代は横須賀の海軍工廠に移って実験を継続することになる。さらに外波は、仙台の第二高等学校の物理学教授であった木村駿吉が、電波に関して日本で先駆的な研究をしていると伝え聞いた。文部省との交渉の末、木村を海軍教授に転官させ、無線電信の研究に専念してもらうことにした。無線電信を海軍で研究するための陣容が整った。

一九〇〇年二月、中佐に昇進した外波が委員長となり、海軍で無線電信調査委員会が発足した。松代の設計した装置を基礎として研究することが決議され、築地の海軍大学校において実験が始められた。海軍首脳の期待は大きく、同年五月の観艦式では天皇の座上する御召艦において実験が挙行され、三三キロ離れた戦艦との間での交信を成功させた。当初の目標は一五〇キロ離れた海上で交信することだったが、〇一年夏までには達成されていない。同年秋とにかく一応の成果として三四式無線電信機を完成させ、その直後に外波と木村は視察のため欧米に出発した。[12]

無線電信調査委員会の努力は認めるが、残念ながら三四式無線機は海軍の実戦に耐えうる代物ではなかった。委員たちが飛距離の面で成果に満足していなかったのは明らかである。飛距離だけでなく、安定性にも問題がある。受信機の中核であるコヒーラ管が未発達であり、安定的に電波を受信できない。電文が届くか届かないかがわからない、それを即座に確認する術もないような通信機の導入を、海軍首脳が受け入れるはずはなかった。とはいえ、もし他国海軍が優れた無線システムを有していれば、海戦の際に日本は圧倒的な不利に陥る。そうした状況に直面するのだけは避けねばならなかった。海外調査が急務だと認識したからこそ、外波と木村は欧米に向かったに違いない。二〇世紀初頭、日本海軍による無線電信の開発は手探り状態が続いていた。

4　交通機関の状況

調査のため東京から大阪に出張するとしよう。今日ならば最速の東海道新幹線「のぞみ」に東京駅で飛び乗ると、約五五〇キロ離れた新大阪駅に二時間三六分で着く。しかも一〇分間隔でのぞみが出発するので、予定していた電車に乗り遅れることを心配する必要もない。もちろん日帰り出張も可能である。新幹線が不通となれば、羽田空港から伊丹空港までジェット機で一時間一〇分しかかからない。飛行機が飛ばなくても、高速道路を使えばバスでも八時間程度で着く。代替交通機関が存在することの意義は大きい。海外旅行も身近である。東京からロンドンまで直行便で一二時間ほど、格安航空券で往復チケットが一五万円以下で購入できる。毎日北回りの直行便が東京から五本も飛び、ロンドン経由でヨーロッパの主要都市のほとんどにその日のうちに着ける。

二〇一三年八月半ば、ポーランドの古都クラクフから首都ワルシャワに電車で向かっていた。両都市間の距離は約三〇〇キロメートル、予定通り走れば三時間半ほどで到着するはずだった。ところが途中の駅舎もない小さな駅で急に電車が止まってしまった。車内放送は何もなし、車掌も理由がわからず、若者がスマートフォンを使って検索しても、まったく原因がつかめない。三〇度以上の気温でクーラーもないため、一時間ほどコンパートメントに留まっていると、乗客の多くは暑さに耐えかねて簡易プラットホームに降り立つ。二時間過ぎてもまったく情報がなく、車内では無料でミネラル・ウォーターが配られた。乗客の五〇名以上が、五〇〇メートルほど離れたバーまで歩いて行き、ビールを買ってきて飲み始める始末だ。喉が渇いた。「バーまで遠いけれど大丈夫か」と若者たちに聞くと、出発する前には汽笛が鳴るから急いで戻ってくればよいとのこと。筆者も恐る恐るバーまで歩き、ビールを抱えて小走りで帰ってきた。

だがまだ動かない。日本人ならば車掌を捕まえて質問攻めにするか怒り出すところである。しかしポーランド人は騒ぎ立てもせず、あきらめ顔で頬杖をついている。年配のおじさんが「ポーランドは三〇年前と何も変わらない」と嘆いていた。五時間過ぎてやっと電車が動き出す。一切遅延の説明はなく、六時間遅れでワルシャワに到着した。共産主義時代の東欧諸国は、それほどのんびりしたものだったのだろう。

二〇世紀初頭には、まだ飛行機・新幹線・電車・ディーゼル機関車もなく、高速道路もない。列車は蒸気機関車に牽かれてゆったりと進んだ。一九〇三年の時刻表によれば、東京・大阪間の直通列車は急行が早朝一本、夕方一本だけである。東海道本線は新橋が始発で、順調にいって大阪駅まで一五時間三〇分ほどかかった。平均時速が三五キロほど、現代の感覚からすると、きわめてのろい。これでは東京・大阪を結ぶ大動脈とはいえ、よほどの覚悟がないと利用できなかろう。欧州航路の船にしても、日本郵船の客船が横浜からロンドンまでスエズ運河経由で片道二か月以上もかかっている。費用も三等客室で片道一六五円、現在の一五〇万円以上である。[13] それでも日本を代表する船会社の日本郵船は六千トン級の客船を一二隻もそろえ、月に二本の定期便を運行していた。[14] 現在では客船の定期便などないが、コンテナ船で日本からイギリスまで二四日ほどで着く。当時は船旅でも現代の二・五倍の日数を費やさねばならなかった。

一九〇三年における東アジアとヨーロッパを結ぶ最速の交通手段はシベリア鉄道だった。敦賀からウラジオストクまで船で行き、金閣湾の入り口にある中央駅からシベリア鉄道に乗り込む。ウスリー鉄道を北に向かうが、現在とは異なりウスリースク駅近くで分岐して西に向かい満洲に入り、東清鉄道を進む。ハルビン・チチハルを経て満州里で中国を離れ、シベリア鉄道の本線と交わる。当時はバイカル湖南部に鉄道ができていなかったため、東岸から西岸まで船で渡る。バイカル湖が氷で覆われる一二月から四月は氷上を橇で渡った。日露戦争が勃発した〇四年二月には、氷上に線路を敷いて鉄道を走らせた。湖が凍る一〇～一一月、融ける四～五月は砕氷船で対岸に向かったが、氷を割れずに何度となく立ち往生を余儀なくされた。やっと〇四年七月にバイカル湖南部迂回線が完成して、全線が開通した。ただし単線のために引き込み線や待機線を各所に作らなければならず、反対方向から来る列車が到着するまで、ひたすら待つのみである。線路の軌道がしっかりしていないため、スピードも出せない。蒸気機関車を使っているため燃料の石炭を積み込む施設や給水塔も不可欠である。ところがマイナス三〇度以下になる真冬はすべてが凍りつくため、氷を融かす、あるいは割って給水した。機器の精度も悪くすぐに摩耗するため、頻繁に部品の交換が必要となり、故障も絶えず、レールや部品を交換するにも重機がないためすべて人力に頼っていた。軌道も脆弱で、数え切れないほどの脱線事故を起こしている。にもかかわらずロシア交通省は、特急列車を走らせてウラジオストクからモスクワまで八八〇〇キロほどを一〇日間で走破すると宣伝した。実際には時刻表通りに走れたためしがなく、二週間程度かかるのが当たり前だった。[15]

二〇世紀初頭の交通機関は、今日と比べると本数が少なくスピードも遅く、しかも様々な要因が重なって時刻表通りに運行されていない。目的地に着くまでにかなりの日数を費やし、熱帯地域を航行する際もクーラーなどはなく、疫病に冒されるリスクが高く、快適な旅は望むべくもなかった。きびしい状況の中で日本海軍は、バルト海、デンマーク、ギリシアのクレタ島、イスタンブール、スエズ運河、マダガスカル、オランダ領インドシナ（インドネシア）、フランス領インドシナ（ヴェトナム）、フィリピン、台湾海峡、東シナ海、朝鮮半島で情報を収集している。海軍士官、外交官、あるいは彼らに雇われたスパイたちが、広大な調査範囲を鉄道や船舶を使って訪れた。こうした現地に赴き調査するという行為が、今日よりはるかに時間がかかり予定通りにはいかず、しかも苦労が多かったことを最初に述べておきたい。それでも彼らは一分でも早く情報を手に入れようと尽力した。本書ではその点を際立たせるため、第一報にこだわっている。

第2章　日本海軍の情報活動

1　海軍軍令部第三班

日本海軍は、江戸幕府が一八五五年に長崎に海軍伝習所を設立したのが始まりであり、維新以後は明治政府に引き継がれて発展してきた。七二年に海軍省が設置され、イギリス式の海軍スタイルが導入される。八六年に海軍作戦の策定や艦隊行動の指揮をつかさどる軍令部門が海軍省から分離し、日清戦争前夜の九三年に軍令部という名称となった。陸軍の参謀本部と同様、海軍において対ロシア作戦の中核となる組織である。軍令部の建物は、現在の千代田区霞が関一丁目二番地、農林水産省の建物のところに海軍省と並んで建てられていた。

軍令部は機構改変を繰り返しながら、日清戦争後に三局編成となる。日露戦争前夜の一九〇三年末には、名称が局から班に変更された。日露戦争中の軍令部長は伊東祐亨《すけゆき》海軍大将が、軍令部次長は伊集院五郎中将が務めている。第一班は作戦計画を練り上げて艦隊編成を統括し、第二班は人員と兵器・軍需品の配備を管理する。第三班では、各国海軍の情報を収集・分析し、先進国の技術や制度を導入するため洋書を翻

海軍軍令部第三班長の
江頭安太郎大佐

訳した。第三班こそが海軍情報部と呼べる部署である。

　海軍軍令部条例によれば、第三班の班長は海軍大佐、班員に中佐あるいは少佐二名、少佐あるいは大尉四名、機関中小監一名、大機関士一名、海軍編修二名となっていた。軍令部定員五四名のうち第三班には全体の三割に当たる一六名の人員が割かれ、定員以外にも技術将校や印刷部門の職員が働くほどだった。日露戦争直前の局長は細谷資氏《すけうじ》大佐であったが、○三年七月に少将となって同年末に艦隊司令官として転出した。日露戦争中の班長は、軍令部副官も兼ねる江頭《えがしら》安太郎大佐である。[1] 江頭は、一八六五年佐賀藩の士族の家に生まれ、海軍兵学校・海軍大学校を経て、日清戦争中は巡洋艦金剛の航海長を務めた。戦後、海軍大学選科で軍政学を学び、海軍省軍務局員として働き、装甲巡洋艦出雲や八雲の副長となっている。日露戦後は軍務局長を務め、中将で退役した。[2] ちなみに江頭の子孫には、作家の江藤淳や皇族の雅子妃もいる。日露戦争の全期間をとおして、江頭大佐が中心となってロシア海軍情報の収集が推し進められた。

　日露戦争が始まると、天皇を大元帥とする大本営が東京に設置され、軍令部は形式的に大本営海軍幕僚と呼ばれるようになる。そうした中で第三班が中心となり、「大海情」（大本営海軍幕僚情報）というガリ版刷の書類が作成された。ロシア海軍に関して知り得た情報を、できるかぎりすみやかにまとめた報告書である。各海軍駐在武官や在外公館から送られてきたものか、新聞記事を翻訳したものかなど、情報の発信元も明らかにされている。内容は、ロシア各艦船の所在から武器の種類、兵員の士気や海軍の人事、中立国の輸送船にまで及ぶ。「大海情」は、軍令部だけで独占するのではなく、海軍内部で情報を共有する目的で作られた。東京では、海軍省および軍令部に隷属する各部局（鎮守府・要港部や艦隊司令部など）、陸軍や外務省などに配布された。呉や佐世保などの遠隔地には暗号化して打電される。日露戦争勃発直後の〇四年二月から講和条約が両国で批准される〇五年一〇月までの間に、千通を超える情報綴りが作成されている。B5版二枚ほどの分量で漢字とカタカナで書かれた手書きの情報綴りが、一日平均二通ほど作られていたことになる。日本海軍の命運を分ける情報が、たえず軍令部第三班から発信された。ちなみに情報綴りの名前は年代によって異なる。一八九七年以降「諜報」という名前で関係各所に配布された[3]。一九〇三年五月、日本が対ロシア戦争の準備を始動させると[4]、第三局は配布する情報を「秘情報」という名前に変更した[5]。これが、日露戦争勃発後に「大海情」という呼び名に再び変わることになる。

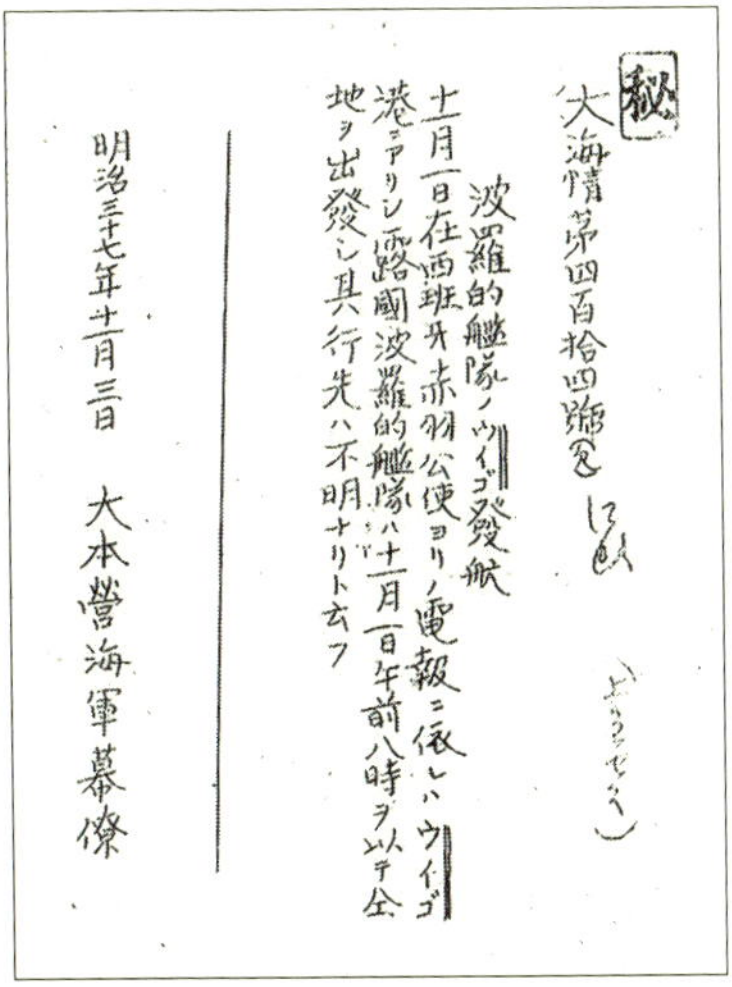
秘
大海情第四百拾四號
波羅的艦隊ノウイゴ發航
十一月一日在西班牙赤羽公使ヨリノ電報ニ依レハウイゴ港ニアリシ露國波羅的艦隊ハ十一月一日午前八時ヲ以テ全地ヲ出發シ其行先ハ不明ナリト云フ
明治三十七年十一月三日　大本營海軍幕僚

「大海情」第414号

ただし第三班だけが情報収集の企画・立案を行っていたとは考えにくい。というのも、どのような情報を収集するかには、ロシア側の動きだけでなく自国艦隊の配備状況や新兵器の導入など、戦略・戦術の要素も加味される。さらに燃料の補給や港湾の設備などによっても随時変化していくからである。どのような情報が必要か、実際に連合艦隊の作戦計画を策定する第一班からたえず検討を求められていた。毎日のように軍令部内で会議が開かれ、第一班を率いる山下源太郎

防衛研究所戦史研究センターの目録箱

大佐からさまざまな情報を収集するよう要求されたに違いない。日露戦争前夜、山下は第三班の情報だけでは物足らず、将来戦場となる旅順や大連を自ら視察までしている。合同会議でどのような情報を収集するか検討されると、それを江頭大佐が取りまとめて、軍令部長名で海軍武官に収集を命じ、あるいは外務省に依頼した。

軍令部第三班の室内はどのような配置だったのだろうか。ただ机と椅子があるだけの殺風景な事務所のようなところだったのか。最後の参謀本部ロシア班長である浅井勇（故人）は、昭和一〇年代の陸海軍情報部の室内は、戦後の新聞社の調査部と同じようなものだったと語っている。たぶん明治末年も部屋の風景は変わってはいなかろう。しかし読者の多くには、オンライン化される以前の新聞社の調査部がどのようなものだったかを思い描くのは難しい。それは、昔の図書館の大きな目録室をイメージしてもらうと分りやすかろう。今日でもカード目録を利用できる図書館が防衛研究所戦史研究センターなどに若干残っている。

日露戦争中の同班の室内には、足の着いた目録箱の列が連なっていた。目録箱の中には、縦七五ミリ横一二五ミリの図書目録カードと同じ大きさカードがびっしりと詰まっている。厚紙でできたカードには、世界各国の海軍に関する情報が書き込まれ、事項別でタイトルが付けられ、いろは順で並べられた。同一事項で何枚もカードがある場合、年代順になっている。コンピュータのない時代でも、膨大な情報の中から必要な情報を容易に引き出すことができた。

部屋の片隅には本棚が置かれ、そこには各国語の辞書や参考文献が並べられ、世界の海軍艦船を網羅した必読の書である『ジェーン海軍年鑑』も発行順にそろっている。[6] 部屋の真ん中には大きな作業机が鎮座しており、新聞の切り抜きが行われ、また大きな地図の閲覧に使われた。部屋の一角には個人用の小さな机が集められ、班員各人が自分の業務をこなしている。地図や海図を収納する幅広の引き出しが、いくつも並んでいた。数十年前の大学の地理学教室にあったような地図作成用の透写台もある。軍令部から各所に配布された資料にはロシア艦船の写真が添付されていたことから、写真を複写するためのカメラも第三班に置いてあったのは明らかである。

事項目録とは別に、艦船リストも作成された。国別で戦艦・巡洋艦・水雷艇・仮装巡洋艦その他の艦船に分類され、写真が添付され、形状、排水量、速力、装甲の厚さ、大砲の種類、砲門数、その他の機器の艤装、乗員数など、一目瞭然となっていた。地図が不可欠であるのも言うまでもない。日本や東アジア各国沿岸の地図だけでなく、主要な港の地図すべてをそろえていた。港の主要な建造物、砲台・望楼・灯台なども詳細に描かれている。各国の将官や士官クラスの人名リストも作成していた。

部屋には、駐在海軍武官、艦隊司令部や鎮守府（横須賀、呉、佐世保、舞鶴）・要港部（対馬の竹敷、台湾・澎湖島の馬公）などから送られてきた電報の束が届く。在外公館からの情報を外務省経由で受け取る。日本の新聞各紙だけでなく、外国の新聞や雑誌も山積みとなっていた。班員たち（海軍士官や事務官）には、各人に小さな机があてがわれている。彼らは電報や外務省情報を読んで、新しい事項をカードに記入し、分類しやすいようカードにタイトルや日付をつけていた。新聞各紙の記事を切り抜いては、内容をカードに記入する。くわえて語学に堪能な専門のスタッフが、外国新聞・雑誌の記事を翻訳し、重要な部分をカードに記入した。できたカードは目録箱に収められる。

別途、詳細な艦船のリストや地図も絶えず更新していた。バルチック艦隊の予想航路図だけでなく、艦隊に燃料を供給する石炭運搬船の予想配置図まで作成したはずである。地図や海図は海軍省水路部の管轄だが、簡単な地図は透写台を使って第三班でも描かれた。ロシア艦船の写真も各部署に配布していたことから、写真台にカメラを設置してオリジナルの写真を複写していたのだろう。[7]

新たに収集された情報は、カード目録と照らし合わせ、また蓋然性なども含めて真偽や可能性などが吟味される。それが本当に重要な情報であれば、担当の班員が情報綴りの下書きを作る。軍令部全体で議論して、第三班長の了解のもと「大海情」の原稿が完成する。完成した情報は、遠隔地に打電されるもの以外は、近隣への配布用としてわら半紙に刷り上げられる。当時はまだ和文タイプも発明されていなかったため、やすり版の上に蠟紙《ろうがみ》を敷き、鉄筆で情報綴りの原稿を手書きした。いわゆる「ガリ版」である。部屋の片隅のテーブルの上に謄写版印刷機が乗っており、できあがった原稿を印刷機にセットする。係員がわら半紙を敷き、ローラーでインキを塗って刷り上げた。テーブルの横にはわら半紙の束が積み上げられている。刷り上がった情報は、機密扱いのため封筒に入れて厳封され、ただちに専門の配達人を使って関係各所に配布された。こうした「大海情」によって、日本海軍は確度の高い情報を組織内で共有することができた。

2　駐ロシア海軍武官団

本来ロシア海軍情報の収集は、ペテルブルクの日本公使館内にある海軍武官団によって行われてきた。どこの国の海軍でもそうであるが、軍事施設内への立ち入りは厳しく制限されており、外国人は容易に視察などできない。とくにロシアのような警察国家の場合、武官はたえず警察の監視下に置かれており、正式な外交団の一員であったため身分を隠して行動するなど不可能である。パーティーなどの機会に各国の駐在武官団の間で、ある程度の情報を共有できるかもしれないが、おのずと新聞など公開情報に頼らざるを得なかった。そうした中で、ロシア海軍の能力を的確に把握するため、日本海軍はさまざまな努力をしてきた。その最前線に立っていたのが、駐ロシア日本公使館付海軍武官および武官を補佐する駐在員である。

ペテルブルクの旧日本公使館、旧海軍省から東へ延びるコンノグヴァルデイスキー通り17番地にある。当時の住所はフランセ通り4番地

海軍は将来を期待される青年士官を海外に留学させていた。英国海軍留学組が中核となる日本海軍の中で、ロシア語を学んだ士官の数はけっして多くない。少数派の中で、ペテルブルクに留学し、駐在員を務めた広瀬武夫は注目に値する。彼は日露戦争初期の第二次旅順港閉塞作戦で一九〇四年三月二七日に部下を助けに行って命を落とし、軍神と崇められた。

広瀬は海軍大尉時代の一八九七年六月末に留学の辞令を受けた。同じ時期にアメリカに留学したのが秋山真之であり、イギリスが財部彪であった。いうまでもなく秋山は、のちに連合艦隊司令部の作戦参謀として日本海海戦を勝利に導き、財部は海軍大臣にまで登りつめる。

駐露公使館付海軍駐在員の
広瀬武夫少佐

ペテルブルクに到着すると、広瀬は家庭教師を雇ってロシア語を磨き、ロシア人家庭に下宿して日常会話を学んだ。九九年四月末には海軍駐在員に命ぜられ、海軍武官の野本綱明中佐の監督の下でロシア海軍事情を調査することになった。広瀬に続くロシア留学生として、軍令部第三局員の加藤寛治大尉が来露する。ちなみに加藤も出世して大将となり、軍令部長を務めることになる。九九年六～七月、広瀬はモスクワを経てボルガ川を川船で上り、カスピ海西岸にあるアゼルバイジャンのバクーに向かった。そこからグルジアのティフリスまで鉄道で行き、その後黒海沿岸のバツーミに向かい、そこから海路でヤルタ、セバストーポリ、オデッサなどロシア海軍諸港を視察した。同年八月には欧州各国駐在の海軍武官や駐在員がペテルブルクを訪問し、ロシア海軍艦船を視察してクロンシュタット軍港へも訪れた。野本武官、広瀬駐在員、加藤留学生が案内役となり、日本海軍訪問団とクロンシュタット軍港司令官ステパーン・O・マカーロフ（Stepan O. Makarov）中将との会談をセットする。広瀬はこうした視察を通して、ロシア海軍の、とくにバルチック艦隊の実情を分析することができた。

広瀬の駐在員時代での視察先として興味深いのが、一九〇〇年夏のバルト海沿岸のロシア海軍諸港である。八月初め、ペテルブルクから鉄道でラトヴィアのリーガに向かった。そこから列車で同国西南部のリバーヴァ（ラトヴィア語ではリエパヤ、ドイツ語でリバウ）を訪れた。ちなみに当時のフィンランドやバルト三国はロシア帝国の版図に含まれていた。フィンランド湾は全面結氷して船舶の航行ができなくなるものの、

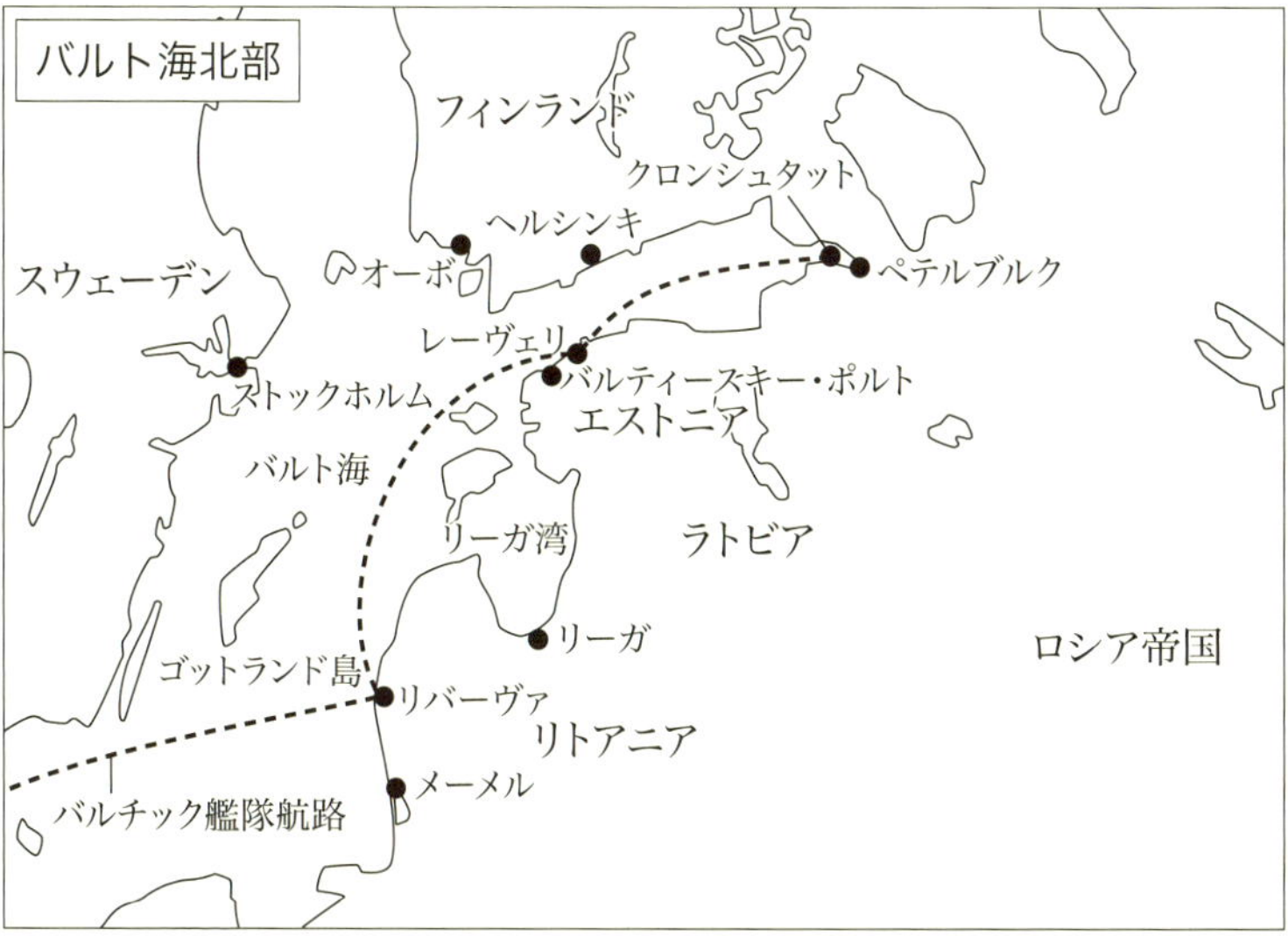

リバーヴァは冬でも海が凍らない。そうした理由でリバーヴァは、バルト海において冬季に利用できるロシア海軍の重要な基地であった。同地は地形的に平坦であり入江がないため、長大な人工の防波堤を築いて、艦隊の多くの艦船が係留できるようにした。アレクサンドル三世軍港と名付けられた。ソ連時代には原子力潜水艦の基地として注目されたが、現在はラトヴィアに返還されている。広瀬は、正規の手続きを行って留学生の加藤と共に公式訪問し、堂々と軍港に入り、ロシア海軍士官の案内で港内をくまなく視察した。のちに加藤が詳細な報告書を作成している。

リバーヴァで加藤と別れると鉄道でリーガに戻る。そこからさらに鉄路エストニアのレーヴェリ（タリン）に北進した。知り合いの別荘を訪れ、その合間に西にあるバルティースキー・ポルト（現在のパルディスキ）も見聞する。それから船でフィンランド湾を北に向かい、フィンランドの首都ゲルシングフォルス（フィンランド語でヘルシンキ、スウェーデン語でヘルシンフォルス）

を訪れた。フィンランド西南部の古都オーボ（フィンランド語でトゥルク）まで足を延ばす。ペテルブルクに帰還するまでの間に、バルト海にあるロシアの主要な七つの港を視察した。もちろん視察旅行の後、詳細な報告書を軍令部長宛に提出している。

広瀬は一九〇一年一〇月に帰国を命ぜられて、〇二年一月ペテルブルクを旅立った。シベリア鉄道を使って東に向かい、イルクーツクまで進む。冬のバイカル湖を橇で越え、満洲までまたもや鉄路を使う。そこから北に迂回して、露清国境のシルカ川、アムール川沿いを橇で走り、ブラゴベシチェンスク、ハバロフスクを経て三月初めにウラジオストクに到着した。また東清鉄道に乗り換えてハルビンまで戻り、南部支線を使って旅順に進み、海路で長崎に向かった。東京に帰り着いたのは三月二八日である。この旅程でも広瀬は視察を欠かさなかった。

広瀬はロシア海軍をどのように評価していたのだろうか。一九〇〇年の西欧視察旅行の際、ロシア海軍製造所や諸施設の出品物をパリ万国博覧会で縦覧したときの報告書が残っている。その報告書では、ロシア海軍技術の進歩は著しいものの、英仏海軍に比肩できうるものではないと手厳しい。とくに海軍兵学校（士官学校）のレベルは、日本の江田島のほうが高いとしている。海軍関連製品が品質に比べて値段が高いのは、ロシア海軍が賄賂まみれで腐敗している証左だと酷評した。とはいえ日本海軍の主要艦船が外国製であったのに比べて、ロシアは自国の造船所で戦艦も建造していた。また品質はともかく、製造所や工廠の規模は、英仏よりもはるかに大きいと舌を巻いている。ただし報告書のまとめでは、イギリスやフランスという先進国と比べられるほどロシアの海軍技術力は進んでいない、と批判した。[8]

広瀬は、大英海軍技術を全面的に取り入れた日本海軍の方が技術力は上だと胸を張る一方で、ロシアの潜在的な脅威を報告書に付記するのも忘れていない。ロシアは自力で急速に海軍を発展させており、日本も仮想敵国の海軍力を侮ってはいけないと警鐘を鳴らしている。一方で彼は三〇才前後の時期に四年半もペテルブルクで過ごし、ロシア語を習得してロシア人気質も理解できるようになり、ロシアに対する愛着を深めた。平時であれば、それで問題もなかったのであろう。しかし日本がロシアとの対決姿勢を強めている時期に、日本海軍のロシア専門家として、広瀬が複雑な思いを込めて報告書を記した様がうかがえる。

駐ロシア公使館付海軍武官は、一八九六～九九年が八代六郎中佐、一八九九～一九〇一年が野本綱明中佐、一九〇一～〇四年が酒井忠利大佐である。八代と野本は海軍の中でも数少ないロシア通だが、酒井はロシア語を解さなかった。広瀬の次の留学生・駐在員は、加藤寛治（一八九九～〇二年）であり、田中耕太郎（一九〇〇～〇三年）、河原袈裟太郎（一九〇二～〇四年）と続く。田中と河原は、日露戦争後に駐ロシア海軍武官となるほどロシアに精通していた。

酒井が武官となった一九〇一年以降に日英同盟も結ばれ、徐々にロシアとの関係が緊張してきた。配布される「諜報」の中で、ロシア海軍関連情報が増える。当然のごとく武官団の仕事も増えたはずである。酒井時代の海軍武官団は、留学生はとらず武官と駐在員二名となった。くわえてウラジオストクにも極秘に海軍士官が派遣され、日露戦争前年には、ロシア海軍情報収集のための最低限の準備が整った。[9]

3　スエズ運河への海軍駐在員の派遣

一九〇四年元旦、山本権兵衛海相からペテルブルクの酒井大佐に対して命令が下った。海軍駐在員の河原架裟太郎少佐を帰国させるのではなく、至急エジプトに派遣して、スエズ運河の地中海側の入り口にあるポート・サイードに潜入させよというのである。その目的は次の四点を調査することだった。

①スエズ運河を通過するロシアの軍艦・水雷艇・義勇艦隊・輸送船の艦船名、通過日時、輸送船の積み荷
②日露戦争に関連して欧米列強が新たに軍艦・水雷艇を極東に派遣することがあれば、スエズ運河を通過した艦船名と通過日時
③ロシア黒海艦隊および地中海艦隊の動静
④バルカン半島の紛争、特にマケドニア問題の成り行きなど、将来の列強間の国際問題となりうる事項

河原は、ペテルブルクから鉄路で南下してグルジアまで行き、そこから黒海を船で渡り、イスタンブール経由でポート・サイードに向かった。一月一九日、同地に到着してサヴォイ・ホテルに滞在する。現地にたどり着いたものの、河原は暗号書を持っていないため、調査項目を暗号で日本に打電できない。そこでパリ駐在の一條実輝海軍武官が二月一〇日ごろまでに暗号書を同地に届けることになり、それまでは日本郵船会社の代理店の暗号を利用しなければならなかった（郵船会社の代理店に関しては第4章8で詳述する）。河原は、ポート・サイードだけでなくスエズ運河の紅海側の町スエズにまで足を延ばし、ロシア艦船の動きを追った。二月一八日、一條がポート・サイードに到着して訓令と暗号書を届ける。以後河原は、海軍暗号を使って東京まで数多くの電報を打っている。河原の主な情報源は、船舶保険を扱うロイ

ズ保険組合編『ロイズ週刊船舶目録』『ロイズ商業新聞』『ロイズ船舶発着リスト』（ロンドン発行）であった。そこにはスエズ運河を通過する船舶すべての記録が記載されていた。くわえて河原は現地新聞に掲載されたアヴァス通信社電を読んで、ロシア海軍の動向を把握した。

〇四年初頭、一〇隻を超えるロシア艦船が地中海艦隊と称して地中海および紅海地域に展開していた。ロシアは中立国の船舶が秘密裡に軍事物資を日本に送付していると疑い、日露戦争勃発以降に紅海で各国の輸送船を臨検した。ところが商船を無差別に臨検したため、イギリスなどから抗議を受け、ロシアは臨検の中止に追い込まれる。ところがスエズ運河周辺のロシア艦船は、ロシア太平洋艦隊が連合艦隊の奇襲によって旅順に封じ込められたにもかかわらず、救援のため極東に向かっていない。日本が黄海の制海権を手にしている状況で、ロシア海軍は小規模な艦隊では旅順解放は難しいと考え、艦船の極東への派遣を見合わせていた。

河原の電報の中に、ロシア艦船の東航に関する情報はほとんど含まれていなかった。東京の軍令部にとっても、ロシア艦船の極東派遣の中止は、よい意味で期待外れに終わった。もはやポート・サイードの河原が担うべき役割は多くない。軍令部が早急に帰国命令を出したのであろう。河原は約二か月の滞在後、三月一八日にエジプトから帰国の途についた。[10]

4　日露開戦に至る海軍の準備

一九〇三年四月初旬、満洲を占領するロシアが朝鮮半島にも軍隊を派遣した、という情報を日本は入手した。ロシア側に問い合わせると、軍隊ではなく森林伐採のためのロシア人一行が派遣されただけだ、という答えが返ってきた。さらにロシアは、北京議定書（一九〇一年に列強と清国の間で結ばれた義和団事件の講和条約）に反して、満洲からの第二次撤兵を中止した。ロシアは満洲支配を継続するだけでなく朝鮮半島にまで進出してきた、と日本側は受け取った。くわえてロシア太平洋艦隊が五月に大演習を行うという情報まで入ってくる。

海軍の対応は早い。四月末に軍令部は、ロシア海軍の脅威が拡大しているとして、周到な準備を怠らないよう、常備艦隊（海軍主力艦船を集めた艦隊）司令長官および各鎮守府長官に命令した。五月に入ると、戦闘に差支えないよう、主要艦船から順に人員を充実させ、武器・弾薬・燃料・食糧などを積み込ませた。修理を必要とする艦船はすみやかに入渠させて緊急補修をほどこす。ウラジオストク、サハリンのコルサコフ、旅順においてロシア海軍情報を収集するよう、外務省に依頼した。

七月にはカーディフ炭を各艦船に積み込み、実戦の準備を整える。カーディフ炭とは、イギリスのウェールズ地方で採れる高品質の無煙炭のことである。ボイラーの温度を急速に高めることができるため、速力重視の海軍艦船で好んで利用された。九月、常備艦隊の各艦に高速航行や実弾艦砲射撃など実戦訓練を命じる。日本海沿岸の岬や島々にある望楼の兵員を充足させ、ロシア艦船の発見に努めた。一〇月、きたるべき海戦に備えた予備燃料として、百万トンのカーディフ炭をイギリスから購入する。東郷平八郎が常備艦隊司令長官に任命され、これまでの訓練に加えて魚雷発射・ボイラー燃焼・無線通信の訓練にも磨きをかけた。海軍の開戦準備は八割がた整った。

日露外交交渉に目を向けよう。

ロシアが満洲占領を既成事実化しつつあり、朝鮮半島にも触手を伸ばしてきた、と日本政府は判断した。〇三年六月二三日の御前会議において、ロシアに満洲の利権と実質上の支配権を認める代わりに、韓国における同様の権利を日本に認めさせるという「満韓交換論」が決定された。これは、ロシアの朝鮮進出の意図を挫き、日本による実質上の韓国支配をロシアに承認させることを意味する。だが朝鮮半島での利権獲得を狙っていたロシアが、日本の韓国支配を容認するはずがない。つまり六月二三日の時点で、日本政府は朝鮮半島の支配権をめぐってロシアとの戦争を覚悟したことになる。「満韓交換論」は、開戦論者が開戦回避論者を納得させるための国内的ポーズ、ないしは戦争反対論を封じ込める周到な準備工作であった。[11]

八月一二日、日本は御前会議の方針に基づいてペテルブルクでロシアとの外交交渉を開始した。場所を東京に移して、一〇月三日にロシア側の第一回の回答が返ってくる。ロシアは、満洲は日本の利権範囲外だと主張する一方で、韓国における日本の支配権強化に制限を加えようと狙っていた。一〇月三〇日、日本は満洲が日本の利権範囲外であることを認める代わりに、韓国がロシアの利権範囲外だと認めるよう要求した。一二月一一日、ロシアは第二回回答においても日本側の要求に応じなかった。予定通り日本は戦争を決意する。

翌一二日、陸海軍とも本格的な戦争準備を開始した。海軍の全艦船のうち修理を要するものは大至急補修が命ぜられる。また全国に散らばる常備艦隊の艦船を佐世保に集中させて、待機させた。一二月二八日、海軍は戦時編成を開始する。常備艦隊を解体して第一・第二艦隊を組織し、それをもって連合艦隊に再編させた。老朽艦からなる第三艦隊は対馬に集中させる。[12]

一二月末、開戦が間近に迫ったことに対応して、軍令部は極東以外のロシア海軍情報にも関心を高めた。そこで情報収集に関して、次の指針を定めている。

①各地の海軍武官は駐在管轄地域においてロシア艦船の発着を電報する。

②ロシア艦船がスエズ運河を通過したときには、その情報を東京に打電するよう、ポート・サイードの郵船会社代理店に依頼する。

③シンガポール及び東インド諸島（東南アジアの島嶼地域の呼称）では、三井物産に依頼してロシア艦船の動静を電報させる。

④ロシア新聞記者を一二月一二日より六か月間雇い入れる。

英独仏駐在の三名の海軍武官にヨーロッパにおけるロシア海軍艦船の動静を調査させ、河原が到着するまでスエズ運河の監視は日本郵船の代理店にまかせる。東南アジア地域にきめ細かい商品取引ネットワークを築き上げた三井物産に、同地域のロシア動向調査を依頼した。ロシア国内の海軍情報を入手するため、札びらを切ってロシア人ジャーナリストを内通者に仕立て上げる。軍令部はコネクションを駆使して、弱点である中東や東南アジアにおける情報収集を強化したことになる。

○四年一月初旬、連合艦隊は旅順を攻略するため、韓国南西部の木浦沖にある八口浦を艦隊集合地とした。佐世保と八口浦との通信を確保するため、一月七日に海底ケーブルを敷設しはじめる。連合艦隊の韓国における仮根拠地である馬山《マサン》近くの鎮海《チンヘ》にも海底ケーブルを建設することを決定した。一方で敵には十分な情報を与えないことも戦略の一つである。在ソウル日本公使館付海軍武官の吉田増次郎少佐に命じて、ロシア電信ケーブルの切断を準備させた。ソウルと鴨緑江岸の義州を結ぶ電信線と日本海側の元山から北に延びる電信線を、開戦直前に切断しようというのだ。ただしロシア側に怪しまれるとまずいので、旅順と芝罘の間の海底ケーブルは切断せずに放置しておくことも決められた[13]。

二月初旬の開戦に先立ち、日本海軍は東アジアにおける通信環境を整え、ロシアに対して情報面で圧倒的優位に立とうとしていた。

5　欧州駐在の海軍武官

日露開戦と共に、海軍武官も駐在員もロシアから引き揚げて帰国することになった。ロシア海軍情報の収集に関しては、ヨーロッパ駐在の海軍武官と欧州各地の在外公館だけが頼りである。

日露戦争中、日本海軍はロシアと戦うに際して、どのような情報をどうやって入手しようとしたのであろうか。陸軍ならば、戦況によって徴兵数を増減させるなど、兵力を容易に調整できる。ところが海軍は、艦船の建造には年単位の時間がかかり、簡単には兵力の増強ができない。平時から注意深く兵力を調査していれば、敵海軍艦船の種類や隻数などの情報は、新聞などの公開情報からでも比較的簡単に入手できたはずである。一方で、艦船は海上を自在に動くことができる。陸路で時間をかけて進む陸軍部隊とは異なり、大海原を動き回る海軍の行動を把握するのはきわめて困難だった。そうした海軍の特性を理解したうえで、ヨーロッパ・ロシアの海軍に絶えず注目していたのが、欧州駐在の海軍武官である。

日露戦争中に海軍は、在外に多くの海軍士官を駐在させていたわけではない。ちなみに陸軍武官は、日露戦争中もイギリス、フランス、ドイツ、オーストリア、スウェーデンに置かれており、各武官には尉官級の補佐官もつけられていた。さらに欧米に留学中の陸軍士官が召還されることもなかった。ところが海軍は陸軍とは異なり、戦争に直面して十分な士官の数を確保できなかったのだろう。戦争勃発直前に欧米に派遣されていた多くの士官に対して帰国命令を出す。そのためイギリス、フランス、ドイツ、アメリカの四カ国の公使館にだけ海軍武官が置かれていた。駐英は鏑木誠大佐、駐仏一條実輝中佐、駐独瀧川具和《ともかず》大佐、駐米竹下勇中佐である。海軍大佐は、海上で軍務につけば数百名の部下の上に君臨する艦長という官職にもかかわらず、外国では部下の一人も持てない。さびしい限りであったにちがいない。一方で機構上、海軍武官は軍令部から派遣されており、独自に電報や報告書を作成して、直接軍令部長に送ることができた。公使館から公使名で外務大臣宛に発信される公電や機密文書（外交行嚢の中に入れて臨検されることなくクーリエによって輸送される文書）とは別である。しかし陸海軍武官は一九三〇年代とは異なり、独立した活動拠点となる武官室を有しておらず、「統帥権の独立」を御旗に掲げて勝手な行動をとってもいない。基本的に彼らは、在外公館において特命全権公使の監督下で活動しており、外務省と対立することはなかった。

日露戦争が始まると海軍武官は多忙を極める。とりあえず戦闘は東アジア海域で行われたため、極東にあるロシア海軍艦船の動きを監視するのは、連合艦隊司令部の役割となった。だがロシア海軍は、極東にある太平洋艦隊だけでなく、バルト海と黒海にそれぞれ司令部を置き、艦隊を有していた。バルチック艦隊（バルト海艦隊）は、首都ペテルブルク防衛の役割を担っており、ロシア最大の海軍力を誇る。黒海艦隊は、クリミア戦争で敗北し、一時はイギリスやフランスの圧力で廃止にまで追いやられた。しかし徐々に戦力を回復し、二〇世紀初頭には戦艦四隻を含む大規模な艦隊を保有するようになった。もしバルト海や黒海から増援艦隊が極東に派遣されれば、東アジアの軍事バランスが一瞬にして崩れる。また軍事物資をヨーロッパから海路で送付し、太平洋艦隊に補給することも可能であろう。そうしたロシア海軍情報に海軍武官は監視の目を光らせることになった。

開戦後に収集すべきロシア海軍情報が増加したにもかかわらず、軍令部は欧州駐在士官の数を増やせなかった。おのずと外務省に対ロシア情報収集を依頼せざるをえなくなる。日本は、当時ヨーロッパに比較的多くの在外公館を置いていた。ただし当時の日本は一等国とみなされていなかったため、大使館を置くことが認められていない。公使館があった国は、イギリス、フランス、ドイツ、オーストリア、オランダ、ベルギー、イタリア、スペイン、スウェーデンである。ロシア情報を収集するために、海軍は全面的に外務省の支援を仰いだ。

同じことが陸軍にも言える。〇四年一月一二日の御前会議でロシアとの戦争に向けた準備開始が決定されると、即座にヨーロッパにおける諜報工作が始動された。児玉源太郎参謀次長は、駐ペテルブルク日本公使館付陸軍武官の明石元二郎大佐に対して、次の命令を発した。開戦までにペテルブルク、モスクワ、黒海沿岸のオデッサというロシアの主要都市に、それぞれ外国人（非ロシア人）情報提供者を二名ずつ配置せよ、というのだ。だがペテルブルクとモスクワでのスパイ雇用は難航する。明石もロシア警察に付きまとわれていたからである。そこでペテルブルクを引き揚げる公使館の機能の一部をストックホルムに移し、情報収集をすることになった。[14] 当然、スウェーデンで収集されるロシア情報の中で海軍関連のものは、軍令部にも提供された。ただし、あくまでも陸軍が中心となって組織された情報網であったため、軍令部は後日、情報提供者を別途に雇わなければならなかった。

6　オデッサ——飯島領事の活躍

黒海艦隊司令部があるオデッサにおいて、外国人情報提供者二名を探すのは、同地駐在の飯島亀太郎領事に託された。一月一二日より飯島は早急に人探しをはじめる。同地に滞在している『ザ・タイムズ』の契約特派員のT・J・P・マッケンナ（Mckenna）とJ・J・マルテン（Marten）というフランス人教授をスパイとして雇い入れた。マッケンナは本来英北部ニューカッスルの造船会社の責任者としてオデッサに派遣されており、のちにペテルブルクに転勤した。ロシア海軍に精通しており、非常に有能なスパイだったようである。飯島は彼らに対して一月一〇〇ルーブルと必要経費一日二五ルーブルを支払う約束をした。当時の一ルーブルは一円と同等であり、一円は今日の一万円ほどの価値がある。一人のスパイにつき、一か月に今日の数百万円に相当する機密費を支払ったことになろう。また彼らはスパイ行為が発覚した場合には職を追われると主張し、その際には日本が当面の生活を保証して欲しいと要求した。陸軍参謀本部は、その要求まで受け入れている。[15] 情報提供者にとっては、きわめて都合の良い契約ではあるまいか。ちなみにマッケンナは、ペテルブルクでも『ザ・タイムズ』の契約特派員を続けており、〇四年一月から六か月間で一三〇ポンドをロンドンから受け取っている。[16] 当時の英連邦の正貨一スターリング・ポンドは、約一〇円に換算されていた。給金は今日の一三〇〇万円ほどであろうか。彼は造船会社の派遣員という本職に加えて、情報を提供することで少なくない収入を得ていた。

飯島は、自ら雇ったスパイからのみ黒海艦隊に関する情報を入手していたわけではない。戦争勃発以前から、同盟国イギリスの総領事チャールズ・S・スミス（Charles S. Smith）は飯島に便宜を図っていた。彼は、ロシア陸海軍に関する機密情報を入手すると、飯島に提供した。戦争が始まると、飯島は日本領事館の建物を留守番の日本人に託し、ウィーンに引き揚げる。スミスは、〇四年二月以降もロシア陸海軍の情報を飯島に提供している。戦後スミスは、飯島のはからいで日本政府から叙勲された[17]。

駐オデッサ領事の飯島亀太郎

日本陸軍こそがロシア情報の収集に力を入れていた。オデッサのような領事館には陸海軍武官の駐在は認められていない。そこで陸軍は、外務省に依頼して同地においても諜報組織を築き上げた。海軍は、その組織を巧みに使いこなしたことになる。

7　外務省政務局

在外公館からの電報やその他の情報を東京で取りまとめたのは、外務省の政務局である。日露戦争当時の外務省では、本省の正規職員は大臣を含めて七四名しかいない。本省の組織としては、大臣官房以外に二局しかなく、経済問題は通商局が担当していたが、全世界で起きる雑多な案件がすべて政務局に集中した。在外公館の数も公使館一五、総領事館八、領事館三二と限られており、外交官の総数も二六三名と

山座円次郎外務省政務局長

少ない。当時の政務局には、山座円次郎局長以下、坂田重次郎、倉知鉄吉、本田熊太郎など将来の外務省を支える参事官クラスが配属されていた。それにしても局長以下兼任を含めて九人という小所帯で次々に案件をこなした事務能力には驚かされる[18]。しかも重要案件に関しては、珍田捨巳次官や小村寿太郎大臣、場合によっては御前会議の認可が必要であり、その手続きは膨大であった。とにかく政務局はこの陣容で日露戦争を乗り切った。

ちなみに今日の霞が関にある外務省は、二二〇〇人もの職員をかかえ、地域別（アジア大洋州局、北米局、中南米局、欧州局、中東アフリカ局）や分野別（経済局、国際協力局、国際法局、領事局）の部局を有する。それとは別に、全省的なとりまとめを行う総合外交政策局や情報の収集・分析に特化した国際情報統括官まで置いている。大使館・総領事館や政府代表部などの在外公館は全部で二〇四もあり、外国で三五〇〇人が働いている。グローバル化した世界の中で外務省の担う役割も多岐にわたり、当時と比べると組織も拡大し職員数も格段に増えた。

世界各地からロシア関連の情報が本省に入ると、まず政務局にまわされる。書類は担当者だけで処理されることはなく、かならず山座局長の目を通さなければならない。重要とみなされると、次官や外相を経て関係各所に電報の写しが送られる。シベリア鉄道関連ならば参謀本部へ、バルチック艦隊なら軍令部へ、外債募集なら大蔵省へという具合である。今日、外交史料館に保管される外交文書の原本を読むと、担当者の印鑑が捺してあるため、だれが目を通したかが一目瞭然であり、どの部署に書類が送られたかまで記載されている。

政務局の役割は単なる情報収集にとどまらない。同局のロシア問題担当を中核とする臨時報告委員によって、主要情報が「日露事件要報」としてまとめられた。この「要報」は二～三か月に一度活字になり、各省庁や陸海軍、元老や天皇にまで配布された。積極的に情報を配信することで、外務省の政策立案に対する合意を得る狙いを含んでいたと推測される。

外務省の情報収集の目的は、日本の外交政策を決定する際に必要な情報を入手することにある。日露戦争自体が朝鮮や満洲の利権にかかわる限定戦争であったため、当初からどのような条件で講和するかが問題だった。同省が講和交渉の担当窓口であったため、講和関連の情報を積極的に収集したのは言うまでもない。ヨーロッパ諸国の外交政策にも注目した。列強は戦争勃発直後に局外中立を宣言したため、外務省は戦時禁制品の輸出や交戦国艦船の寄港など、各国の中立違反にも目を光らせた。さらにロシアの同盟国フランスの動向（外交・内政・軍事・世論）なども調査している。後に述べるとおりバルチック艦隊がフランス植民地の港に寄港した際には、調査に基づき強硬に中立違反を抗議している。くわえてロシアの戦争継続能力を判断するため、内政、外交、宮廷の動向、経済、民衆感情に至るまで幅広く調べようとした。戦争の節目である旅順陥落、奉天会戦、日本海海戦という事件の後、ロシアで起きた第一革命やゼネストなどの内情にも関心を寄せている。東アジアでは中立を宣言した中国政府の動向を探り、日本の朝鮮半島軍事占領に反対する亡命朝鮮人の動きに神経を尖らせた。[19]

これまでの在外公館での情報収集からもわかるとおり、外務省は陸海軍からの要請を受けて、出先機関へ具体的な命令を発している。情報収集には経費もかかる。在外で外交官がスパイを雇って情報を入手するための経費は、参謀本部や軍令部が支出した。とくにバルチック艦隊に関する情報を収集するに当たり、軍令部が外務省に支払った金額は、のちに記すとおり莫大である。

8 バルチック艦隊の出立

一九〇四年二月八日、日本海軍による韓国の仁川《インチョン》および遼東半島の旅順港外における奇襲作戦によって、日露戦争の火ぶたが切られた。緒戦の仁川ではロシア巡洋艦一隻と砲艦一隻を沈め、旅順では夜襲を敢行してロシア太平洋艦隊主力に若干の損傷を与えた。東郷平八郎率いる連合艦隊主力はロシア艦隊を旅順港に封じ込めようと試み、二月末から五月初めにかけて三度にわたり旅順港閉塞作戦を実施する。それに対抗しようとして出撃したロシア艦隊旗艦の戦艦ペトロパーヴロフスク号は、四月一三日に触雷して海の藻屑と消えた。ロシア海軍の中でもっとも評価の高かった太平洋艦隊司令長官マカーロフ中将も、その際に命を落としている。

一方、五月二五〜二六日、遼東半島中部の南山の戦いでロシアは日本に敗れ、旅順要塞が陸路での連絡を切り離された。陸からの補給が途絶えたロシア艦隊は、八月一〇日旅順を出港してウラジオストクに向かった。だが同日の黄海海戦で司令長官を失い、旅順港内に逃げ込む。ウラジオストクを基地とする分遣隊も、八月一四日に韓国南西部の蔚山《ウルサン》沖の海戦に敗れて、再出動できなくなった。以後、ロシア太平洋艦隊は連合艦隊の包囲網によって旅順から動くことができず、外部からの救出を座して待つしかなくなった。

ロシア政府は、旅順にある艦隊が海上封鎖されたことにかんがみ、それを救出して制海権を奪い返すため、四月三〇日、ヨーロッパから艦隊を極東に派遣することを決定する。そして、バルト海に展開する艦隊、いわゆるバルチック艦隊を第二太平洋艦隊と命名し、派遣の準備を始めた。艦隊の司令長官には、軍令部長のロジェーストヴェンスキー海軍少将が選ばれた。極東の制海権を握る日本海軍を打倒するためには、規模の大きな艦隊を派遣しなければならない。しかもアフリカ南端の喜望峰やインド洋・南シナ海を経る遠大な航路上には、自国の補給基地が一つも存在しない。沿岸の諸港に寄港しながら極東に向かわざるを得なかった。ところが日露戦争勃発に際して、主要列強はすべて局外中立を宣言してしまう。一八九九年の第一回ハーグ平和会議で、一八六四年のジュネーブ条約の海戦における中立国の義務と権利が再確認された。当時の国際法では、中立港で交戦国の艦船を修理させてはならず、たとえ一つの中立港に寄港したとしても、次の中立港までの最低限の燃料や食料しか提供されない。艦船をドックに入れて修理することもできず、十分な補給や休養なしに一一〇〇〇海里（約二万キロ）以上を航海するのは、きわめて多大な困難が予想された。中立港でも十分な補給を受けられないことが予想されたため、燃料となる石炭の輸送はドイツのハンブルク＝アメリカン・ライン海運会社に依頼した。それ以外の補給

ロシア第二太平洋艦隊司令長官の
Z・P・ロジェーストヴェンスキー中将

物資はオデッサのギンスブルク商会が一手に引き受けている。

ロシア海軍にとって困難は物理的なものだけではなかった。これから戦う日本という相手が、バルチック艦隊の東航に対してどのような対策を用意しているのか、考えなければならなかった。それには理由がある。日本は〇四年二月一〇日にロシアに対して宣戦を布告したが、その二日前に旅順を攻撃してきた。西洋の騎士道からすれば、宣戦布告前の夜襲はきわめて「卑怯」な行為と映った。日本側は、六日に国交断絶をロシア側に通達した以上、それ以降にいかなる軍事行動を起こしても国際法上「違法」ではないと判断していた。ロジェーストヴェンスキーが違法すれすれの行為を平然と遂行する日本人を、「卑怯」な相手とみなしていたのは言うまでもない。日本が相手ならば、東航途中での奇襲攻撃の可能性も排除できない。どのような奇襲を仕掛けてくるのだろうか。ふたたび夜陰に乗じて、水雷艇による魚雷攻撃を画策するのか。ただし、日本から水雷艇がスエズ運河を通ってヨーロッパの海域まで到来したという情報はない。日本海軍は、どこかの国の使い古した水雷艇を密かに武器商人から購入したのか。あるいは漁船を雇って魚雷発射管を載せ、仮装水雷艇を仕立てるつもりなのか。日英同盟を締結したイギリスから、同盟国として極秘に水雷艇の提供を受けるかもしれない。駐仏ロシア海軍武官は、日本が爆薬を仕込んだブリケット（粉炭を固めて作られたレンガ状の練炭）を石炭の山に紛れ込ませ、艦船のボイラーを破壊しようと狙っている、と報告した[20]。このように日本による奇襲攻撃を想定すると、さまざまな謀略の可能性が浮かび上がってくる。バルチック艦隊の東航計画が、心理面からも脅かされることになった。

この心理面での脅威をさらに拡大させたのが、アジア駐在のロシア外交官からの報告書であろう。駐香港K・F・ボロゴーフスキー（Bologovskii）領事は、六月初旬に次の報告書をペテルブルクに打電してきた。

すなわち駆逐艦隊司令官の「ミヨシ」、「ワタナベ」海軍大尉、水雷艇士官の「ウエスギ」、二名の潜水艇士官が英国籍の船で紅海のアデンに向かった。彼らは一一箱の荷物を持っており、それぞれの箱の中には機雷が二つ入っている。くわえて日本水雷艇士官四名と潜水艇士官三名がロンドン、クリスチャニア（オスロ）、フィンランド湾に派遣された、というのだ。上海駐在のA・I・パヴロフ（Pavlov）四等文官（陸軍少将に匹敵する高官、前ソウル公使）も、中立国の旗を掲げた船に数名の日本海軍士官が乗り込んだという電報を、六月半ばにペテルブルクへ送っている。[21] これら以外にも日本海軍の待ち伏せ攻撃を示唆する膨大な数の電報が各地から届いており、ロシア海軍首脳の懸念が現実になったと判断された。士官名簿で調べた限り、上記の名字と階級に相当する士官は当時の海軍に在籍しておらず、〇四年春から夏にかけて海軍士官がヨーロッパに出張した形跡もない。ロシア外交官は金儲けを狙った情報提供者から偽情報をつかまされたのだろうか。

バルチック艦隊の旗艦クニャージ・スヴォーロフ号

　あるいは、ロシア側が大いなる錯覚をした可能性も残っている。山東半島北部にあり旅順の対岸に位置する芝罘《チーフー》（今日の煙台）には、日露戦争勃発以前の〇四年一月一二日から日本海軍士官が密派されていた。軍令部参謀の森義太郎中佐であり、彼の任務は旅順の監視だった。海軍の封鎖に加えて、〇四年六月以降に陸軍が遼東半島を占領したため、旅順は完全に孤立する。

ロシア
清国
ウラジオストク
旅順
日本海
日本
東京
上海
対馬海峡
台湾
南シナ海
インド
フランス領
インドシナ
太平洋
ヴァンフォン湾
サイゴン
カムラン湾
マラッカ海峡
マレー
ナツナ諸島
赤道
0°
シンガポール
バタヴィア
インド洋
スンダ海峡
ロンボク海峡
第二太平洋艦隊
フェリケルザーム支隊
ロシア義勇艦隊
第三太平洋艦隊

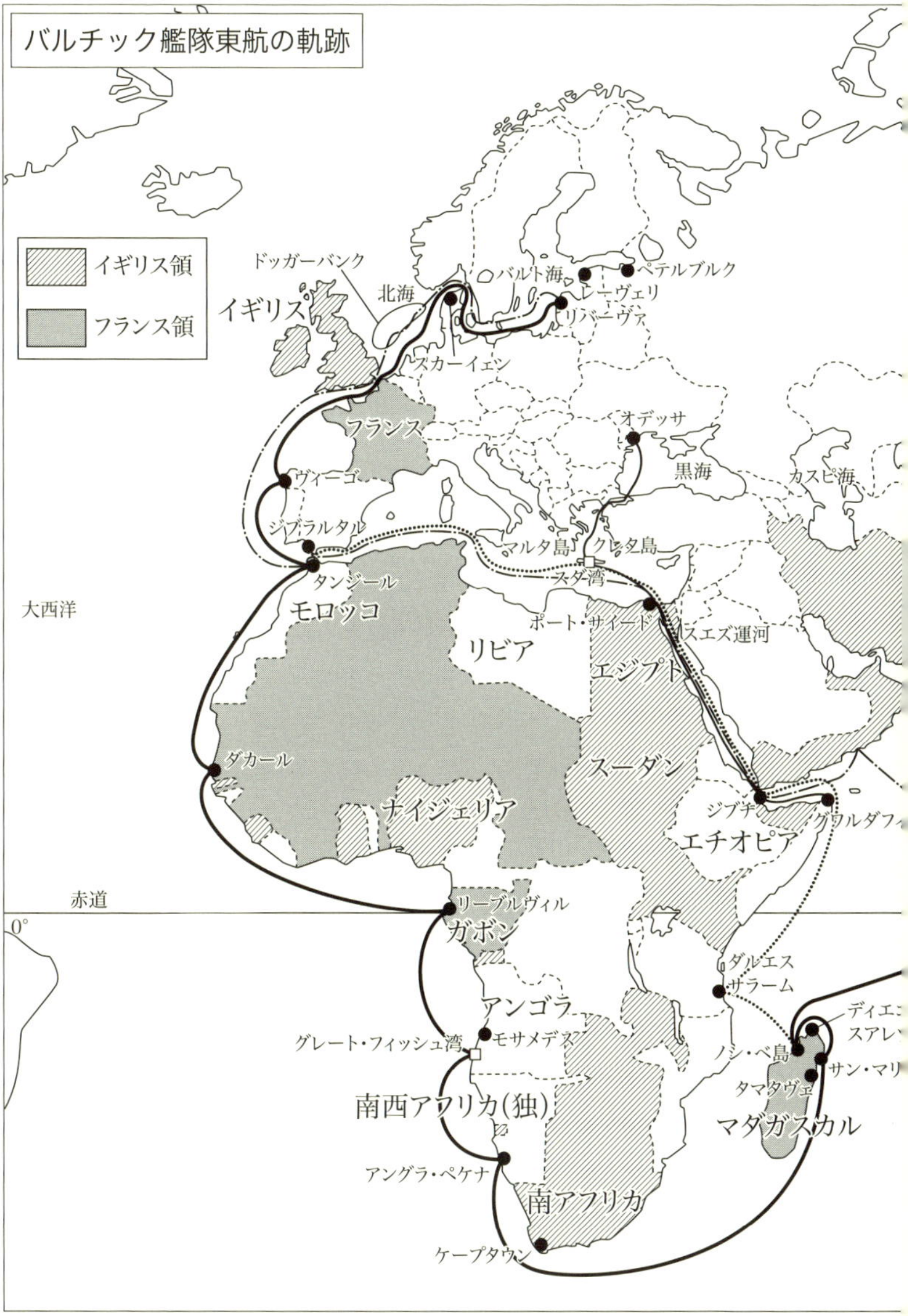

バルチック艦隊東航の軌跡
イギリス領
フランス領
ドッガーバンク
北海
バルト海
ペテルブルク
レーヴェリ
リバーヴァ
イギリス
スカーイエン
フランス
オデッサ
黒海
カスピ海
ヴィーゴ
ジブラルタル
マルタ島
クレタ島
スダ湾
タンジール
モロッコ
大西洋
ポート・サイード
スエズ運河
リビア
エジプト
スーダン
ダカール
ナイジェリア
ジブチ
グヮルダフィ
エチオピア
赤道
0°
リーブルヴィル
ガボン
ダルエスサラーム
アンゴラ
モサメデス
グレート・フィッシュ湾
ノシ・べ島
サン・マリ
タマタヴェ
南西アフリカ(独)
マダガスカル
アングラ・ペケナ
南アフリカ
ケープタウン

ロシアは、夜陰に紛れて日本の封鎖網をかいくぐり旅順に物資を補給した。森は、同港に忍び込もうとする中国のジャンクを見張っていた。[22] 旅順への密輸作戦を指揮していた上海のパヴロフが、森の存在を知らなかったはずはない。身分を隠した日本の海軍士官が中国沿岸各地に潜入していた、と考えるのも不思議ではなかろう。疑心暗鬼がさらに不安を拡大させる。日本の奇襲を恐れるペテルブルクの海軍軍令部も、東アジアからの不正確な情報に踊らされたに違いない。

ロジェーストヴェンスキーは航海に先立ち、デンマーク・スウェーデン間の諸海峡やイギリス近海（北海やイギリス海峡）で敵の行動に細心の注意を払った。六月には日本の機密工作を解明するため、ベルリンに駐在してロシア革命運動の調査をしていたロシア警察庁の担当官A・M・ガルティング（Galtung, ハーディング）がペテルブルクに呼び戻された。海軍省は一五万ルーブル（現在の約一五億円に相当）をガルティングに手渡し、対日情報収集を命じた。彼はデンマーク、スウェーデン＝ノルウェー、イギリスで日本の不審な活動に関する情報を募り、情報提供者に謝金を支払った。[23]

ロシアの緊張感は中立国にも伝わる。中立を宣言したデンマークは、自国の領土・領海内において一方の交戦国が戦闘行為を始めないよう防止する義務を有していた。いわゆる中立領域の不可侵である。[24] もし領海内で日本の機雷敷設あるいはロシア艦隊への魚雷攻撃を防げないならば、後日デンマーク自体が中立違反に問われるかもしれない。デンマーク側も自国内での日本の活動に警戒を怠らなかった。

九月半ば一人の不審な日本人がスウェーデンからデンマークに入国した。駐独海軍武官の瀧川大佐である。デンマーク警察に緊張が走ったのは言うまでもない。ストーア（大ベルト）海峡沿いの港湾都市ニーボーを訪れ、スカゲラク海峡を臨むユトランド半島最北端でスカーイェン（スカーゲン）岬に向かっている。

その人物がスウェーデンのマルメからエアスン（エーレスンド）海峡を渡ってコペンハーゲンに到着した際、入国管理官がパスポートから日本人だと特定し、警察に通報したのだろう。私服警官や沿岸防衛に当たる海軍の担当者が不審者を尾行した。彼をスカーイェン市の警察署で尋問してベルリン駐在の日本海軍武官だと特定したときの、デンマーク当局の驚きは想像に難くない。違法行為をしているわけではないので拘禁や強制国外退去にはできないものの、官憲のあからさまな監視下に置き、その日本人にデンマークからの退去を促した。[25]

日本がデンマークでなんらかの作戦を計画している、とロシア海軍が判断したのは当然である。ロシア皇帝ニコライ二世（Nikolai II）の母マリア・ヒョードロヴナ（Maria Fiodorovna）皇太后はデンマーク王室からロシアに嫁いできているため、両国の外交関係は良好であった。友好国ロシアの艦隊に万一のことが起きないよう、デンマークは万全の警戒態勢を敷いた。[26]

以上のようなロシア側の動きは、当時はすべて極秘に行われた。ロジェーストヴェンスキーがどのような艦隊編成を組むのか、艦船にどんな兵器や機材が積まれているか、艦隊がいつ、どこに寄港するか、すべて秘密である。ロシア国内では新聞が検閲されており、発表される海軍情報はきわめて制限されていた。バルチック艦隊に関する情報を入手するのは、日本にとって並大抵ではなかったことが推測される。

9　駐独瀧川海軍大佐の暗躍

○四年夏以降、バルチック艦隊のロシアからの出航に関する真偽不明の情報が、欧州各国の新聞に掲載され、それが駐在武官あるいは在外公館から東京に報告されてきた。たとえば六月二五日付の仏紙『ル・タン』によると、第二太平洋艦隊の東航が確定した。[27] 同じく七月一六日付『エコー・ド・パリ』紙によると、ペテルブルク特派員がロジェーストヴェンスキーと面会した際、司令長官は準備ができ次第出発すると語った。[28] ドイツのヴォルフ通信社の特電によると、九月一一日にペテルブルクのクロンシュタット軍港を出港して極東に向かった、[29] などである。

海軍部内では、東航するバルチック艦隊の全容を早急に把握する必要が生じた。しかし、ロシア帝国内では海軍敷地内への立ち入りや軍港に隣接する海域での船舶の航行が制限されている。しかも国交断絶によって、日本武官団は二月初旬にペテルブルクを離れていた。詳細なロシア艦隊情報を収集するためには、艦隊がロシア領海を離れて狭隘な海峡を航行するとき、視察するのがもっとも順当な方法であろう。その最初の海峡がデンマークとスウェーデンに挟まれたエアスン海峡・ストーア海峡・リレ海峡、カテガット海峡、スカゲラク海峡である。

日本海軍がこの海峡に注目しないはずはない。バルチック艦隊の航行を目前で視察できる最初のチャンスである。井上勝之助駐独特命全権公使は、駐独海軍武官の瀧川具和大佐を九月一二日にデンマークに派遣した。ちなみに瀧川は、一八五九年東京大井町生まれで海軍兵学校に学び、艦上勤務では砲術長、陸上勤務では兵学校で砲術教官も務める。語学の才能があったのか、台湾総督府海軍部で勤務した後、清国公使館付海軍武官として天津に派遣され、一九〇二年には駐独海軍武官に抜擢された。〇六年に一等戦艦の艦長を務め、少将となり旅順鎮守府参謀長に任命される。その後退役して二三年に生涯を閉じた。[30]

瀧川はベルリンから陸路および海路を使ってスウェーデン南部に向かい、九月一三日にマルメ市からエ

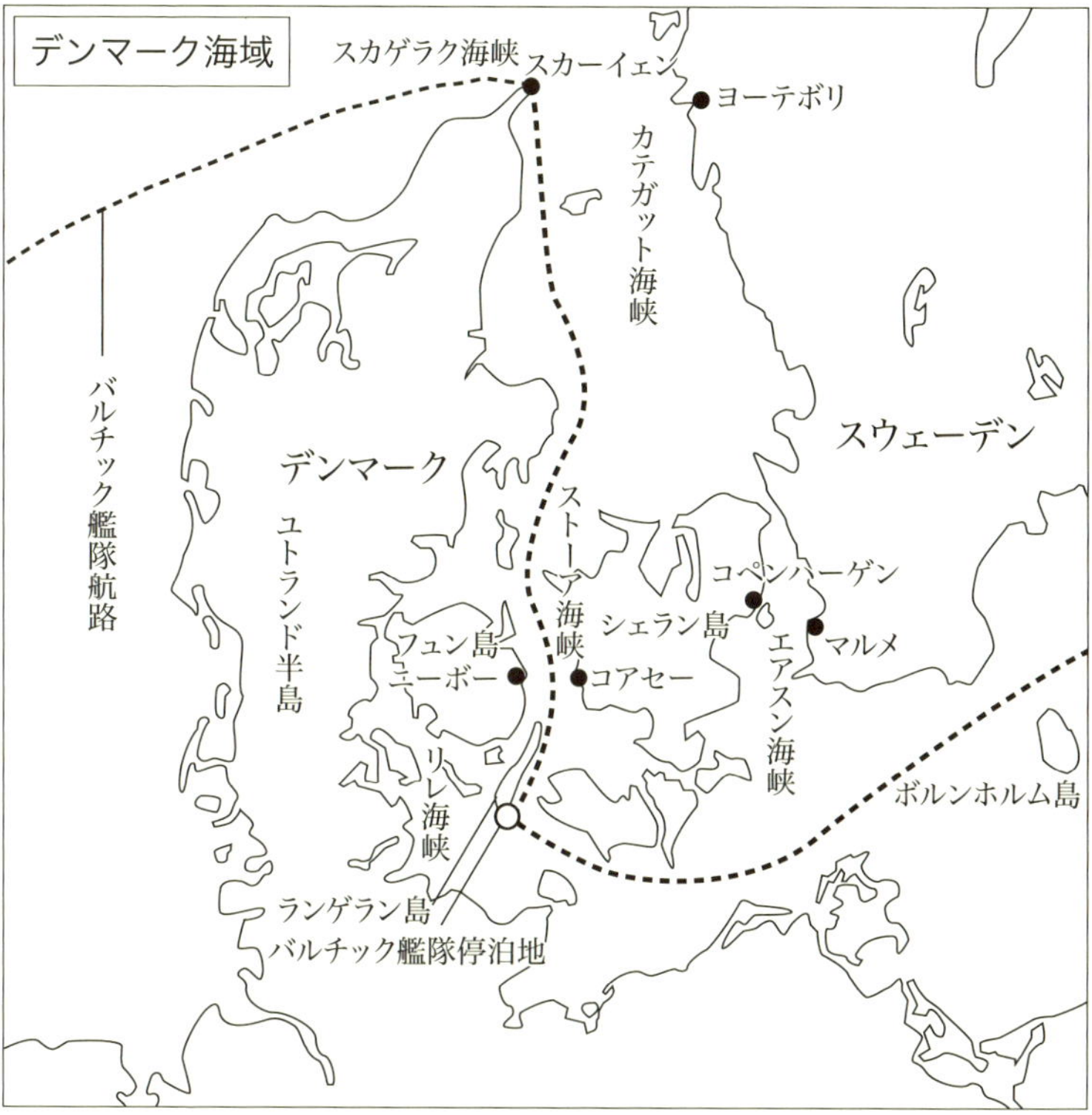

アスン海峡を越えて対岸のシェラン島のコペンハーゲンに至る。列車で同島の反対側のコアセーまで行き、渡船でストーア海峡を渡ってフュン島のニーボーに到着する。一四日には荷物を宿泊するホテルに預け、ロシア艦隊が航行してきた際に全貌を見渡せる場所を探すため、近辺の海岸を歩き回った。すると探偵らしき者に後をつけられ、ニーボーのホテルに戻るとデンマーク海軍少尉の訪問を受けた。少尉は瀧川の挙動を監視するよう上官に命ぜられていると語った。

翌一五日、瀧川はニーボーからユトランド半島に渡り、デンマーク最北端のスカーイェン岬に列車で向かった。スカゲラク海峡での視察地点を確認するためである。ところがスカーイェン駅に到着すると、大佐は平服の刑事らしき三〜四名に囲まれて警察署に連行された。署長らしき人物から、ロシア艦隊を内偵するため井上公使の命を受けて当地に来訪したのかと問いただされた。瀧川は官職を明らかにしたうえで、休暇で遊びに来ていると答え、カバンの中身を見せろという要求は拒否した。結局、嫌疑不十分だとして解放され、デンマーク国内を自由に移動することは差支えないと言い渡された。とはいえ、すでに彼がデンマークの公安当局から監視されていることは明らかとなった。こうなった以上、瀧川は自らのおかれた状況を理解し、同国内でのこれ以上の活動は好ましくないと考え、スカーイェン岬まで行かずに帰途につくことを決定した。その後もデンマーク国境を離れるまで官憲の監視は続いた。

日本側は、デンマーク側の妨害があったからといって、デンマーク・スウェーデン間の諸海峡で情報収集を断念するなど論外であった。瀧川は、駐オランダ日本公使館（デンマークも管轄）に海軍武官を置き、自由にデンマークに訪れるようにできないかを検討した。しかし、デンマーク外務省との交渉も必要なため早急に実現する話ではないとして、井上公使から却下された。[31] それでも瀧川はあきらめない。

第3章　日英同盟の諜報協力

1　日英同盟の誤解

ロシアは日清戦争後の一八九六年、清国と露清密約（李ロバノフ条約）を結んだ。露清銀行を設立して日本への賠償金支払いに苦しんでいた清国を支援する一方で、満洲を横切る東清鉄道を建設する権利を得た。北に大きく膨らみ湿地帯の広がる露清国境沿いにシベリア鉄道を建設するのに比べて、平坦な北満洲は建設も容易で、三千キロもの距離を短縮できた。九八年には旅順と大連を租借して、ハルビンから東清鉄道南部支線を延長する。鉄道の両側に数十キロにわたる付属地も獲得し、ロシア風の都市を建設して、燃料となる石炭を採掘する鉱山などまで開発した。満洲において実質上の植民地経営をすすめていたことになる。ところが一九〇〇年の義和団事件の際、鉄道沿線の支配地域が攻撃されて甚大な被害を受けた。ロシアは支配地域の安全を確保するため、満洲全土を軍事占領する。〇一年の北京議定書でロシアは列強から満洲からの早急な撤兵を求められたが、治安が回復していないとして早期の撤兵に応じなかった。また鉄道の利権でも他の列強との間に問題が生じていた。

中国の揚子江流域に利権を拡大しつつあったイギリスは、ロシアの満洲占領を自国権益への潜在的な脅威とみなしていた。日本は、一八九五年のロシア主導の三国干渉によって、日清戦争で軍事占領した遼東半島への進出を阻まれた。そのロシアが九八年に遼東半島の旅順と大連を清から租借し、旅順に太平洋艦隊司令部を移して旅順要塞を強化し始めた。日本が心穏やかならぬ気持を抱いていたのは当然である。中国への帝国主義的進出が遅れていたアメリカも黙っていない。九九年に門戸開放宣言を発して、中国市場の門戸開放と通商上の機会均等を他の列強とともに要求した。にもかかわらずロシアは、義和団事件後に満洲を占領して他の列強の満洲進出を妨害する。こうした状況は看過できない。日本は英米と協力してロシア軍の満州撤兵に力を尽くしていた。

この〇一年の時期にロンドン駐在のドイツ公使が、極東の利権を守るため日英独の三国の間で同盟が結べないかと提案してきた。結局ドイツの参加は見送られたが、日本はこの機会をとらえてイギリスの後ろ盾を求めて、同国との交渉に踏み切った。イギリスも南アフリカでのボーア戦争で疲弊しており、極東におけるロシアの軍事力拡大に対抗する余力を有していなかった。そこでイギリスは、南下するロシアへの防壁として日本を利用しようと考えていた。両者の利害が合致したため、同年一一月以降に交渉が本格化し、翌〇二年一月日英同盟が締結された。

日英同盟では、締約国双方に次の二つの義務が課せられた。

第二条、締約国が他の一国と戦争状態に入った場合、同盟国は中立を守り他国の参戦防止に努める。
第三条、締約国が二国以上と戦争状態に入った場合、同盟国は参戦する。

さらに日本が韓国に対して政治・経済上の格段の利害を有することを、イギリスは承認することも決められた。くわえて非常に重要な点であるが、海軍協力に関する秘密公文を交換することが合意された。

この同盟を当時の東アジアにおける国際関係の中で解釈すると次のようになる。もし日本がロシアと戦争する場合、イギリスは厳正中立を宣言し、フランスがロシア側に立って日本と戦うことを妨害する。しかし、もしフランスがロシア側に立って日本と戦うことになった場合、イギリスは日本の側に立って戦争する。ただしアジアにおける植民地経営で不安を抱えるフランスが、ロシア側に立って日本と戦争するなど、起こりうる事態ではない。というのも当時のフランスのインドシナ支配はきわめて脆弱で、十分な軍事力に裏打ちされていなかった。もしそうした愚策を弄すれば、イギリスあるいはイギリスの虎の威を借る日本が喜んで同地に侵攻してくる、とフランスは危惧していたからである。フランスがロシアに加担する可能性がなければ、日英同盟を結んだからといって、イギリスが東アジアで戦争に巻き込まれることはない。しかもイギリスは日本の後ろ盾になると見せかけることができ、ロシアに対して一定の圧力をかけ、満洲からの撤兵を促せると見込んでいた。

日本にとっても日英同盟の締結は重要な意味を持っている。日本は、東アジアにおけるロシア権益の拡大を制限するため、単独ではなくイギリスと共同歩調をとれるようになった。満洲はともかく、朝鮮半島が自らの利権範囲だという日本の主張を、大英帝国が一定程度受け入れた。韓国の利権に関して日露間で問題が発生した場合、少なくとも朝鮮半島は日本に優先権があるという言質をイギリスから得た。朝鮮半島の獲得という日本の長期的な外交目標が一歩前進した、と受け取った政府首脳は少なくなかったはずである。[1]

さらに注目すべきは軍事ではなかろうか。本来、同盟とは一定の条件を満たした場合の共同軍事行動を前提としている。締結国間でなんらかの形で軍事協議を行うのは言うまでもなかろう。単に海軍協力に関する秘密公文を交換して終わりというはずはない。日英両国の陸海軍は同盟を契機に具体的な協力関係の構築を模索しはじめた。[2]

日本は日英同盟に相当の期待を寄せていた。大国イギリスと同盟を結ぶことで、アジアの辺境にある小国も、世界の一等国と肩を並べられると考えていた節がある。またロシアの南下を抑えるため、イギリスが同盟国日本の戦争遂行に対して全面的に協力してくれるものだと信じていた。日本側の考える同盟とは「義兄弟の契りを交わす」という認識に近い。

だがイギリス政府は冷徹だった。イギリスにとって同盟とは「契約」である。それが自らの国益にかなわないならば、同盟によって自らの行動が拘束されるとは考えていなかった。満洲と韓国をめぐる日露交渉が暗礁に乗り上げた〇三年一二月、日本は来たるべき戦争に必要な予算を確保するため、イギリスに借款を要請する。ところがイギリス政府は理由をつけて首を縦に振らない。日英同盟研究の泰斗イアン・ニッシュはイギリスの態度を次のように解釈している。すなわち、戦争への道を邁進する日本を制止しようとして、イギリスは借款を断った。というのもイギリス政府首脳は、日本が大国ロシアとの戦いに踏み込んだ場合、最終的に勝利を得ることはできないと判断していたからである。日本の軍事力を査定するイギリスの目はきわめて厳しかった、というのである。[3]

イギリスは、極東において近代化に成功した日本を利用して、ロシアの勢力拡大を抑制したかった。ただし、もし日本がロシアと干戈を交えて敗北した場合、イギリス自らが前面に出て、極東においてロシア勢力拡大を抑止せざるを得なくなる。そうならないため、無謀にも日本がロシアと一戦に及ぶことのないよう、資金の貸与を止めることで奔放な暴れ馬の手綱を締めたのであろう。またイギリスは、自らの有する海上覇権に発展著しいドイツから挑戦を受けていた。ドイツの台頭に備えて、ヨーロッパにおける他の列強との対立を緩和するため、イギリスはアジアにおけるロシアとの対立を極力避けたいと考えていた。[4]イギリスは日露戦争で全面的に日本を支援したわけではない。ただし日本がロシアに敗北しない程度の支援は提供すべきだと考えていたはずである。しかもイギリス外交は外務省に一元的に集約されているわけではなく、部局によって対応が分かれていた。とくに有事の際には緒戦で現実に命を懸けて戦わなければならない海軍は、自らの必要に応じて独自に日本海軍との間に協力関係を築いていった。

イギリスは、日露間の戦争に巻き込まれないよう中立を厳守し、しかも自らの利権を守るため日本の敗北を望んでいない。日英同盟を結んでいるとはいえ、おのずと限定的な支援しか行わなかった。ところが日本は「義兄」への過度の期待から、イギリスの計算高い対応をも好意的だと受け止める。両国間の温度差を理解しないまま、いたずらにイギリスへ協力を求める。そうした中でできあがった日英軍事協力について見ていこう。

2　日英諜報協力への歩み

日英同盟が締結されてから間もない〇二年四月、駐英公使館付陸軍武官の宇都宮太郎少佐が、ロンドンの英陸軍省においてアジア部長と非公式に会談した。その席で宇都宮は、同盟締結時には触れられなかった両国間の軍事協力に関して、具体的に話し合う必要があると強調した。イギリス側もそれに同意した。早速、英陸軍省から外務省にその話が持ち込まれ、クロード・M・マクドナルド（Claude M. MacDonald）駐日公使を経て、日英軍事協力に関する協約を作りたい、と正式な形で日本側に申し込まれた。

同年五月一四日、横須賀の海軍鎮守府において、日英両国の将官級の陸海軍代表が集まり、軍事協力に関する予備交渉を始めた。日本側では、山本権兵衛海相、寺内正毅陸相の他、軍令部長や参謀次長など陸海軍首脳が出席した。ただしイギリス側は、中国管区（チャイナ・ステーション）司令長官のC・A・G・ブリッジ（Bridge）中将以下の東アジアに派遣された海軍士官が中心で、陸軍代表は駐日公使館付陸軍武官のA・G・チャーチル（Churchill）中佐だけだった。イギリスの本省からはだれも来ずに、出先の将官や士官が出席しただけでは、英陸海軍の公式な対応を示すことはできない。相互に意見を出し合い、イギリスで再度協議することが決められた。イギリスで話し合う議題は、①情報の交換、②共同作戦に向けた共通の通信システム（有線と無線）と暗号、③船舶用の石炭の相互補給、④入渠の便宜供与などである。

七月七〜八日に、ロンドンの陸軍省別館ウィンチェスター・ハウスで軍事協力に関する本交渉が行われた。日本側代表は、海軍が遣英艦隊司令官の伊集院五郎中将、陸軍は東京から直接派遣された参謀本部第二部長（情報部長）の福島安正少将であった。イギリス側も、海軍情報部長のR・N・カスタンス（Custance）少将と参謀本部動員課報部長のW・G・ニコルソン（Nicholson）中将が出席した。交渉内容を機密事項とすることが合意され、どのような協力関係を作り上げることができるかが議論された。ただし福島がロシアとフランスを明確な仮想敵国とみなし、有事の際に英陸軍一個師団を満洲に派遣するよう求めたときに、イギリス側は返答に窮した。ニコルソンは、大規模な陸軍部隊をインドから東アジアに移動させるのは不可能だと述べ、その要請への返事をはぐらかした。同じく有事の際に英陸軍がインドからロシアを牽制する戦略を採用するつもりかを問われると、アフガニスタン問題が複雑であることを理由に、回答を保留している。陸軍では具体的な軍事協力に関して何一つ合意できなかった。[5]

海軍では、平時における石炭の供給や艦船の修理に関して、相互に便宜を供与することが確認された。ただし戦時に日英海軍が共同行動をとることに関しては留保されている。というのも日英の艦船が共同行動をとる際に、日本側が指揮権を握るのか、それともイギリス側かという議論に決着がつかなかったからである。しかし、これでは有事の際に共同して艦隊行動をとれるはずがない。イギリス側は、海軍でさえ共同作戦が実現するとは考えていなかった。日本海軍も、きたるべき東アジア海域での軍事行動を、単独で行わなければならないと再確認させられた。

合意されたことの中で重要なのは情報の交換であろう。陸海軍武官を通じて、両国は自由に情報を提供し合えるようになった。情報伝達手段である有線電信も重要である。戦時にロシア経由の電信線が利用できなくなることを見越して、イギリスは、地中海、インド、東アジア経由の英海底ケーブル網を日本が優先的に利用できるよう確約した。[6]

これが日英諜報協力の第一歩であった。こうした協力の枠組み作りまではスムーズにすすんだ。次に日露戦争がはじまるまでの具体的な協力事例を見ていきたい。

3　海軍武官暗号——イギリス暗号技術の導入

明治政府は海軍の創設以降、将来を嘱望される優秀な人材をイギリスに留学させ、世界最強の海軍技術を習得させた。ちなみに日露戦争中に活躍した海軍将官・士官の多くは、東郷平八郎や秋山真之を含めてイギリス留学組がその多くを占める。

一八九五年の三国干渉以後、日本は列強の圧力に対抗できるだけの軍事力を保有するため、軍備拡張に動き出した。海軍は一万五千トン級の一等戦艦六隻、九千トン級の一等巡洋艦六隻を主力とする、いわゆる「六・六艦隊」の建造を推進した。ただし日本の造船技術が欧米に比べて立ち遅れていたため、また国内生産よりコストを安く、しかも早期に完成させられるため、海軍は艦船のほとんどをイギリスに発注した。そのため、艤装された大砲や装甲から大砲の命中率を上げる測距儀に至るまで英国製である。当然のことながら、英海軍技術の粋を集めた戦艦や巡洋艦を自在に扱うため、イギリス式の海軍技術が日本で幅を利かせたことになる。日本海軍は、運航法や艦載機器・兵器の使用術を習得するため、どれほどイギリス海軍と密接な関係を築いたかは容易に想像できよう。

こうしたイギリス技術の導入過程において、日本海軍は日清戦争後、英海軍の暗号システムも極秘裏に入手した。それは一種のコード式暗号であり、日露戦争中は東京の軍令部と海外の海軍武官との通信連絡に利用された。コード式とは、単一の文字、音節、単語、語句、あるいは文を、無意味な文字群あるいは数字群で表記することによって、原文の内容を秘匿する暗号形式である。イギリスのコード式暗号は、英語をコード化したものであり、もちろん原文も英語で書かなければならない。ところが英語が不得意な日本人にとって、英語のコード表を使いこなすのは非常に難しい。暗号形式は同じなものの、海軍はすぐさま日本語のコード表を作り上げた。

一例を挙げよう。第二回旅順口閉塞作戦の成果を調べに行った際の電報が残っている。この閉塞作戦では、〇四年三月二七日、旅順港内に停泊していたロシア太平洋艦隊を、外海に出港できないようにするため、港口に何隻もの船を沈没させた。だが十分な成果を上げられず、逆に広瀬武夫少佐らの戦死を招いたのはよく知られた話である。四月一日機密裏に芝罘《チーフー》に潜入していた森義太郎海軍中佐は、黄海を航行して同港に到着した外波内蔵吉海軍中佐（電文中ではクラ）からの情報として、海軍次官斎藤実中将へ次の暗号文を打電している。[7]

Kurayori	segnalo	selvaggi (round island)		farnia	
クラヨリ	一日	午前四時	円島	南方	
sehmied	halieos	anecio	soccelli	juarda	anglify
五	マイル	ニ赴ク	旅順口	高低	二個
dubrarno	nekpijin	linetoswo	ottervel	fanabatka	likulae
探照燈ノ	急	轉ヲ	見	何物カ	デアルガ
(gotoshi)	soccellini	pigshies	ribuoi	blechen	semalo
如シ	旅順口ニ	針路	全速力	直進	午前八時
emsiger	farnia	schrift	halieos	andjali	abadiva
其	南方	一七	マイル	ニ至	一ノ
howso	facbure	halosel	lillendende	ottimo	avitolono
烟	ナシ	又	敵艦	見エス	閉塞ノ
hapyxwo	ecrouir	oubsbep	mflabas	mlieaners	jrresechi
結果ヲ	確カ	メンカ爲	明日	再行	コトトナシ
abubus	sonsaco	ankyra	yoshitaro		
今	芝罘	入港	義太郎		

この海軍武官暗号はアルファベットのコード式暗号である。ただし、人名や特殊な地名、助詞などをローマ字や

英語で記していることから、海軍の場合も完全なコード化までには至っていなかったことは明らかである。同じ種類の暗号が、駐英公使館付海軍武官の鏑木誠大佐と海軍次官との間でも使われている。[8] こうした史料から、アルファベットのコード式が、日露戦争中の唯一の海軍武官暗号と言うことができよう。

海軍兵学校出身で戦前は暗号解読に携わり、戦後も自衛隊で暗号教育に従事した長田順行（故人）は、筆者の依頼に応じて海軍武官暗号を次のように分析した。たとえば「abadiva」が「一ノ」、「abubus」が「今」、「anecio」が「ニ赴ク」、「ankyra」が「入港」、というように、アルファベットの「ab」は読みの頭文字がイに対応する原字を、「an」は頭文字がニである原字を表す。こうしてみると、「a」で始まるコードは、読みの頭文字がイロハニホへのどれかに対応する原字を、「b」はトチのどちらかである原字を表すことになる。原字の読みの頭文字、イロハ四八文字は、「a」から「r」までのコードに対応する。また、「s」で始まるコードは、地名や数詞を表すというのである。ただし武官暗号は、一文節のコードが六文字のものから一〇文字までというように、長さが揃っていない。これは他のコード式暗号には見られない特徴であり、コード表が凸凹で見にくく、暗号を組む際に非常に使いにくいというのである。「到底、暗号の専門家が作った暗号とはみなせない」という長田のコメントには、興味深いものがあった。[9]

海軍は同じ暗号システムを一九世紀末には外務省にも供与している。六〜一〇文字のアルファベットを用いたコード式暗号である。ちなみに本暗号を用いた電文は、日本には一切残っておらず、解読された電文だけを東京・六本木の外交史料館で読むことができる。漏えいを防ぐため、すぐに廃棄されてしまったのであろう。ところが意外な場所に暗号文が残っていた。モスクワのロシア国立公文書館、さらにはパリの仏外務省文書館と仏国立公文書館である。

ソ連崩壊直後の一九九二年、ソ連時代に非公開とされてきた文書類がロシア政府によって公開された。筆者は同年夏にモスクワに入り、ロシア人研究者の協力を得て、帝政ロシア時代の警察文書を閲覧することができた。なんとパリで日本公使館の電報がフランス警察によって傍受され、解読されていた。傍受された暗号文や解読されて仏語訳された文書の写しが、ロシア警察のフランス駐在員からペテルブルクの警察庁長官に送付されており、何冊もの厚いファイルに綴じられていた。フランス警察から入手したというロシア側の記述を頼りに、筆者は九三年にフランスへ調査に向かった。すると仏国立公文書館の警察文書には傍受された日本の暗号文が、仏外務省文書館の「デルカッセ外相文書」には日本外交電報の解読文がファイルしてあった。フランス警察がパリで日本の外交電報を傍受して、解読していた。さらに解読文をロシア側に提供していたことまで証明された。[10]

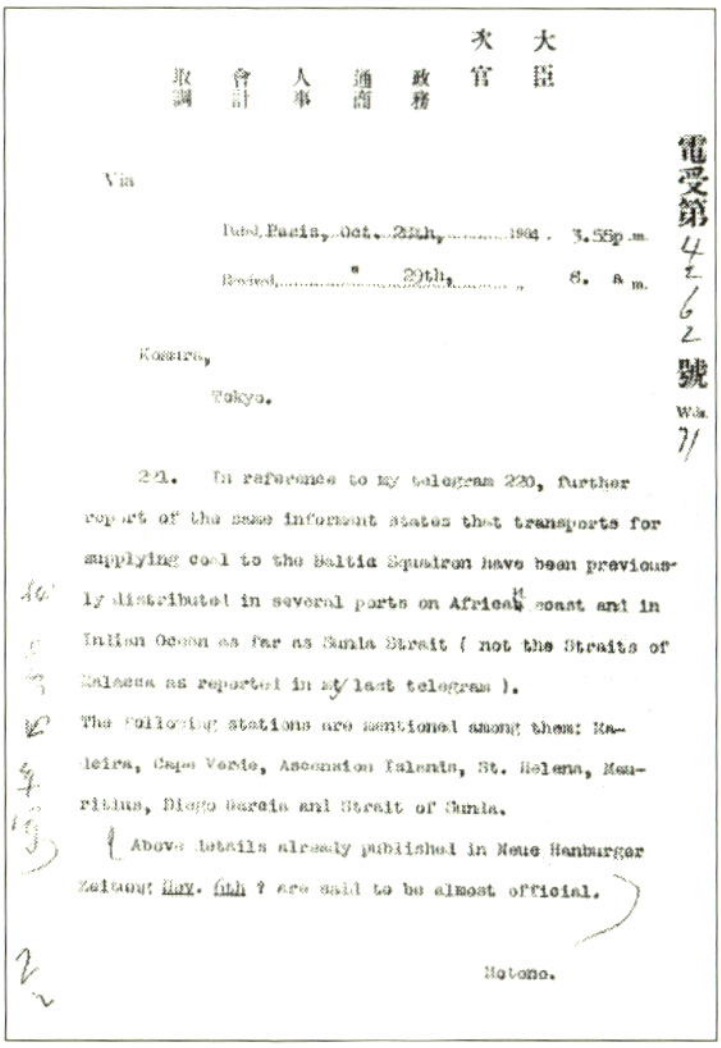

大臣　次官　政務　通商　人事　会計　取調

電受第4262號

Via

Dated Paris, Oct. 28th, 1904. 3.55p.m.

Received " 29th, 8. a.m.

Komura,

Tokyo.

221. In reference to my telegram 220, further report of the same informant states that transports for supplying coal to the Baltic Squadron have been previously distributed in several ports on African coast and in Indian Ocean as far as Sunda Strait (not the Straits of Malacca as reported in my last telegram).
The following stations are mentioned among them: Madeira, Cape Verde, Ascension Islands, St. Helena, Mauritius, Diego Garcia and Strait of Sunda.
(Above details already published in Neue Hamburger Zeitung Nov. 6th) are said to be almost official.

Motono.

①電報の原文（英語）

六本木の外交史料館に所蔵されている①の電文は、〇四年一〇月二八日付けでパリの本野一郎公使より東京の小村寿太郎外相に打電された公電二二一号である。英語で書かれている内容は、東航するバルチック艦隊に石炭を積み込むため、給炭船がアフリカ沿岸とインド洋に展開しているというものである。[11] ロシア国立公文書館の警察庁文書にファイルされていた②の電文は、パリの電信局で傍受された外務省アルファベット暗号による暗号文である。[12] 同じくモ

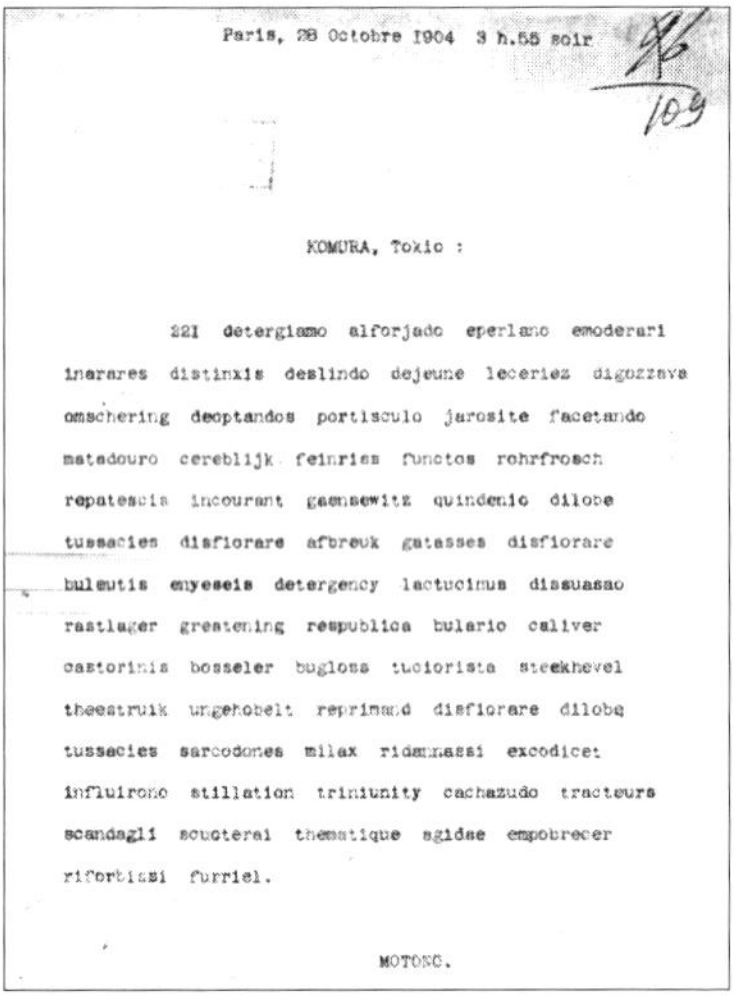

Paris, 28 Octobre 1904 3 h.55 soir

KOMURA, Tokio :

221 detergiamo alforjado eperlano emoderari
inerares distinxis deslindo dejeune leceriez digozzave
omschering deoptandos portisculo jarosite facetando
matadouro cereblijk feinries functos rohrfrosch
repatescia incourant gaensewitz quindenio dilobe
tussacies disfiorare afbreuk gatasses disfiorare
buleutis enyeseis detergency lactucinus dissuasao
rastlager greatening respublica bulario caliver
castorinis bosseler bugloss tuciorista steekhevel
theestruik ungehobelt reprimand disfiorare dilobe
tussacies sarcodones milax ridamnassi excodicet
influirono stillation triniunity cachazudo tracteurs
scandagli scucterai thematique agidae empobrecer
riforbiasi furriel.

MOTONO.

②電報の暗号文

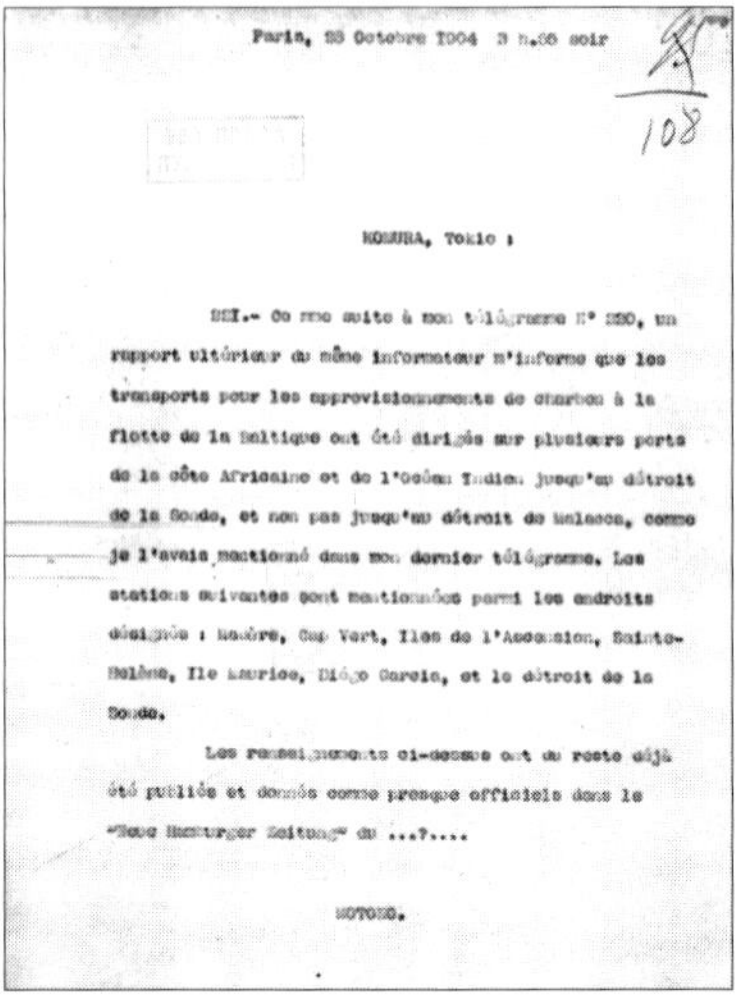

Paris, 28 Octobre 1904 3 h.55 soir

KOMURA, Tokio :

221.- En suite à mon télégramme N° 220, un rapport ultérieur du même informateur m'informe que les transports pour les approvisionnements de charbon à la flotte de la Baltique ont été dirigés sur plusieurs ports de la côte Africaine et de l'Océan Indien jusqu'au détroit de la Sonde, et non pas jusqu'au détroit de Malacca, comme je l'avais mentionné dans mon dernier télégramme. Les stations suivantes sont mentionnées parmi les endroits désignés : Madère, Cap Vert, Iles de l'Ascension, Sainte-Hélène, Ile Maurice, Diégo Garcia, et le détroit de la Sonde.

Les renseignements ci-dessus ont du reste déjà été publiés et donnés comme presque officiels dans le "Neue Hamburger Zeitung" du ...?....

MOTONO.

③電報の解読文（仏語）

スクワで見つかった③の文書は、それが解読され、原文が英語で記されている電報を仏語訳したものである。[13]確かに誤りなく訳されている。

外務省は、多少手を加えたとはいえ、英語のコード表を日露戦争終結時まで使い続けた。すなわち世界中に広がる日本の在外公館と東京の外務省本省との間で、日本人同士で、日本語ではなく英語でコミュニケーションがとられていたのである。そのため、パリで電報を傍受され、フランスによって暗号を容易に解読され、解読文がロシアにまで提供されるハメに陥った。恥ずかしながら日本の外交電報は、日露戦争終結までフランスとロシアに筒抜けとなっていた。外務省は日露戦争での失敗を隠すことに熱心であり、それを学ぼうとせず、第二次大戦中も過ちを繰り返した。海軍武官暗号もフランスで傍受され、ロシア側に手渡されていたが、こちらは解読された形跡がない。英語のコード表を日本語に切り替えるという自然な対応が、海軍の電報を敵から守ったことになる。[14]

とにかくイギリスは軍事行動に欠かせない暗号という極秘技術を、日英同盟以前から日本に供与していた。日本は通信に不可欠なイギリスの暗号技術を、日露戦争が終わるまで使っていた。日本がイギリス技術を非常に信頼しており、日英同盟の大きな成果だと受け取った証左である。[15]

4　伊集院五郎とフィッシャー——無線技術の供与

〇二年五月二七日、伊集院五郎海軍少将率いる遣英艦隊の巡洋艦浅間と高砂が、地中海に浮かぶマルタ島に到着した。エドワード七世の戴冠式に出席する皇族代表の小松宮をロンドンまで送り届ける途上であった。出迎えたのは英地中海管区司令長官のジョン・A・フィッシャー（John A. Fisher）海軍大将である。伊集院は、英国に一〇年間留学してグリニッジの海軍大学を卒業した日本海軍きっての英国通である。彼は、砲弾発射後に信管が自動的に外れる、いわゆる「伊集院信管」を開発したことでも有名であり、のちに海軍軍令部長となった。フィッシャーも兵器廠長官時代に魚雷の開発に力を入れ、英国海軍制服組のトップである第一海軍卿にまで登りつめた。両国海軍の将来を担う二人が、くしくも本国から遠く離れた地中海で相まみえる。

軍令部長時代の伊集院五郎

二〇世紀初頭、日本海軍は世界的な技術の進歩に乗り遅れないよう、さまざまな技術革新に取り組んでいた。とくに無線電信は有線と違って移動中も即座に電報が打てるため、各

英地中海管区司令長官時代のジョン・A・フィッシャー大将

国が注目していた技術である。これまで艦船は港に到着しないと電報を打てなかったが、航海中に基地局と、あるいは艦船同士で打電することが可能となる。各国海軍がその開発にしのぎを削っていたのは当然のことである。日本でも海軍が文献を頼りに〇一年に最初の無線機である三四式無線機を完成させたのはすでに述べた。だが当時の日本の技術水準では、まだ電波の到達距離が短く、電波の飛ぶ距離も一定しない。到底実戦に堪えうる代物ではなかった。

伊集院はマルタに着くやいなや、フィッシャーを表敬訪問した。彼が旗艦の浅間に帰艦すると、まもなくフィッシャーが返礼に訪れた。その席で大将は、便宜供与をするようにと本国から命を受けていると述べ、日本艦隊へ燃料、水、食糧、艦船の部品を供給する、また軍港を自由に使ってよいと申し出た。くわえて両国間には一切秘密は存在しないと強調し、自らの裁量で地中海艦隊のすべてを日本側に見せることを約束した。

日本側がイギリス無線機器の構造がどうなっているかに興味を示したのは言うまでもなかろう。伊集院は技術士官を地中海艦隊の旗艦レナウンに乗り込ませ、発信機や受信機、アンテナに至るまでくまなく調べさせた。イギリス製は、コヒーラ（受信用検波器）に若干の水銀が入っており、優秀なドイツ製のリレー（継電器）を装着していた。日本製と比べると、はるかに性能が良い。早速日本側はそのコヒーラを借り受け、浅間の受信装置に装着したところ、電波の受信距離が伸びた。フィッシャーの好意によって、イギリ

横須賀の記念艦三笠にある三六式無線電信機

スに到着するまで特別に英国製コヒーラを借りることができた。遣英艦隊はマルタ島を出航して以降、目的地までの航海中に実験を繰り返し、帰国する同年秋までに七〇ページに及ぶ報告書を作成した。[16]〇三年春に横須賀の海軍兵器廠で、遣英艦隊の報告書に基づいて無線電信機器の改良が試みられた。その結果同年末には「三六式無線電信機」が完成し、〇四年中には海軍すべての艦船に配備された。

　この新型無線機が日本海海戦の勝敗を左右する。序章で述べたとおり、〇五年五月二七日未明、仮装巡洋艦信濃丸が東シナ海でバルチック艦隊を発見した際、すぐさま本無線機を使って敵の所在を打電した。無線の送信距離が短かったため、この報は対馬に停泊していた海防艦厳島が中継局として受信し、釜山近傍の鎮海にある連合艦隊司令部に転電された。待ち構えていた連合艦隊旗艦の戦艦三笠は、麾下の全艦に出撃命令を打電し、自らも錨を上げて鎮海を出港した。以後も信濃丸はバルチック艦隊を視認しながら追走し、三笠にバルチック艦隊の位置情報を打電し続けた。その結果、連合艦隊は対馬海峡東水道でバルチック艦隊を捕捉し、撃破することができた。新型無線機の開発が遅れていれば、あるいは信濃丸や厳島に同機が配備されていなければ、対馬海峡を駆け抜けようとするロシア艦隊を捕捉できたかどうかわからない。ひいては日本海海戦が起きなかったかもしれない。どれほど三六式無線機が日本の勝利に貢献したか理解できよう。[17]

　ただし三六式無線機にも問題点が存在した。無線機の送信速度が遅く、一分間に打電できる文字数が、最大でも一〇ワード、通常は五ワード（二五文字）程度だったことである。まだ周波数の概念もなく発信は火花放電であったため、二つの無線局が同時に発信すると混信してしまい、判読不能となる。敵艦隊を発見するや緊急電を打つのにも、中継する艦船が急いで目的地に転電するにも、混信しないよう細心の注意が払われた。これでは込み入った内容の長文電報を打電するなど不可能である。結果として極力文字数を減らすため、連合艦隊司令部は文面をコード化（暗号化）する必要に迫られた。これは内容の秘匿にも役立つ。こうして三六式無線機用のカナ暗号が作成された。〇五年五月二七日〇四時五二分、信濃丸から発せられたバルチック艦隊発見の第二報は次の通りである。

タタタタタタタモ二〇三ＹＲセ

「タ」の七連送符号は「敵ノ第二艦隊見ユ」、「モ」は地点符号、「二〇三」は「北緯三三度二〇分東経一二八度一〇分」の略符号、「ＹＲ」は信濃丸、「セ」は発信者を示す符号である。つなげると「敵ノ第二艦隊見ユ、二〇三地点（北緯三三度二〇分東経一二八度一〇分）信濃丸」となる。たった一四文字で、いつ・だれが・なにを・どうしたすべてを含んだりっぱな報告文ができあがった。[18] 送信速度と混信の危険性という三六式無線機の弱点はカナ暗号によって克服された。

5　日本は世界中に張り巡らされたイギリス有線通信網を利用できるのか？

日本とイギリスという遠く離れた両国が軍事情報の交換に合意できた背景には、有線通信の発達が存在する。二〇世紀初頭の国際通信は、ケーブル（架空線と海底ケーブル）を使った有線通信が主流であった。長波を使った無線通信は黎明期であり、まだ大陸間を結べるほど長距離の通信はできていない。

すでに述べたとおり、当時のヨーロッパと東アジアを結ぶ電信経路は二条ある。デンマークの大北電信が敷設したシベリア経由の北廻りルートと、イギリス東方拡張電信が建設した地中海・インド・東南アジア経由の南廻りルートである。ただし、日本と世界を結ぶ長崎・上海海底ケーブルは大北電信によって独占されており、台湾・福州経由の欧米宛の電信利用はきびしく制限された。東アジア通信利権を確保するため行われたイギリスとデンマークの談合によって、日本の有する電信経路選択の自由が阻害されたことになる。

来たるべきロシアとの戦争中も、日本はロシアと関係の深い大北電信の長崎・上海海底ケーブルを、欧米との通信のため使わなければならない。日本の機密電報が大北電信を通じてロシア側に漏えいする可能性が出てきた。それを避けるため、日本は日米海底ケーブルの建設を急ぐ。米西戦争でフィリピンを獲得したアメリカは、植民地経営の必要上サンフランシスコからハワイ・ミッドウェー・グアム経由でマニラに至る海底ケーブルを、一九〇三年に完成させていた。日本にとって、第三の東廻りルートを建設するチャンスである。日本は、長崎・上海線の利用を避けるため、東京から小笠原経由でグアムに接続するケーブル敷設を希望する。ところがアメリカは、〇四年になると中立を宣言したという理由で、建設を凍結してしまった。もちろん香港・マニラ間の海底ケーブルはすでに建設されていたため、太平洋ケーブルを利用できるが、大北電信のケーブルを経由するのでは、メリットはないに等しい。小笠原経由の第一太平洋ケーブルが完成するのは〇六年まで待たねばならなかった。[19]

日露戦争が勃発すると、ウラジオストク・長崎線が切断されて北廻りルートは使えなくなる。そこで日本は、イギリス系の南廻りルートを頼ってヨーロッパとの通信を行った。だが上海で事件が起きる。上海駐在のロシア陸軍武官コンスタンティン・N・デシノ（Konstantin N. Desino）少将が、大北電信上海総局から日本の電報を入手しているというのだ。〇四年六月に上海駐在の小田切万寿之助総領事は総支配人J・D・L・ベルネル（Berner）に抗議するが、ベルネルは全面的に漏えいを否定した。結局証拠がつかめずに小田切は追及を断念する。

日本側もしたたかである。戦争勃発前夜の〇三年一〇月、台湾・福州線も国際通信に利用できるようにするため、陸軍参謀本部は一計を案じる。宇都宮駐英陸軍武官と打ち合わせ、東京宛の電報の宛先を台北とした。台北から国内電報として、東京に再打電すればよいのである。東京に宛てた電報だと分らないように、発信側・受信側の双方とも偽名を使って打電するよう取り決めた。戦争中は長崎・上海線を極力利用せず、台湾経由のケーブルを使って福州で東方拡張電信と接続するという方法を多用した。[20]東京の参謀本部と欧米の陸軍武官との電信連絡に関しては、制度の盲点をついたことになる。

日英軍事協力協定に基づき、日本の機密電報を日欧間で送受信する際には、陸軍は台湾を経て東方拡張電信と東方電信のケーブルに接続させた。日本はイギリス系のケーブルを使うことで、通信傍受のリスクを回避できた。ただし外務省と在外公館の間の交信は長崎・上海海底ケーブルに頼っており、上海の大北電信極東総局に届いた電報はロシア側の手に落ちていた。日英同盟によるイギリスの支援は列強の通信利権に妨げられ、限定的だったと言わざるをえない。

6　英海軍情報部

一九世紀後半、海軍も帆船から蒸気船の時代に移行し、戦艦は厚い装甲を備えた大艦となり、しかも大砲の射程距離も伸びて破壊力が増した。巡洋艦は装甲を厚くしてスピードだけでなく航続距離も伸びる。一方で駆逐艦は縦横に走り回り、魚雷攻撃を仕掛けて厚い装甲を有する戦艦でも一発で仕留めることができるようになった。こうした海軍技術革新の時代に、イギリスは「日の沈まぬ帝国」の植民地を維持・防衛するため、世界最大・最強の海軍（ロイヤル・ネイビー）を築き上げた。世界第二位の海軍力を有するフランスと第三位のロシアを併せた以上の海軍力を保有するという「二国標準主義」も定められた。そこでフランスやロシアの海軍は、イギリスに対抗するために艦船を増強するだけでなく、水面下に潜んで魚雷攻撃のできる潜水艇の開発を進めていた。

ロンドンの旧海軍省、オールド・アドミラルティ・ビルディング（OAB）

海軍戦力を増強し、新技術を導入したイギリス海軍は、自らの世界戦略を担う中核組織の改革も迫られていた。一八七七〜八年の露土戦争において、英海軍はバルカン半島におけるロシア勢力の拡大に、情報を十分に入手できていないという理由でなんら対応できなかった。この反省に基づき、八二年に外国諜報員会を海軍省（アドミラルティ）の中に設置した。この組織は八七年に海軍情報部と改められる。情報部は海軍省の一部局であり、現在のオールド・アドミラルティ・ビルディング（OAB）の中にあった。ちなみにOAB は、ロンドン中心部シティー・オブ・ウェストミンスターにある。今日バッキンガム宮殿からトラファルガー広場に向かってザ・マル大通りを歩いていくと、正面に見えるアドミラルティ・アーチ（一九一二年完成、まだ日露戦争中にはできていない）とつながった右側の建物である。

イギリス海軍の主な目的は、世界中に航行ルートを有する自国の商船を危険から守ることだった。海軍情報部は、どのルートにどのような脅威が存在するかを明らかにし、どこの国がどのような手段で攻撃してくるかを解明する。具体的にはフランスとロシアを仮想敵国とみなし、どのような準備が必要かを書類にまとめた。二〇世紀になると海軍拡張の著しいドイツが仮想敵国となったため、同国関連の情報を収集しはじめる。

当時の主要国の海軍組織には、軍政を執行する海軍省と軍令を司る軍令本部が存在した。もちろん日本海軍も例外ではない。ところがイギリス海軍組織の特徴として、軍政と軍令の組織は分離されておらず、すべて海軍省に集中されている。しかも驚くことに、海軍省の中に英海軍作戦を統括する作戦部が存在しない。それには理由がある。

一九世紀、世界最強を誇った大英帝国海軍は、本国および世界各地の英領を防衛するため、世界を次の七つの管区（ステーション）に分けていた。北米西インド諸島（大西洋西岸を管轄）、地中海、喜望峰（南アフリカを中心として北アフリカを除くアフリカ沿岸を管轄）、東インド（インド洋を管轄）、中国（シンガポールから東の東南アジアと東アジアを管轄）、オーストラリア、太平洋（太平洋南東岸を管轄）である。さらにイングランドの拠点海軍基地である南部ハンプシャー州のポーツマス、テムズ川河口のノア、西部デヴォン州プリマスのデヴォンポートに鎮守府を設置した。それとは独立して、本国艦隊、イギリス海峡艦隊、地中海艦隊という機動力を備えた艦隊（フリート）が存在する。それぞれの管区・鎮守府・艦隊には、将官である司令長官が鎮座しており、長官に隷属する司令部が各自別個に作戦計画を策定していた。どの管区においても最強の海軍力を有していたイギリス海軍だからこそ、各管区で独自に対応することができ、ロンドン主導の統合作戦計画の必要がほとんどなかったのだ。

しかし大英帝国の最盛期に当たるパクス・ブリタニカも、一九世紀末には凋落の一途をたどり、もはや世界一を維持することは難しくなった。各管区や艦隊がばらばらに運用されていては、フランスやロシア、あるいはドイツの海軍と正面から対抗できない。そこで、英海軍制服組のトップである第一海軍卿に隷属する作戦部を作る計画が浮上する。情報部と合体させて軍令組織を作り上げようというのだ。ちなみに海軍卿（海軍大臣）は政治家が務めることになっており、日露戦争当時は、第二代セルボーン伯爵ウィリアム・W・パルマー（Second Earl of Selborne, William W. Palmer）がその任に就いていた。海軍総司令官（海軍元帥）のポストもあるが、第一海軍卿を引退した後に任命されるなど象徴的な意味合いが強い。海軍の実権は第一海軍卿の手に握られていた。

作戦部を作り軍令機関を独立させる議論は、一九〇四年に第一海軍卿となったジョン・フィッシャー海軍大将によって棚上げされる。フィッシャーが、ドレッドノート型（弩級）戦艦を一九〇〇年代半ばに英海軍へ導入し、世界最強の座を取り戻そうと狙ったからである。ドレッドノート型戦艦とは、戦艦三笠など当時で最大の一万五千トン級の一等戦艦より三千トンも大きい、一万八千トン級の戦艦である。大艦巨砲主義の象徴である大口径の艦砲を備えており、それよりも大きい超弩級戦艦が現れるまで世界最強を誇っていた。フィッシャーは、海軍組織の改組によって新局面を乗り切るのではなく、最新・最強の艦隊を建造して他の列強を圧倒しようと狙った。とにかく、こうして作戦部が中央に設置されていなかった時代、情報部は海軍省の中で英海軍全体の軍令機能を統括できる唯一の組織だった。

日露戦争中の英海軍情報部の陣容は次のとおりである。情報部長は、王室と姻戚関係にあるドイツ出身の公爵ルートヴィヒ・A・フォン＝バッテンベルク（Ludwig A. von Battenberg）海軍大佐だった。公爵は後に第一海軍卿になるほどの切れ者である。〇五年二月からはチャールズ・L・オテリー（Charles L. Ottley）大佐が引き継ぐ。部内では、大佐三名が次長を務め、海軍士官一一名、海兵隊士官八名、文官一二名がたえず勤務していた。外交団の一員である海軍武官も組織に隷属している。ちなみに英海軍武官が駐在していたのは、パリ、ベルリン、ローマ、ペテルブルク、ワシントンＤＣ、東京の六か所だけである。[21] 情報部は英海軍の中核を担うエリート組織であった。

情報部には世界中から情報が入ってくる。管区・鎮守府・艦隊の各司令部、六名の海軍武官、陸軍情報部、英領アフリカ・インド・マラッカ・オーストラリア・カナダの植民地総督、世界各地の主要港に駐在する領事などからである。民間からの情報も重要であろう。それらの情報を、日本の軍令部第三班と同じように、分類し、ファイルし、取り出しては必要な部署に送っていた。英海軍情報部の内実は推測しかできないが、たぶん軍令部第三班がそのスタイルを真似た、と言ったほうが正しいのかもしれない。

7　日露戦争中の日英同盟

日本がロシアに対して宣戦を布告した翌日の一九〇四年二月一一日、イギリスは局外中立を宣言した。ちなみに一八九九年の第一回ハーグ平和会議で確認された戦時中立条項では、中立国は戦争中に交戦国の一方に「戦時禁制品」すなわち軍艦を売却したり、兵器その他の軍用資材を売却したりしてはいけない。また中立国の港湾において、交戦国の一方の艦隊に戦闘上の特別の利益を提供したりもしてはならない。具体的には、中立国の港湾に交戦国の艦船が入港した場合、原則として二四時間以上の停泊を禁止した。くわえて最も近い本国あるいは中立国の港までの燃料・水・食料の積み込みを認めている。[22] イギリスは、こうした国際法上の戦時中立条項を、日露戦争中に原則として遵守していた。ただし英国政府は、戦時国際法に抵触する可能性のある民間の商業活動を制限しておらず、その結果として英国商船が交戦国双方に高品質の無煙炭を供給した。一方でロシアは、中立を宣言したとはいえ、イギリスが同盟国日本を全面的に支援するに違いないと疑っていた。それゆえ同国商船の行動が、ロシアからは「戦時禁制品」輸送の可能性ありとみなされた。その結果として、ロシア海軍が日露戦争初期に紅海で英国船籍の商船を拿捕するという事件まで起こしている。だが禁制品を積んでいない英国船の拿捕は、イギリス政府からロシアへの厳重な抗議に発展したため中止に追い込まれた。[23]

戦時中立条項には、情報の提供を規制する条項は含まれていない。目に見えない情報のやり取りを規制することはできないからである。〇二年七月の日英軍事協力交渉で合意に達した情報の交換という条項が具現化される。ロシア海軍情報を入手する際には、駐英海軍武官の鏑木誠大佐が日本公使館から海軍省に出向き、情報部を訪れた。当時の日本公使館は、ロンドン中心部ヴィクトリア駅の西側エベリー・ストリートに面したライゴン・プレイス一番地にあった。バッキンガム宮殿のすぐ南側である。海軍省まで歩

駐英公使館付海軍武官の鏑木誠大佐

英海軍情報部次長のスチュアート・ニコルソン大佐

いて二〇分程度であろう。[24]

　鏑木誠は、一八五七年下総の鏑木村（現在の千葉県旭市）に生まれ、慶応義塾で学び、途中から海軍兵学校に転じた。少尉補に任官したのち長く水雷局や水雷施設部に籍を置き、水雷艇隊司令を務めるなど、海軍内でも水雷（機雷と魚雷）の専門家と言える。海外で建造された新造艦の廻航委員を三度も務めたのち、駐イタリア公使館付武官に任ぜられる。語学に長け、外国事情にも詳しかったのであろう。巡洋艦和泉や戦艦鎮遠の艦長を務めたのち、日露戦争勃発直後に駐英公使館付海軍武官に任命された。鏑木は日英同盟の真価が試される時期に、日本海軍の代表としてイギリスに派遣されたことになる。海軍軍人の本分である艦上勤務ではないが、同盟国で活躍する機会を与えられ、重責に身を震わせながらアメリカ経由でロンドンに向かったのだろう。その勲功から帰国後に海軍少将に任ぜられ、呉および佐世保の水雷団長を務めた。退役後すぐの一九一九年に六二歳で生涯を閉じている。[25]

　海軍省で鏑木を出迎えたのは、情報部次長のスチュアート・ニコルソン（Stuart Nicholson）海軍大佐である。ニコルソンは、一八六五年に英国南部ポーツマスに近いワイト島に生まれた。海軍士官子弟の寄宿学校である海軍スクールに学び、一三歳で海軍に入隊する。海軍兵学校を経て少尉候補生となり、五年間洋上で勤務する。その後英海軍士官の出世を決める大尉昇進試験で非常に優秀な成績を収め、水雷の専門家となる訓練を受けて水雷学校の教官となった。九七年のナイジェリア南部ベニン王国を征服するための遠征で高い評価を得て中佐となる。一九〇二年には三六歳という若さで大佐に昇進し、すぐさま海軍省情報部副部長に抜擢された。その後同省水雷部副部長、地中海艦隊参謀長を経て、第一次大戦中はトルコのダーダネルス海峡侵攻作戦の海軍司令官（中将）を務め、二〇年には海軍大将に登りつめる。引退後はイングランド最西部コーンウォール州のビュードに居を構え、地域の発展に尽くし、三六年に七一歳で亡くなった。[26]

鏑木とニコルソンは、海軍部内で長く水雷部門に勤務したという共通点がある。これが両者の親交を深めたのではなかろうか。両者間で日英の最新海軍技術の交換が推し進められた。すなわち、当時最高水準にあったイギリスの新型魚雷の設計図を譲り受ける代わりに、日本の新型機雷の設計図を提供するという約束を結んでいる。[27]ニコルソンが鏑木に友好的だったからであろうか、日英海軍は最新情報を相互に交換できるほど緊密な関係を築き上げることができた。

鏑木はニコルソンからさまざまなロシア海軍情報を手に入れて、東京の軍令部に打電あるいは郵送している。日本が入手した情報の中でもっとも貴重なものは、ロシア海軍の機密命令書であった。ペテルブルクの海軍省から黒海艦隊司令長官宛の〇四年五月四日（露暦四月二一日）付機密命令一〇二号の内容は次のとおりである。ロシアはバルチック艦隊の極東への派遣を決定した。黒海艦隊の艦船も、航海の途中で東航艦隊に合流することになる。本来トルコ海峡条約によって軍艦の通過が禁じられているものの、黒海艦隊の艦船が通過する際には、トルコ政府がそれを黙認するというのだ。しかもロジェーストヴェンスキー軍令部長は、五月七日（露暦四月二五日）付の追加命令で、艦船へ食糧を積み込み、灰色に塗装することまで命じている[28]。

この文書は、英海軍情報部がロシア海軍中枢にいるスパイから極秘に機密文書を入手したという事実を証明している。くわえて、日本海軍武官がその情報の英訳をロンドンで受け取ったことも明らかとなった。こうした極秘情報は、イギリスにとっても絶対に漏えいしてはいけないものである。それを日本に提供するというのは、イギリスが同盟国の情報管理に信頼を置いていた証拠ではなかろうか。

鏑木から東京の軍令部に送られた電報や報告書は多岐にわたる。英海軍情報部作成のバルチック艦隊編成一覧、ロシア潜水艇に関する駐ペテルブルク英大使館付海軍武官報告、バルチック艦隊の消息に関するコロンボの東インド管区司令部報告、マラッカ海峡のロシア第三艦隊に関するシンガポールからの報告、威海衛からの英海軍艦船の撤収に関する中国管区司令部報告、香港のスパイ報告など、情報の発信元は世界中に広がっている[29]。一週間に一度は鏑木が英海軍情報部を訪れ、ロシア海軍に関するあらゆる情報をニコルソンから手に入れていたことは間違いない。日露戦争中のロンドンにおける日英海軍諜報協力こそが、日英同盟による具体的な協力関係の真骨頂と言えよう。

8　潜水艇情報

一般に潜水艇が実戦配備されたのは第一次世界大戦のときとされている。ドイツのUボートが多くの敵巡洋艦や輸送船を魚雷攻撃によって撃沈したのは、深く記憶に刻まれている。しかし日露戦争の際に、すでに潜水艇が日露両国に配備されていたことはあまり知られていない。

陸軍参謀本部は、戦争前から駐ロシア公使館付陸軍武官の明石元二郎大佐に対して、シベリア鉄道の輸送量を調査させていた。というのも、今後満洲のロシア軍がどれくらいのスピードでどれほど増強されるかが、陸軍にとって最大の関心事だったからである。ところが三月三日、ペテルブルクからストックホルムに移った明石が、山県有朋参謀総長に宛てて目的外の情報を送ってきた。ロシア海軍がペテルブルクから潜水艇二隻をウラジオストクに、一隻を旅順にシベリア鉄道で送付した、というのだ。同じく駐英公使館付陸軍武官の宇都宮太郎中佐も、三月三〇日、五隻の潜水艇がすでに完成しており、六月に極東へ派遣されるバルチック艦隊の編成に組み入れられると報じた。また四月一九日付のハンガリー人スパイから明石大佐宛の書簡でも、六隻の潜水艇がペテルブルクから旅順に送られた、と報告されている。このスパイは五月四日付の書簡で旅順における潜水艇の最初の試験航海について次のように言及した。「航海はうまくいった」と流布されているにもかかわらず、間近で見ていたロシア海軍士官によると、潜水艇は「まったく使い物にならない代物」だった、というのだ。[30]

実はこの情報は誤っており、現実に潜水艇がウラジオストクに鉄道で輸送されるのは、〇四年一一月になってからである。ただし当時は真偽不明のまま、こうした情報が参謀本部から軍令部に回送されたのは間違いない。

ガソリン・エンジン、バッテリー、魚雷発射管を備えた潜水艇は、一八七五年にアメリカ人ジョン・P・ホーランド（John P. Holland）によって開発された。九八年、この「ホーランド型」と呼ばれる潜水艇の第六号モデルが完成する。四五馬力のエンジンを搭載した全長約一六メートルの艇は、一九〇〇年に正式にアメリカ海軍に採用された。水中に姿を隠し、魚雷によって突如敵艦を攻撃する潜水艇が実用化されれば、厚い装甲で防護された一万トンを超える戦艦といえども喫水線の下は無防備なため、その安全を保証できない。すでに大艦巨砲主義の弱点を露見させるような状況が二〇世紀初頭には生じていた。

列強の中でも海軍戦力に劣るフランスは、世界最強のイギリス海軍に対抗するため、潜水艇を一八九〇年代から導入していた。〇四年までには四〇隻以上を保有する最大の潜水艇保有国となっている。イギリスは当初あまり積極的ではなかったが、フランスの新戦略を真似て〇一年にホーランド型潜水艇を五隻建造した。

日本海軍もアメリカの潜水艇開発に無関心ではなかった。一九〇〇年五月には、若い海軍士官が軍令部に対して早急に潜水艇の実験をはじめることは必要だ、と訴えている。しかし大艦巨砲主義を信奉する東京の海軍首脳部は、なかなか潜水艇の導入に踏み切らなかった。ところがロシアの極東への潜水艇配備という情報に接し、急速に潜水艇への関心が高まる。そして〇四年六月末には、アメリカに潜水艇五隻を発注し、日本でライセンス生産させている。〇五年八月、第一潜水艇が完成し、東京湾で実験が行われた。結局そこでは外洋での再実験が必要という結果しか得られず、実戦配備は先送りされた。とにかく、日本も潜水艇保有国の一つと数えられるようになった[31]。

フランス・イギリス・イタリア・ドイツが次々と導入する中、ロシア海軍も潜水艇の建造に積極的であった。当初ロシア海軍艦政本部はフランスからの技術導入を検討していたものの、一九〇〇年には方針を転換する。艦政本部長はアメリカを訪れ、米技術の導入の可能性について、ホーランド社と事前協議を行った。同年末、海軍省の中に潜水艇建造委員会が組織される。翌〇一年七月、ペテルブルクのバルト海造船所で、「一一三型水雷艇」（ロシア海軍最初の潜水艇の呼称）の研究開発が始められた。細部にわたる技術情報を入手するため、技術将校をアメリカに直接派遣している。〇二年に改良型として「一五〇型魚雷艇」が設計され、〇三年には実際フィンランド湾に浮かべて実験を繰り返した。〇四年五月末、そのモデルは完成し、第一号機が「デリフィーン」号と名づけられた。この潜水艇は、ホーランド型第六号モデルより一回り大きい全長約二〇メートルで、三〇〇馬力のエンジンを搭載し、二本の魚雷発射管を有していた。

ロシア海軍潜水艇デリフィーン号

デリフィーン号は実戦配備に向けて潜行実験などを繰り返し、改良を重ねて万全を期した。同年一一月一五日、極東に配備するためシベリア鉄道でウラジオストクに輸送される。というのもロシア海軍は極東において劣勢を強いられており、それを巻き返すため最新兵器の投入が決められたからである。〇五年二月末、ウラジオストクの金角湾にデリフィーン号は浮かべられた。一五〇型魚雷艇の一・五倍の大きさを誇る全長三三メートルの「一四〇型潜航水雷艇」も、〇三年末から建造されて〇四年中に完成した。第一号機の「カサートカ」号は、〇四年一二月末にシベリア鉄道でウラジオストクに送付された。その直後に同型の二隻も極東に送られている。ただしこれらの新型潜水艇も、開発途中で配備されたからであろうか、日露戦争が終わるまで港に係留されたままで、実戦に使われることはなかった。[32]

戦争勃発当初、軍令部はまだ潜水艇を無用の長物と考えており、ロシア極東に潜水艇が送付されたという〇四年四月までの陸軍情報に、あまり関心を示さなかった。一方で海軍の中でも潜水艇の性能を高く評価し、日本にも潜水艇を導入しようとするグループが存在した。くわえて世界中で潜水艇開発が急ピッチで進んでおり、情報も錯綜している。軍令部も万が一のことを考えると放置しておけなかったのだろう。そこで〇四年五月五日、伊集院軍令部次長は、艦載用の一八トン潜水艇に関してイギリスで情報を集めるように鏑木大佐に命じた。鏑木は英潜水艇を実地に検分して、「山師的なもの」と切り捨てている。[33] 海軍首脳が胸をなでおろしたのは想像に難くない。

〇四年五月半ば、旅順封鎖中の連合艦隊の艦船が何隻も沈没するにおよび、海軍の潜水艇に対する態度が大転換する。五月一二日に第四八号水雷艇が、一四日に通報艦宮古が触雷して沈没する。一五日には日本海軍最大で最新鋭の一等戦艦初瀬と八島が旅順沖で触雷・沈没した。付近を航行していた友艦には、潜水艇警報が出され、戦艦敷島は八島の救助に駆け付ける途中、後方で潜水艇らしきものが浮上したという警報を受けて、即座に水中に砲撃した。

軍令部の受けた衝撃は大きい。海戦でならまだしも、単に機雷に触れたというだけで、六隻しかない一等戦艦が一瞬にして二隻も沈没したからである。その原因を探り、こうした悲劇が二度と起きないよう予防しなければならない。しかし本当に触雷して沈没したのだろうか。厳戒態勢をしいて海上の浮遊物にも細心の注意を払っていた一等戦艦が、いとも簡単に、しかも日中に触雷するものだろうか。当初から軍令部は初瀬と八島の触雷に疑念を持っていた。もし機雷に触れて沈没したのではないとすると、どのような原因が求められるのだろうか。おのずと見えない敵、すなわち潜水艇による魚雷攻撃に行き着く。

この疑念を拡大させる情報が五月一五日以降も続々と軍令部に入ってきた。たとえば、四月二七日に旅順湾内で潜水艇の試験をしたところ、良好な成績を収めたというのだ。この情報を『大海情』に記した軍令部参謀は、初瀬・八島の沈没がロシア潜水艇の攻撃によるものだ、と確信している。[34] それに追い討ちをかける情報が、六月九日に米AP通信東京特派員から、軍令部参謀の財部彪中佐にもたらされた。北京に向かう列車の中で、アメリカ人女性が二人のフランス人の密談を聞いたというのだ。内容は、初瀬・八島が沈没した五月一五日朝、三隻の潜水艇が旅順口を出港し、そのうちの二隻が午後帰港した、というものであった。旅順では、潜水艇に関する情報統制が厳しく、情報を入手するのが非常に難しい、また情報提供者は信頼がおける、とも付け加えられていた。[35] 少なくとも財部は、潜水艇の脅威に対して敏感に反応し、軍令部内で情報収集の強化を推し進めていったはずである。

極東に派遣されることが決まったバルチック艦隊の艦隊編成に、潜水艇が含まれているかどうかにも、注意が喚起された。軍令部は、一〇月二六日、バルチック艦隊に潜水艇を積載している艦船が存在するかどうかを各在外公館で調査するよう、外務省に依頼している。もちろん各公使館付海軍武官にも同様の命令が下された。[36] 工作船という名で偽装された潜水艇の母艦が、潜水艇を隠し持っていることを疑った結果である。

今日ロシア側の記録を見れば、こうした情報が誤りだったことは容易に想像がつく。ロシアの潜水艇はまだ開発途中であり、実戦で使える代物ではなかった。しかし当時の軍令部第三班にとって、到底その事実を手に入れることは不可能である。しかもイギリス・フランス・アメリカなど主要海軍国がこぞって潜水艇の導入をすすめている中、極秘のうちに、なんらかの新発明が生まれている可能性も残っていた。そうした不安をいくらかでも取り除くため、軍令部は情報収集に駆り立てられたのではなかろうか。ただし、その結果として、情報を収集すればするほど、偽情報の流布ともあいまって、不安は拡大した。もちろん敵情報を正確に把握していなければ、戦争では即座に多数の人命が失われることになる。未確認情報でも、一方的に無視することはできない。日本とロシアの双方ともが、敵の潜水艇の実態を確認するため膨大な労力を払ったのは、やむをえないことだった。未知の新兵器に対する根拠なき恐怖の存在が、日本海軍に情報収集の労苦を拡大させた。[37]

9　駐英公使館の情報元――『ザ・タイムズ』、ロイター通信、ロイズ保険組合

日露戦争の最中の一九〇四年、ロンドンの林董《ただす》公使から東京の小村外相宛に四五〇通ほどの電報が打たれている。それらの電報には、どこから情報を手に入れたか、情報のソースが記されている。もちろん英外務省から、あるいはロンドン駐在の他国の外交官から得た情報も少なくない。現地に駐在する日本の商社や船会社などからも情報は届いた。情報の売り込みもある。だが圧倒的多数は新聞記事をネタ元としていた。

日本の在外公館が、現地新聞の記事翻訳を主要な仕事の一つにしているのは、昔も今も変わっていない。駐在国の政治動向を理解して、世論の動きを判断するためには、新聞記事を分析するのが近道だからではあるまいか。また外国のメディアが、日本に関心のある事項に関して、固有のソースを使い、独自の分析を行っている場合も多々見受けられる。ルーティーン・ワークとして軽んじられる傾向もあるようだが、長期間にわたる情報の積み重ねが、何らかの形で役に立つ場合もある。日本の新聞ならばスクラップさえ

していれば簡単に目を通せるが、外国語の新聞を容易に読み返すことはできない。外国新聞の分析が不可欠であるのは言うまでもなかろう。

日露戦争勃発直前に、ヨーロッパにおける黄禍論の鎮静のため、伊藤博文の娘婿の末松謙澄をロンドンに派遣した。世論を鎮静化させるためには新聞の操縦が不可欠であり、各国の新聞を最低一紙は味方につけなければならない。幸いイギリスの新聞は日英同盟の関係もあり、親日的であった。末松は『ザ・タイムズ』と関係構築を図ったはずである。『ザ・タイムズ』は一七八五年にロンドンで刊行されたイギリスでもっとも伝統のある、しかも影響力の強い新聞である。戦争報道などで広い読者層を獲得し、一九世紀半ばにはリーディング・ペーパーの地位に登り詰めた。一九世紀末には経営が苦しくなったが、チャールズ・M・ベル（Charles M. Bell）という辣腕編集者が経営に参画し、立て直しを図る。末松は同紙の経営陣と接触した。後年、経営陣に叙勲するよう日本政府に働きかけている。だが『ザ・タイムズ』は、報道の中立性を守るため、全社員ともいかなる国からの叙勲も受けないことになっていると答え、最終的に日本からの叙勲を拒否した。[38]

林董駐英公使

ただし『ザ・タイムズ』側にも日本政府と接近しなければならない事情があった。戦争が始まるとすぐに、同紙も戦争報道を目的として特派員を日本に派遣する。ところが日本政府は、軍事機密を盾にして、特派員の戦場視察を認めなかった。ベルは林公使宛に同紙特派員に対する便宜供与を求める手紙を書き、戦場視察を許可するよう要請した。[39] この問題は早期に解決されなかったが、最終的には陸軍が観戦を許可している。それにしても、ロンドンの日本外交団と同紙との間になんらかのコネクションが存在したことは確かであろう。単に日本公使館の館員が発行された『ザ・タイムズ』記事を読んで訳しただけではなく、発行前夜に同紙から密かに情報を入手していたのかもしれない。

『ザ・タイムズ』の貢献はロンドンだけにとどまらない。すでに第1章で記したとおり、オデッサ、後にペテルブルク駐在となる同紙契約特派員が、スパイとして日本に有用な情報を提供してきた。さらに第7章2で触れる上海や北京でも、日本の在外公館は同紙特派員と密接な関係を築き上げている。『ザ・タイムズ』が組織的に日本に協力したのか、特派員が個人的に契約を結んだのか、あるいは好意から情報を提供したのかは、一概に言えない。しかし各地で同紙特派員の協力があったという事実は、今日まで外交史料の中に残っている。

次に多い情報元がロイター通信記事の翻訳である。たとえば〇四年一二月一二日付林公使から小村外相宛公電第四一六号では、南アフリカのケープタウンやクレタ島のスダ湾発のバルチック艦隊に関するロイター電が翻訳されている。ロイターは、一八五一年にドイツ人のユリウス・ロイター（Julius Reuter）が創設した通信社であり、イギリス各地の新聞社にニュースを提供していた。フランスのアヴァス、ドイツのヴォルフ通信社とともに、二〇世紀初頭には欧州三大通信社の一つとして、信頼性のあるニュースを世界各地に配信している。[40] ロンドンの日本公使館がどのようにロイターのニュースを手に入れていたか不明だが、たぶん新聞に掲載された記事を翻訳したのではなかろうか。第4章で述べるとおり、ロイターの特派員たちも日本に協力的であり、バルチック艦隊の動向を把握するのに有用な情報を提供している。

ロイズ保険組合の役割も大きい。一二月一四日付林より小村宛の公電では、スペインのリスボン、スダ湾、シャム（タイ）のペナンからロイズ本社宛の電報が翻訳されている。[41] いずれもロシア艦の目撃情報であるが、出版物からの引用ではなく前日の電報を翻訳してあるため、本社から電報を直接入手したか、英外務省経由かのどちらかであろう。とにかく駐英日本公使館は、ロイズ最新情報の入手経路を有していた。

ロイズ保険組合は、イギリスで海運業が飛躍的に発展した一七世紀末に、エドワード・ロイド（Edward Lloyd）が作ったコーヒー店から発展した。当時ロンドン王立取引所では、貿易・金融・保険業務に携わる業者が多数集まっており、彼らの商談や情報交換の場所として、取引所に近いロイド・コーヒー店が利用された。同店もロイズ・ニュースという新聞を発行し、海事関係者に対して各種の情報を提供した。後に同店は『海事専門新聞（ロイズ・リスト）』や『ロイド船名録』を発行し、同店で取引をする海上保険業者に便宜を図った。一七六九年にそうした保険業者たちがコーヒー店から分離してロイズ保険組合を組織した。本組合の特徴は、組合自体が顧客との間で契約を結ぶのではなく、組合の会員である個人保険業者にシンジケートを組ませ、彼らに契約の場を提供することである。組合は、損害査定や情報提供を行い、会員の保険業務をサポートする。顧客からシンジケートに支払われた保険料は、各会員がその責任分担分に応じて受け取る。ただし損害が発生した場合、各会員は自らの責任分担分に対して無限に責任を負わなければならない。この無限責任制度によって、ロイズ保険組合は世界中の顧客から信頼され、海上保険の雄として躍進した。[42]

ロイズ保険組合の信頼性を支えていたのが、同組合の情報収集能力であった。航海のリスクを正確に算定して保険料を決め、事故の際の支払額を確定するには、膨大な情報を集めておき、必要な情報をすぐに引き出せなければならない。世界の主要港湾に情報ネットワークを張り巡らしていた。ロンドンの本社には世界中の海事情報が集まる。ロイズ本社からバルチック艦隊情報を入手できるほど、外務省も海軍省に劣らぬ情報収集の手腕を有していた。

駐英日本公使館が、バルチック艦隊に関する情報を収集するに際して、鏑木海軍武官とも打ち合わせを欠くことはなかったはずである。しかも新聞などの公開情報を翻訳し、別ルートで情報を集めるなど、在外公館として地道な活動も続けていた。それが東京の外務省の本省に打電され、軍令部第三班に集積される。情報収集に関して海軍と外務省は密接な協力関係にあった。

紆余曲折があったとはいえ、イギリスからの有形無形の協力を得て、日本の情報収集能力は格段に高まった。

第4章　ヨーロッパでの情報収集

1　バルチック艦隊の出立を探る

日露戦争勃発以降、ロシア側の戦況は芳しくなかった。ロシア太平洋艦隊は、一九〇四年二月九日の奇襲攻撃によって少なからずダメージを受けた。連合艦隊に旅順を包囲され、港内に立て籠もる太平洋艦隊を救助するため、ロシア海軍は大艦隊を極東に派遣することを四月三〇日に決定した。具体的には、バルチック艦隊の主要海軍戦力を第二太平洋艦隊と名付け、ペテルブルクの防衛に必要な最低限の艦船を残し、その多くを東航させることにした。戦艦七隻（一万四千トン級の新造五隻、老朽二隻）、巡洋艦七隻（新造四隻、老朽一隻、快速二隻）、軽巡洋艦五隻、水雷艇九隻である。さらに長期航海で病人が大量に発生することを予想して、病院船一隻を用意した。くわえて艦船修理用の工作艦、必要物資を提供する輸送艦、故障艦を曳航するタグボート、蒸気機関に必要な淡水を供給するタンカーまでが艦隊に含まれる。だが多種多様な艦船を引き連れて遠大で困難な航海を乗り切るため膨大な手続きが発生し、それを解決するために多大な時間がかかった。やっと九月上旬になって海軍工廠や修理用のドックのあるペテルブルクおよびクロンシュタット要塞での準備が完了する。九月一一日に東航艦隊は、ツァーリ（ロシア皇帝）が出席して公の出港式が挙行されるレーヴェリ（タリン）に向けて、航海の第一歩を踏み出した。

九月一二日、レーヴェリに到着したバルチック艦隊は、ロジェーストヴェンスキー司令長官の下で厳しい訓練に明け暮れていた。ただし予定された艦艇すべてがレーヴェリに揃ったわけではない。まだ何隻かはクロンシュタットの造船所で修理を受けていた。造船所では仕事が遅々としてすすまず、司令長官をいらだたせる。出港式までに一か月弱しかない。一〇月九日朝、ツァーリ、ニコライ二世一行が列車でレーヴェリに到着し、各艦への巡察を始めた。到底一日ではすべての艦艇を訪れることはできない。夜にはツァーリ主催の晩餐会が開かれ、海軍将官や各艦の艦長たちが集った。翌一〇日、ニコライは艦艇訪問を続け、夕方には全二二隻の公式訪問を終えた。一一日、数千人もの人々が港に押し寄せ、出港式のフィナーレとなる。最後の別れを惜しみながら、艦隊はロシア最後の寄港地であるリバーヴァ（リバウ）に向かった。

一〇月一三日、艦隊はリバーヴァに投錨する。これ以降、日本軍に包囲されて陥落の危機に瀕していた旅順あるいは極東のウラジオストクまでロシアの港はない。旅順救出のために、艦隊は石炭、水、食糧を急いで積み込んだ。だが一四日に戦艦一隻が故障して出鼻をくじかれる。やっと全艦そろって、一五日にバルチック艦隊はロシアを離れ、最初の寄港地のあるデンマークに舳先を向けた。

日本はロシア側のこうしたドタバタ劇を把握していない。ただしバルチック艦隊の出港に関して非常に関心があり、情報収集に踏み出そうとしていた。一〇月七日駐仏本野一郎公使は、小村外相にロシア艦隊に関する情報を収集できる適当なノルウェー人スパイを見つけた、五千フランで雇用してもよいか、と打電してきた。ロシア旅行の予約や斡旋などを生業とするベルグ（Berg）という人物で、フランス『フィガロ』紙の特派員としてロシアを短期間訪問するというのだ。一〇日に小村が了承すると、すぐに同人はパリから陸路リバーヴァに向かった。だが一二日、リトアニアのヴィリニュス（ドイツ語でヴィルナ）に着くと、すでにバルチック艦隊がレーヴェリを出港したという情報を彼は耳にする。このまま列車でリバーヴァに向かっては艦隊の同港抜錨に間に合わない。ベルグはヴィリニュスから東プロイセンのメーメル（現在リトアニアのクライペダ）に列車で引き返した。この港で小蒸気船を雇い、一四日朝に海路でリバーヴァに向かった。同日午後リバーヴァ沖に着くと、艦隊の全容を観察して写真を撮ることができた。すぐに上陸して同港駐在のフランス領事を訪れ、ロシア海軍士官にもインタビューをする。ベルグは、艦隊が一六日午前一時に出港するという情報を確認して、それを一五日朝にパリへ打電した。

ベルグから送られてくる情報に関しては、駐仏一條海軍武官が担当となったのであろう。一六日、一條からバルチック艦隊の同日午前一時リバーヴァ出港の報告が東京の軍令部まで届く。[2] もちろんベルグからの情報である。まさにバルチック艦隊出航に関する軍令部第三班に入った第一報であった。[3]

この報告は各地からの新聞報道などによって裏付けられ、一八日までに誤報ではない（正確には一五日出航）と確認される。それまで何度か誤報に踊らされてきた軍令部の参謀たちも、ついに来るべき増援部隊がロシアを出立したと確信し、気を引き締め直したにちがいない。視察地も重要である。もちろんペテルブルクおよびその沖にあるクロンシュタットは大規模な港であり、ドックや造船所が立ち並んでおり、外国人が容易に艦船を眺めることもできない。そうした意味で、軍港がメインの小さな港町リバーヴァは、艦船の数や種類を確認するには、恰好の場所だったのかもしれない。それゆえ軍令部は、ロシア最西端の港リバーヴァを重要視し、そこにスパイを送り込むことができた。艦隊の動向に注目していた第三班にとって最初の金星である。

2　デンマークへの投錨

バルチック艦隊がロシアを離れて最初に停泊したのはデンマークである。一〇月一七日朝、ストーア（大ベルト）海峡のランゲラン島南端にあるファッケビェー灯台（一九〇五年閉鎖）の南側に艦隊は錨を下ろした。デンマークの港湾内に入港したわけではない。各艦は、同地において艦隊に同行してきた輸送船から石炭の積み込みを始めた。だが同日夕方には風雨が強くなり、積み込み作業は難航した。一八日も同じ場所に停泊して石炭の積み込みを続けた。一九日には錨をあげ二〇日朝にユトランド半島北端の小さな港町スカーイェン付近に投錨した。再度の石炭積みこみである。ところが作業中に情報が入ってきた。ロシア貨物船が一九日夜に水雷艇らしき国籍不明の四隻を見たと連絡してくる。またスカーイェンの南に位置する港湾都市フレデリクスハウンに駐在するロシア副領事が、国旗を掲げていない水雷艇七隻が近海に出現したという情報を持ってきた。ロジェーストヴェンスキーは即座に艦隊全艦に緊急警戒態勢をしくよう命じ、積み込みを止めさせて、錨を上げさせた。司令長官は、イギリスに潜入した日本海軍士官が水雷艇に乗って待ち構えている北海に向けて、二〇日の夜に出航していった。[4]

九月に瀧川具和海軍大佐が同海峡を訪れた際にはデンマーク官憲の妨害にあい、日本海軍士官として堂々とロシア艦隊の通過を視察することを断念した。しかしバルチック艦隊を視察できる最初のチャンスを逃すわけにはいかない。デンマークを管轄する駐オランダ三橋信方公使が、コペンハーゲンに住む日本名誉領事ヤコブ・ヘニングセン（Jakob Henningsen, 一八四九～一九一三年）に依頼して、情報提供者を雇ってもらった。日本は、それらの人物からバルチック艦隊に関する情報を得ることになる。[5] ちなみにヘニングセンは、大北電信会社の極東支配人を長く勤めていた人物である。ヨーロッパと東アジアを結ぶ重要な電信会社の上海にある極東総局で長く支配人も勤め、一九〇〇年に本国に帰国していた。

瀧川大佐も無策ではない。別ルートで情報提供者を、エアスン海峡の東にあるボルンホルム島およびストーア海峡周辺に配置した。瀧川のスパイとなったのが、ベルリンのフリードリヒ・ヴィルヘルム大学で非常勤講師として日本語を教えていたヘルマン・プラウト（Hermann Plaut, 一八四六～一九〇九年）である。プラウトは『日本語読本』（一八九一年）や『日本会話文法』（一九〇四年）などをドイツ語で出版したドイツきっての日本学者であった。日本語のできる学者ということで日本公使館に出入りしていたのであろうか、彼は日露戦争勃発直後から瀧川の対ロシア情報収集に協力した。場所は不明だが、たぶんストーア海峡のどこかに出張して艦隊の通過を確認し、瀧川に電報を打ったに違いない。もう一人は、ヴィルヘルム・クンストマン（Wilhelm Kunstmann 一八四四～一九三四年）である。彼は、オーデル川河口のシュテッティン（現在はポーランド領）を基点にプロイセン地方最大のクンストマン海運会社を経営しており、石炭や鉄鉱石の輸送を手掛けていた。息子のアルトゥール（Arthur Kunstmann）にも手伝わせ、ボルンホルム島からストーア海峡やカテガット海峡の沿岸に監視員を配置し、ロシア艦隊の到来を待った。クンストマンは、バルチック艦隊に対して石炭を供給するハンブルク＝アメリカン・ラインの情報まで提供すると申し出ている。[6]

一〇月一六日、瀧川はバルチック艦隊がボルンホルム島の北側を西に向かって航行しているという情報を入手して、東京に打電した。また一七日には艦隊がストーア海峡に入ったことが確認されたとも報じている。[7]クンストマンの海運会社ネットワークで、ボルンホルム島で早くも艦隊を発見できたに違いない。同日ランゲラン島沖に艦隊が到着してすぐに、ハーグの三橋公使も東京に打電した。ヘニングセンからの情報であろう。艦船の数など正確ではないものの、一七日から艦隊がデンマークを離れる二〇日まで、毎日のように電報を打っている。[8]自らの目で確認できなかったものの、瀧川は任務を遂行できた。三橋は、瀧川と並行して情報を集め、情報の信頼性を高めた。日露戦後、クンストマン、プラウト、ヘニングセンは勲章を授与されている。アルトゥール・クンストマンは、当時の勲功からか、一九三〇年代にシュテッティン日本名誉領事となった。[9]

3　迷走する情報収集

極東での劣勢を跳ね返すため万全を期してロシア海軍がバルチック艦隊を東航させたというニュースは、またたくまにヨーロッパ中を駆け回った。ただし当然のことながら軍事機密に属するため、ロシア政府は東航艦隊に参加する詳細な艦船の数や種類を発表していない。どのような兵器や装備を有し、どのようなルートでアジアまで来るかも、きびしく情報が統制されていた。ロジェーストヴェンスキーが司令長官である以外は、艦長や参謀たちの名前も、下士官や水兵たちの数や練度もわからない。各国の主要紙は出航日だけが判明したニュースを一斉に取り上げ、今後の動向も含めて思い思いに紙面を膨らませる。

欧州駐在の海軍武官や外交官は、欧米主要紙の記事を翻訳して東京に送ってきた。しかし新聞によって情報源が異なり、艦隊の規模や艦船の種類などもまちまちである。電報を並べて読んでも全体像がはっきりしない。それを集計する軍令部第三班内ではパニックが生じていた。複数の不確実な情報が一度に入ってきたため混乱をきたしたからである。

出先から入ってくる情報の確度が低い場合でも、とりあえず判明した事実を伝えるのは必要だった。だが過大評価して海軍内に不安を拡大させても、過小評価して気の緩みを生じさせてもいけない。軍令部内で正確にバルチック艦隊の全容を把握することが先決であった。そのまますべての電報を「大海情」に掲載して配布するのは控えていたはずである。さらなる情報収集が欠かせない。

先手を打ったのは外務省である。一〇月二〇日、政務部は駐英・独・仏・墺・伊・西の六公使に対して、次の電報を打っている。

> バルチック艦隊が駐在国の管轄領域の港に停泊した際には、投錨地点、それが領海内であるかどうかを確認せよ。また艦船名と出入港時刻を明らかにし、停泊中にどのような行為がなされたか、どこの港から来て、次にどこに向かうのかを調査せよ。これらの情報を、細心の注意を払って調べて、随時迅速に報告されたし。[10]

外務省は、バルチック艦隊の全容把握よりも、局外中立を宣言した欧州諸国が、忠実に中立の義務を遵守しているかに注目していた。もし中立国の港湾あるいは領海内で交戦国の艦隊を二四時間以上停泊させて補給を許せば、一八九九年の第一回ハーグ平和会議で確認された戦時中立条項に抵触する可能性がある。

国際会議で決められた条項を自ら遵守すると宣言しておいて、実際にはその条項に従わないのでは、外交方針が一致していないという外部からの指摘に反論できない。さらに中立でないのならば、もう一方の交戦国が当該国の領海内で敵対する国の艦船に攻撃を加えることを非難できない。くわえて当該国の艦船までが、敵対国に協力しているとして一方の交戦国から攻撃されるかもしれない。中立を宣言した諸国がそうしたリスクを冒すとは考えられなかった。外務省は国際法という土俵の上でロシアおよびロシアを支援する諸国と戦いはじめた。

軍令部も続く。同月二六日に欧米駐在の四海軍武官に向けて次の電報を打った。同じ内容を外務省に依頼して、二九日に海軍武官のいない欧州の在外公館および駐シンガポール領事館にも打電させた。次の項目に関するバルチック艦隊情報をできる限り集め、速やかに報告することを命じている。

一、潜水艇を積載している艦船の有無
二、機雷敷設用の機材を搭載した艦船の有無
三、水雷母艦、修理工作船、給水船、冷蔵船のような特別な艤装を施した艦船の数と船名
四、無線通信装置や水雷防御ネットの有無
五、船体、マスト、煙突の色と船体に刻まれた文字
六、司令長官や乗組員の言動や能力
七、寄港した各艦船の名称、寄港と出港の日時、行先[11]

第三班がバルチック艦隊の全容を把握するために、全力を傾けているのが理解できよう。くわえて彼らが潜水艇・機雷・水雷母艦に関心を持ったのは、五月の一等戦艦初瀬と八島の遭難と関係している。各国が開発にしのぎを削る無線機器に関しては、どの程度の距離まで交信できる機器を保有しているかにも、興味があったはずである。軍令部の依頼を受け、欧州駐在の外交官たちも情報収集に動き出した。

たとえば駐イタリア大山綱介公使は、調査項目をローマ駐在の英海軍武官に見せて調査を依頼した。その回答を一一月二六日に東京に次の通り打電してきた。①潜水艇積載の形跡なし、②水雷敷設船なし、③フェリケルザーム支隊と義勇艦隊に特殊な艤装した艦船なし、④全艦に無線通信装備あり、⑤船体は黒、煙突は黒と白、⑥乗組員は未熟だ、というのである[12]。大山は日英同盟に基づき問い合わせ、出先の英海軍士官は独自の情報源を使って真摯な対応をしている。これを見る限り、日英同盟の情報協力がロンドンだけでなく出先機関でも機能していたように映る。ただし艦隊の全容はまだ判明しない。

4　ドッガー・バンク事件の余波

一〇月二〇日夜、デンマークを離れたバルチック艦隊は、スカゲラク海峡を西にすすんでいた。北海に入ると、二一日朝から海上は濃い霧に覆われた。同日夜、修理工作船カムチャートカ号から、日本の水雷艇に攻撃されているという無線通信が入ってきた。ロジェーストヴェンスキーはその情報に疑念を感じていたものの、二二日午前一時ごろドッガー・バンクにおいて、目前の暗がりの中で水雷艇の影を目撃した。旗艦クニャージ・スヴォーロフ号が船影に向けて砲門を開き、サーチライトを浴びせると、そこにはトロール船が浮かび上がった。何隻かの漁船に砲弾が命中したようだった。だが司令長官は周囲の漁船に紛れて水雷艇が潜んでいると考え、艦隊を停船させることなく、その場を離れた。

ロジェーストヴェンスキーが攻撃したのは、イングランド北部ハルのトロール漁船団である。誤って砲撃したにもかかわらず、ロシア艦隊は被害者を救助することなく航海を続けた。二四日、それがイギリス新聞各紙に掲載されると、反ロシア感情が高まった。英マスコミは、だれ彼かまわず噛みつく「狂犬艦隊」と名付けて、バルチック艦隊の不当な行為を批判した。各紙とも一致して賠償金と謝罪をロシアに要求し、責任者を処罰するよう主張する。要求が受け入れられなければ、英海軍を総動員して艦隊を勾留するよう政府に迫った。イギリス政府も強硬な態度を示し、海軍に戦闘配備を命じている。イギリス海峡の防衛に当たる海峡艦隊（チャネル・フリート）を、地中海の入り口にある英海軍基地ジブラルタルに急派させた。そして戦闘準備を整え、命令があるまで各艦に待機するよう指示した。二六日、ロジェーストヴェンスキー率いる艦隊は、スペイン北西部の港湾都市ヴィーゴに錨を下す。二七日イギリスはバルチック艦隊がヴィーゴに停泊しているという情報を得て、二九日には詮議のため同港に英巡洋艦五隻を急行させた。ジブラルタルにはロシア艦隊をしのぐ英海峡艦隊の艦船が集結している。ロシアの対応次第では、世界最強のイギリス海軍との衝突が避けられない。

この危機に直面してロシア政府の対応は素早い。ロジェーストヴェンスキーは漁船団の中に水雷艇がいたと強調した。だがペテルブルクはこの事件をハーグの常設仲裁裁判所に付託することに同意し、その決定に従うことを表明した。実質上ロシアは、賠償金の支払いと公式な謝罪を受け入れたことになる。国際調査委員会を開くに当たり、ロシア士官四名を証人として参加させることにして、ヴィーゴで下船させた。

一一月一日、バルチック艦隊の本隊は抜錨して南に向かう。イギリス側は決着がつくまで艦隊の出港を認めない腹積もりだったが、妥協して巡洋艦による追尾を続けるだけに止めた。英露戦争の危機は回避された。[13]

一〇月二四日、ドッガー・バンク事件に関する第一報が、駐英林董公使から東京の外務本省に飛び込んできた。同日英紙が一斉に事件を報じ、イギリスの対ロシア感情が急激に悪化している、と伝えた。林は二六日に第五代ランスダウン侯爵ヘンリー・ペティ＝フィッツモーリス（Fifth Marquess of Lansdowne, Henry Petty-Fitzmaurice）外相と会談し、事件の推移を日本側に速やかに通報するよう要請し、内諾を得ている。

ヴィーゴ要塞から見るヴィーゴ湾

英側は①正式の謝罪、②賠償、③責任者の処罰を要求し、ロシア側はそれを受け入れた。さらに審問委員会を開いて再発の防止に努めることまで同意したため、両国間の戦争の危機は回避された。この事件の発端は、漁船団の中に潜んでいた外国水雷艇がロシア艦隊を攻撃したためだとロシア側は説明している、と林は知らせてきた。[14]

ロシア側の主張するような水雷艇を日本が北海に潜入させた事実はない。ドッガー・バンク事件は、霧で視界がきかない北海上で神経過敏になったロシア側が、英漁船団を水雷艇と見誤って発砲したからこそ偶発してしまった。

この事件は日本海軍に一つのヒントを与える。軍令部は、ロンドンからの報告に基づき、ロシア艦隊司令部が航海途中での日本の奇襲攻撃を恐れるあまり、神経過敏になり暴挙に至ったと判断した。一一月初旬に軍令部内では、ロシア側の神経を逆なでして将兵をナーバスにさせる方策が議論された。あわよくば、漁船砲撃事件を再現させようというのだ。第5章で述べる森義太郎海軍中佐のシンガポール派遣、南シナ海での待ち伏せ偽装工作など、海軍の謀略工作が始動する。

5　ヴィーゴとタンジール——赤羽公使の奔走

一〇月二四日、赤羽四郎駐スペイン公使は、数隻の石炭輸送船が同国北西部のヴィーゴに到着した、数日中にヴィーゴ湾でバルチック艦隊に石炭が積み込まれる、と打電してきた。赤羽は、すぐさま館員の荒井金太外務書記生をマドリッドからヴィーゴに急派した。[15] 荒井は、一〇月二六日付の軍令部からのバルチック艦隊の調査項目に対して、一一月六日に以下のように答えている。

一、潜水艇を搭載している艦船があるかどうかは探知できなかったが、あるイギリス人は、潜水艇を積んでいる形跡はないと述べている。
二、機雷敷設用の機材を搭載した艦船を見つけることはできなかった。
三、水雷母艦はない。アナードイリ号は一万トン以上の修理工作船で、給水や食糧を長期保管する冷蔵装置も搭載している。
四、新造戦艦四隻は水雷防御ネットを有し、無線通信装置を保有する。アナードイリ号にも無線装置有り。
五、船体は黒、煙突は下部が淡い黄色、上部が黒、船体になんら識別できる文字は書かれていない。
六、士官たちはあまり心配していないようだが、ロジェーストヴェンスキー司令長官は神経が過敏ですぐに怒りを表すようである。
七、艦隊の一部は喜望峰を迂回し、一部はスエズ運河を通過する予定である。[16]

ただし、すでに一一月一日にロシア艦隊の本隊もヴィーゴを抜錨している。荒井の報告が遅かったのは、速報性ではなく正確さを重視したからであろう。重要な点は、もっとも懸念されている潜水艇がどの艦船にも積載されていないこと、無線通信装置を有していること、船体の色を通報し識別を容易にしたことではなかろうか。一一月一日、赤羽はバルチック艦隊が同日ヴィーゴを出航したと東京に打電している。[17]

赤羽四郎駐スペイン公使

第二太平洋艦隊の先遣隊は、英巡洋艦隊が到着する前にヴィーゴを出港しており、一〇月二九日にはモロッコのタンジール（タンジェ）に入港した。一一月三日、ロジェーストヴェンスキーの本隊も同港に安着する。到着するやいなや、司令長官は第二太平洋艦隊を二つに分け、本隊を喜望峰経由で、支隊を地中海経由でマダガスカルへ向かわせることを決定した。同日夜、ドミートリー・G・フォン＝フェリケルザーム（Dmitrii G. von Fölkersam）海軍少将を司令官とする支隊はタンジー

20世紀初頭のタンジールの街並

ルを出港した。支隊は二隻の戦艦シソーイ・ヴェリーキー号とナヴァリーン号、三隻の巡洋艦スヴェトラーナ号、ジェームチュグ号、アルマーズ号、七隻の水雷艇からなっていた。戦艦は二隻とも老朽化した退役戦艦であり、巡洋艦もジェームチュグ号を除けば、二隻とも武装ヨットとしか呼べない代物である。

ロジェーストヴェンスキーが艦隊を二つに分離したのには理由がある。通説では吃水の深い戦艦がスエズ運河を通過できないからと語られてきたが、それは正しくない。日本海軍の水雷艇がスエズ運河近辺あるいは紅海で待ち伏せているという情報が、各地に配置されたロシアのスパイたちからペテルブルクに届いていた。もし艦隊すべてがスエズ運河に向かえば、ドッガー・バンクに続いて、またもや全艦が日本の奇襲攻撃の危険にさらされる。老朽艦からなる支隊は、バルチック艦隊の中でももっとも性能が低く、喜望峰を廻航する能力がないため、やむをえず航海距離の短いスエズ運河経由の航路をとらせる。航行能力の高い艦船からなる本隊は、待ち伏せのリスクを分散させるため、四千キロも遠回りとなる南アフリカ経由でインド洋に向かわせることにした。

バルチック艦隊の本隊も、中立港であるタンジールに長居はできない。強風のため石炭の搭載に手間取り、二四時間以内の抜錨はかなわなかったとはいえ、一一月五日に同地を出立し、仏領西アフリカ（セネガル）のダカールに向かった。[18]

そうした事情を日本側が知るはずはない。モロッコに近いスペインに駐在する赤羽公使でさえ、バルチック艦隊がタンジールに行くことを把握していなかった。おのずと情報の集中するヨーロッパの大都市ロンドン、パリ、ベルリンに頼らざるをえない。実際、先遣隊がタンジールに到着した一〇月二九日、駐仏一條海軍武官がその情報を報じた。第一報である。だが赤羽は、マドリッドからはるか遠いジブラルタル海峡南側の仏植民都市へ、スペイン駐在の日本外交官を派遣できなかった。マドリッドに情報が届くのも遅かったのだろう。パリのアヴァスとロンドンのロイター通信の情報を、同地駐在の外交官または海軍武官が日本に打電するのが精いっぱいだった。[19] 艦隊の全容把握までは程遠いが、判断材料は徐々に増えていく。

6　トルコ海峡問題とイスタンブールの中村商店

当初からロジェーストヴェンスキーは、黒海艦隊の艦船を第二太平洋艦隊に組み入れれば戦力を拡大させられる、と考えていた。しかし結局そのもくろみは実現していない。なぜバルト海にある艦船を根こそぎ極東に送り込んだにもかかわらず、黒海艦隊の軍艦を一隻も派遣できなかったのだろうか。それにはトルコ海峡問題が存在する。ボスポラス・ダーダネルス両海峡は、黒海と地中海を結ぶ交通の要所である。一九世紀に入ってロシアがトルコ海峡の支配に触手を伸ばしてくると、他の列強はロシアの地中海進出を恐れ、海峡の国際管理を求めた。一八四一年のロンドン会議で列強の間で合意ができ、軍艦の両海峡通行が禁止された。五三〜六年のクリミア戦争でロシアは敗れ、黒海での海軍保有を禁止される。七一年に海軍艦船の保有は解禁されるものの、露土戦争（七七〜八年）後の国際関係を定めた七八年のベルリン会議でも、軍艦のトルコ海峡通過は認められなかった。原則として日露戦争に至るまでこの海峡条約は遵守された。[20]

国際法上の問題も残っていた。この条約に違反する国があらわれた場合、制裁に関して明確な規定が設けられていない。一九世紀後半からロシアの南下政策に苦慮していたイギリスは、まさにその事態を恐れた。マルタ島を本拠地とする英地中海管区司令長官のジョン・フィッシャー大将は、地中海覇権を維持するため、有事に備えて東地中海の英海軍力増強を本国に具申している。地中海に張り巡らされたイギリスの電信網をロシアも利用していたため、大将はマルタ島在任中にロシアの電報傍受も試みた。[21]

日露戦争が勃発した場合、日本海軍にとって当面の脅威となるのが黒海艦隊であった。もし同艦隊がトルコ海峡を突破して極東海域に向かうことができれば、旅順口に引きこもったロシア太平洋艦隊を速やかに救援できる。少なくともバルト海から艦隊を回航するより近道である。戦争勃発直前に、海軍は黒海艦隊のボスポラス海峡通過を監視するよう、外務省に依頼した。もしロシア艦隊が通過すれば、いち早く情報を入手して国際世論、とくにイギリスに訴えて、制裁措置を発動してもらう狙いであった。

トルコ海峡条約を無視して黒海艦隊の通過を強行すれば、いたずらにイギリスとの対立を深める。六月にロシアは戦艦のトルコ海峡通過を断念し、石炭・糧食・艦船用機材など搭載の輸送船団だけを黒海から派遣するよう決定した。それを担ったのはロシア義勇艦隊である。ちなみに義勇艦隊とは、平時には黒海のオデッサと極東露領の諸都市を結ぶ輸送船団であり、有事の際は仮装巡洋艦に早代わりして軍事輸送を担当する代物だった。

東京より命令を受けたオーストリア駐在の牧野伸顕公使は、〇四年二月、前オデッサ領事の飯島亀太郎をウィーンからイスタンブールに派遣する。飯島の使命の一つは、日本とトルコとの間に外交関係を樹立することであった。これに成功すれば、日本は正式に外交使節をトルコに送り込み、公然とボスポラス海峡を監視できる。さらにスルタンがロシア艦の通過を認めないよう、外交的に圧力をかけることも可能となろう。ところがウィーンに駐在するトルコ大使との交渉は不調に終わる。そこで駐英林公使を介して、駐トルコ英大使からの便宜供与を依頼した。だが、トルコという中立国において同じく中立国のイギリスが交戦国の外交団に便宜を図るなどできない、と英外務省からの拒否回答が届く。やむをえず飯島は、オデッサ領事館の書記生だった松本幹之亮を連れて、偽名でイスタンブールに潜入した。

二月末に飯島と松本は、ウィーンから別個にイスタンブールに向かった。出迎えたのは、同地で中村商店を構える中村健次郎である。中村は、海軍兵学校出身の元海軍大尉で一八九一年からトルコに住み、日本の嗜好品を売る中村商店を営んでいた。貿易をスムーズに行うため、スルタン側近とも密接な関係を有している。日本・トルコ関係史で有名な山田寅次郎は、中村より先にトルコを訪れ、トルコ語を学んで中村商店の礎を築くなど、中村のパートナーだった。飯島は、中村にスルタンとの橋渡しをするよう依頼している。ところが、日本が国交樹立を願い出ると同時にトルコに示した修好条約は、治外法権を求めるなどトルコにとって不利なものだった。スルタンが拒否したのは言うまでもない。飯島の狙い

中村商店の中村健次郎

は頓挫した。それでもボスポラス海峡監視は至上任務である。そこで飯島は、艦船に関する知識の豊富な中村に海峡監視を委託した。[22]

ロシアは、フェリケルザーム支隊のクレタ島到着に合わせて、一一月一三日までに義勇艦隊七隻を同地で合流させるよう計画した。ところがトルコ政府が条件を付ける。兵員を乗せず軍需品を積まずに商船旗を掲げれば通過させる、二隻以上の輸送船が同時にトルコ領内を通過してはならない、というのである。これでは艦船を海軍将兵抜きで航行させねばならず、一日に一隻しか通過させられない。

トルコ服を着た山田寅次郎

それでも、一一月四日から一〇日までの間に、七隻は順次オデッサを出港してボスポラス海峡に向かった。乗組員には海軍予備役をもって充て、現役の士官も密かに乗り込ませた。一隻目のヤロスラーヴリ号は一一月六日に、最後のメルクーリー号は一一日に同海峡を通過する。一四日には全艦無事にクレタ島のスダ湾へ到着した。

ロシアも日本の活動を黙って観ていたわけではない。イスタンブールにおける日本人の暗躍を、義勇艦隊への奇襲攻撃の前兆ではないかと恐れた。幅の狭いトルコ海峡で日本の魚雷攻撃を受ければ、回避行動は極めて難しいからである。ペテルブルクで海軍からの依頼を受け、ロシア警察庁は、V・V・トルジャチェク（Trzhetsiak）大佐をトルコに派遣した。ロシア人たちもまた、オスマン帝国を刺激しないよう身分を隠して首都へ潜入した。トルジャチェクは、日本水雷艇の潜入を防ぐため、ボスポラス海峡を通過する怪しい船すべてを秘密裡に調査することから始めた。またイスタンブールだけでなく、ブルガリアやルーマニアの沿岸まで調査の網を拡大している。さらにイスタンブール在住日本人を監視する体制も築かれた。その結果、〇四年八月までに、日本人がロシア艦船を攻撃するような能力もなく、ましてや攻撃するつもりもないことが判明した。日本は、単にボスポラス・ダーダネルス海峡を通過するロシア艦船に関する情報を収集しているに過ぎなかった。ペテルブルクが、トルジャチェクの報告を聞いてどれほど胸を撫で下ろしたか想像に難くない。ロシア義勇艦隊は無事にトルコ海峡を通過して、地中海でフェリケルザームと合流できた。[23]

山田はイスタンブールの新市街にそびえるガラタ塔にトルコ人を二〇名も配置して、昼夜を問わずボスポラス海峡を監視させたという逸話が残っている。この真偽はともかく、イスタンブールの新市街の海峡側に立てば、どこからでも狭い海峡を一望できた。第一次大戦後、日本政府はトルコに特命全権大使を派遣することになり、一九二九年に新市街タクシム広場に近い海峡沿いの建物を、大使館用に購入した。その際の条件としては、有事の際にロシア艦隊の海峡通過が一望できるようにと、考えたはずである。大使館がアンカラに移った後も二〇〇四年まで日本総領事館として使われていた。一九七〇年代に総領事館の目の前に大きなビルが建ってしまい、展望は利かなくなったが、それまでは窓から海峡がよく見えたそうである。[24]

イスタンブール新市街のガラタ塔

義勇艦隊に関する駐オーストリア公使館からの情報を見てみよう。その多くは駐トルコ英代理大使からの情報だった。義勇艦隊七隻が一

○月二三日にオデッサを出港する予定だという報告が、同月二六日に東京に打電されている。同じく同月三〇日には、義勇艦隊の出港が一一月三日に延期された、と牧野公使は報じた。しかも艦隊の通過条件まで英代理大使から報告を受けたと連絡している。艦隊のボスポラス海峡通過については、一隻目のヤロスラーヴリ号から六隻目のキエーフ号までの通過が、その翌日、すなわち一一月七日から順に東京へ報告されている。だが最後のメルクーリー号についての言及は一切なく、義勇艦隊の総数が何隻かも、積み荷がなんなのかも正確に伝えられていない。[25]

ロンドンの林公使と鏑木海軍武官も義勇艦隊情報を伝えてきている。林の情報源はロイター通信であり、たぶん新聞に掲載された記事を翻訳して、東京に打電してきたと推測される。やっと林からの情報で、メルクーリー号の通過に関して確認された。[26] しかし、これでは飯島がイスタンブールで多大の労力をかけ、中村や山田に収集させた情報が、ウィーンの牧野を経て、東京まで確実に伝わったとは言い難い。それとも東京の軍令部は、現地の不確かな日本人情報より、駐トルコ英代理大使やロイター通信のものを優先したのだろうか。イスタンブールにおける日本人たちの努力は十分な成果を生み出さなかった。

7　フェリケルザーム支隊を追え

一一月三日、フェリケルザーム支隊はタンジールを出港した。ロジェーストヴェンスキーの本隊と別れてスエズ運河経由の航路をとり、マダガスカルで合流する予定である。支隊は老朽戦艦二隻、武装ヨット程度の巡洋艦三隻、水雷艇七隻からなっていた。バルチック艦隊の中でもっとも性能の悪く、喜望峰を廻航する能力のない艦船が、地中海を航行する最短ルートを進んだ。タンジールを発つと、ジブラルタルを経てアフリカ沿岸に沿って進み、一〇日支隊はクレタ島のスダ湾に到着した。ギリシア王とロシア皇太后が兄妹であることから、また同国の皇太子にニコライ二世の妹が嫁いだことから両国の関係は友好的である。くわえてクレタ島のスダ湾には、ロシア地中海艦隊の基地もあって、フェリケルザーム支隊はクレタ島で歓待を受けた。到着後、すぐに湾内で石炭の積載に着手する。ところが事件が起きる。黒海から来る義勇艦隊と同地で待ち合わせるため、時間に余裕ができた。ロシア水兵たちは、レーヴェリを出港してから初めて上陸を許されたため、大挙して街に繰り出し、開放感から酔っ払って大騒ぎをはじめる。当然のことながら喧嘩が起き、それが殺人事件にまで発展し、「狂犬艦隊」は洋上だけでなく陸上でも危険だと報道されてしまう。

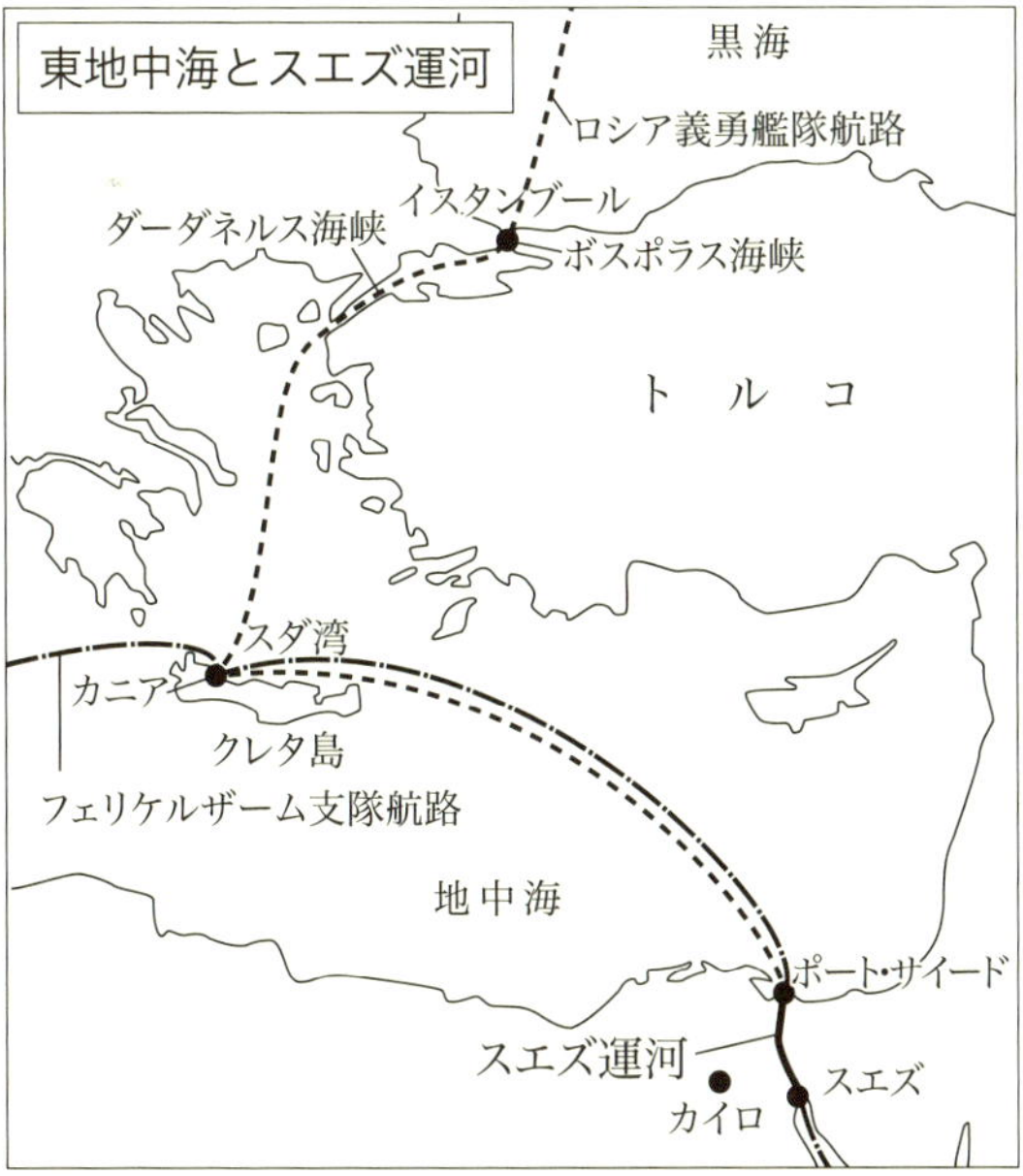

イスタンブールを経て、義勇艦隊の輸送艦七隻は一四日までに全艦スダ湾に到着した。ただし、タンジールを同じく出立した支隊の水雷艇隊は、石炭や淡水の補給をこまめに行わなければならないため、アルジェリアのアルジェに寄

ウィーン駐在公使時代の牧野伸顕

レジナルド・ヴァイオン

港するなど、到着が遅れた。しかも、スダ湾で故障個所の修理に時間がかかった。二一日になって、フェリケルザーム支隊はやっと抜錨して、エジプトのスエズ運河に向かった。地中海のどこかで日本の水雷艇が待ち伏せしているかもしれない。輸送艦の安全を確保するため、また航行中に演習を実施するため、支隊はゆっくりとポート・サイードに向けて進む[27]。

軍令部は、地中海を進むフェリケルザーム支隊と黒海のロシア義勇艦隊が合流する予定のクレタ島のスダ湾に関心を持った。一一月七日、小村外相は情報提供者を同地に派遣する様、駐オーストリアの牧野公使に命じている。牧野が雇ったのは、ロンドン発行の『デイリー・ニュース』紙のバルカン半島特派員レジナルド・ヴァイオン（Reginald Wyon）であった。ちなみにヴァイオンは『黒い山の国——英国人のモンテネグロでの冒険』『現地から見たバルカン諸国』の著者であり、ドイツ語が堪能なイギリスのバルカン専門家といえる[28]。

フェリケルザーム支隊および義勇艦隊のクレタ島到着の第一報は、ロンドンからもたらされた。駐英鏑木海軍武官は、一一月一〇日に義勇艦隊二隻と輸送艦二隻がスダ湾に到着したと伝えてきた。情報源は書かれていないが、たぶん英海軍省情報部だろう。同日、林公使も前日のロイター通信に基づき、支隊の水雷艇七隻が着いたと報じている。林は一一日にロイター電として、フェリケルザーム支隊主力がスダ湾に投錨したと打電した。[29]

ヴァイオンは、一一月一八日に最初の電報を牧野に打った。彼は汽船でクレタ島に向かい、風波のため一六日夜スダ湾に仮停泊して、一七日に湾に隣接するカニアに到着した。たぶんアテネの外港ピレウスから汽船は出航したのであろう。彼はカニアからスダ湾に向かい、支隊に関する次の情報を収集した。各艦とも無線電信を備えている、義勇艦隊の艦船と石炭輸送船が停泊している、上陸したロシア将兵が酩酊して暴れている、次の目的地はポート・サイードだ、などである。スダ湾でドイツ語のできる乗組員にインタビューを図り、インド洋での本隊との合流地点を聞き出そうと試みるなど、英紙記者は精力的に情報を集め、毎日連絡をよこした。彼の尽力は、支隊の出航を見届ける一一月二二日まで続けられる。牧野はそれを和訳して東京に打電した。[30]ヴァイオンの情報は、特派員電として『デイリー・ニュース』にも掲載されたと推測される。とはいえ、日本の意図を汲んだ英ジャーナリストの情報収集の技は高く評価できよう。

8　スエズ運河の密使――外波中佐の潜入

フェリケルザーム支隊と義勇艦隊は、一一月二四日にクレタ島からスエズ運河の入り口ポート・サイードに到着した。イギリスの運営する運河管理会社は、停泊中の外国船をすべて同港から追い出し、運河内での日本による奇襲攻撃の可能性を排除した。二五日に支隊は運河に入り、その晩は途中にあるグレート・ビター湖に停泊する。そして二六日、無事に紅海側の港スエズに到着した。スエズも英巡洋艦によって厳重に警備されている。翌二七日、ロシア艦船は仏領ジブチに向けて錨を上げた。[31]

スエズ運河は、地中海と紅海の間に横たわる約一六〇キロのスエズ地峡を水路で結んでいる。フランス人フェルディナン・ド・レセップス（Ferdinand de Lesseps）によって計画され、一八六九年に開通した。この運河によって、ヨーロッパとアジアを結ぶ航路は大幅に短縮され、今日に至るまで物流の大動脈となっている。運河を管理するスエズ運河会社は、当初はエジプトの会社であり、宗主国トルコのスルタンと、エジプト副王が強大な権限を握っていた。しかし会社の株式を副王が手放し、イギリスが運河の支配権を強めるに従い、八〇年代初めにエジプトでは民族主義に火が付き、外国人排斥運動が起きる。八二年、イギリスは欧州人の安全保障と運河の航行確保を求めて運河地域を軍事占領して、管理権を奪った。イギリスによる運河の独占を危惧した

スエズ運河を通過するフェリケルザーム支隊

他の列強が、八八年に運河の自由航行に関するスエズ運河協定をイスタンブールで締結した。しかし、イギリスがこの協定を批准するのは、英仏協商が結ばれる一九〇四年四月以降まで待たねばならない。

九八年に米西戦争が勃発すると、スエズ運河の自由航行に関する危惧が的中する。スペインは、フィリピン植民地の防衛のため本国から艦隊を派遣した。ところがポート・サイードにおいて、中立を宣言したエジプト政府は、イギリスの勧告に基づき、交戦国の艦船への石炭の積み込みを拒否した。結果としてス

ペイン艦隊はスエズ運河を通過できず、本国への帰還を余儀なくされる。自ら決断すれば、イギリスはスエズ運河の封鎖が可能だと世界に知らしめた。

一九〇四年一一月になると、この事例をバルチック艦隊に適用できるかどうか、日本は検討をはじめる。一一月二日に小村外相は、ロンドンの林公使に対して米西戦争の事例を示して、バルチック艦隊のスエズ運河通過禁止をイギリス政府に要請させた。ところが英外務省は〇四年五月にコンスタンチノープル協定を批准したと回答してきた。そしてエジプト政府は、米西戦争当時よりも厳格にコンスタンチノープル協定を遵守することになった、と答えている。すなわち、バルチック艦隊のスエズ運河通過を国際法に則り承認するというのだ[32]。イギリスは中立を厳守することを選び、日本の要請を断ったことになる。

1904年春、威海衛の劉公島での海門号クルーの集合写真。外波内蔵吉は右から2人目

まだ旅順が陥落していない〇四年一一月、軍令部は、旅順救出を目的とするバルチック艦隊の動向に注目していた。しかし艦隊の全容をまだ完全に把握できていない。海軍士官による実地検分も必要だと判断した。そこで軍令部参謀の外波内蔵吉《となみくらきち》海軍中佐を、スエズ運河に派遣することを決定した。外波は一八六三年東京麻布に生まれ、海軍兵学校を卒業した後に水雷術を研究し、海軍大学で学び、教官にもなった。海軍大学在学中から九六年発明の無線通信に興味を持ったのであろうか、一九〇〇年には海軍無線電

信調査委員長に任命された。〇一年からイギリスに駐在して無線電信に関する調査を行い、〇二年夏に帰国した後、〇三年末まで横須賀兵器廠で三六式無線機の開発に尽力している。日露戦争勃発直後、『ザ・タイムズ』は無線通信船海門《ハイムン》号を使って、旅順沖の黄海で日露の海戦を速報しようと試みた。ただし制海権を握る日本海軍の許可なしに黄海で報道できるはずがない。軍令部が英紙のお目付け役として無線通信船に乗り込ませた海軍士官こそが外波だった。日露戦争後は戦艦の艦長を務め、一〇年から朝鮮総督府付海軍武官となり、帰国後も無線電信調査委員長として活躍した。少将で退役して、三七年に永眠する。[33]

外波を派遣するに当たり、軍令部はスエズ運河にある日本郵船会社の代理店で便宜を図ってもらえるよう、同社社長に依頼した。一一月七日には代理店ウォルムス商会（Worms & Co.）の本社からポート・サイード支店に、外波に対して万全の便宜を図るよう命じる電報が打たれた。外波は、ウォルムス商会がフランス人オーナーの会社であるため問題が生じないかと問い合わせ、郵船会社から大丈夫だと太鼓判を捺されている。乗船する客船がロシア海軍に臨検されることを危惧し、外波は「田中庫吉《くらきち》」という偽名でパスポートを作成し、郵船会社社員としてスエズ運河に向かう。一二月一五日、ポート・サイードに到着した。ウォルムス商会が歓待したであろうことは疑いない。ただし、すでにフェリケルザーム支隊は運河を通過している。後発の第三艦隊を監視するのが外波の主たる目的となった。

外波は紹介状を携えて一七日に同地の英国領事館を訪れた。ところがドナルド・A・キャメロン（Donald A.Cameron）領事の対応は冷たい。ロイター通信以上の情報を同地で入手するのは難しい、ロシアの監視が厳しいなどの理由で、外波に帰国を勧め、領事館への来訪を控えるように求めた。だが翌一八日、便宜供与の依頼が確認できたからであろうか、キャメロンは外波を再度領事館に招き入れ、手の平を返すように好意的な態度を示す。外波は、その際に斎藤実海軍次官の命に従って、再び米西戦争の事例を持ち出し、ロシア艦船のスエズ運河通航拒否の可能性を打診した。それに対して英領事は、イギリスは〇四年四月に英仏協商を結んでスエズ運河条約を批准したため、あらゆる国の船舶の自由航行も保証する義務がある、と述べた。再度、日本の要請を断ったことになる。イギリスを利用して、第三艦隊のスエズ運河通過を妨害するという狙いは潰えた。とにかくスエズ運河地域において、外波の情報収集活動が始まる。

外波が簡単にポート・サイードでロシア艦隊を視察できたわけではない。同港は確かにスエズ運河の入り口ではあるが、丘一つない平坦な都市であり、港からの遠望は利かない。船舶は港外で運河に入る順番を待っており、一度に運河に入ってこないため、全体を見渡すなど不可能である。さらに日本がロシア艦に攻撃するという噂が広まっていたため、当然運河航行の安全を保証するためイギリス警備隊も配備されていた。ロシア側が日本の奇襲攻撃に備えて雇った退役仏海軍士官モーリス・ロワール（Maurice Loir）も、監視の目を光らせている。一目で東洋人とわかる外波が不用意に運河に近づけば、すぐに警戒されてしまい、監視もままならない。そこで外波は情報源の一つとして、ポート・サイード駐在のロイター通信イタリア人特派員を利用した。しかし情報はタダでは手に入らない。この特派員は、スエズ運河でのロシア艦隊情報を提供する代わりに、東洋における日本海軍の特別戦報が欲しいと要求してきた。旅順包囲戦の最新情報が欲しかったのだろう。外波もその要求にできる限り応えている。その関係からだろうか、マダガスカル駐在のイタリア名誉領事から、同地のバルチック艦隊情報を入手できるとも知らせてきた。若干の費用を支払ったにもかかわらず、結局のところ名誉領事からの情報は一度しか外波の下に届いていない。[34]満足できるものとは言い難いが、情報収集のネットワークとは、このような現場の信頼関係によって拡大していくものではなかろうか。

繰り返しになるが、外波がポート・サイードに到着したのは一二月一五日である。義勇艦隊と輸送船を同行させたフェリケルザーム支隊は、一一月二四日にポート・サイードに到着し、二七日にスエズを抜錨している。外波は支隊の視察に間に合わなかった。支隊のスエズ運河到着の第一報は、一一月二五日にパリの一條海軍武官から入ってきた。アヴァス通信の記事が掲載されている仏紙を読んで、急いで打電したものだろう。同じ内容のロイター電がロンドンの林公使から、ヴォルフ電がベルリンの井上公使から同日中にもたらされる。唯一の日本のソースとしては、『大阪毎日新聞』に入電されたロイター電であろう。以後スエズ出航まで、日本は通信社電に頼っていた。積み荷などの調査報告書はない。当初の軍令部の狙いは達成できなかった。

外波が無為にポート・サイードで過ごしていたわけではない。長期に渡りマダガスカルに停泊するバルチック艦隊には、補給が欠かせなかった。また艦隊の寄港する予定の中立港では十分な量の物資を積み込むことはできない。おのずと輸送船を手配し、寄港地に先回りさせて、補給の準備をさせる必要がある。輸送船の行き先の確定こそが、ロジェーストヴェンスキーの所在を突き止め、艦隊の航路を解明することにつながる。外波はスエズ運河を通過する船舶の目的地を調べて、日本海海戦が終わるまでこまめに東京に連絡してきた。[35] 特に興味深いのは、一月一三日と一八日の外波の電報である。バタヴィア（ジャカルタ）行の輸送船が何隻かスエズ運河を通過したと報じている。[36] これは、ロジェーストヴェンスキーが、艦隊のインド洋から南シナ海への航路を、スンダ海峡経由だと言っているに等しい。太平洋の入り口で待ち伏せている日本海軍を攪乱するため、ロシア司令長官が狙った詭計である。実際には、日本側は待ち伏せていないため、なんの効果もないのだが、こうした情報戦がスエズ運河を舞台に繰り広げられていた。

9　新たな艦隊の派遣

一九〇五年一月一日、長い間日本海軍に包囲され、陸上からの攻撃にさらされていた旅順が陥落した。ロシア太平洋艦隊は壊滅し、陸軍部隊も降伏した。旅順救出という第二太平洋艦隊の最大の目的が潰えたことになる。ところが首都ペテルブルクでは、ロジェーストヴェンスキーを途中から引き返させるのではなく、戦力を増強して極東に向かわせようという議論が持ち上がっていた。旅順陥落直前の一二月二四日、第三太平洋艦隊の増派が決定され、ニコラーイ・I・ネボガートフ（Nikolai I. Nevogatov）海軍少将が司令官に任命された。二月一六日、ネボガートフ第三太平洋艦隊はリバーヴァを抜錨し、ロジェーストヴェンスキーの本隊と合流するため、スエズ運河に向かった。[37]

日本側も第三太平洋艦隊が極東に派遣されるという噂を早期からつかんでいた。一二月二日には、ストックホルム駐在の明石元二郎陸軍武官が、バルト海からだけでなく黒海からも艦隊が増派されると打電してきた。[38] それを受けて一二月一五日、コペンハーゲン日本名誉領事へニングセンから紹介されたデンマーク予備海軍大尉のC・Ph・セイデリン（Seidelin）をスパイとして雇いたい、と駐オランダ三橋公使が小村外相に打電してきた。上流階級の出身で海軍知識も十分にあるということで、ペテルブルクとリバーヴァに派遣することが決められた。ただし支払い経費は高額である。手付金一万デンマーク・クローネ（今日の約五千万円）、毎月二五〇〇クローネの給料と別途必要経費を要求された。外務省は陸海軍から収集すべき情報項目を聞き、気前よく要求額を支払っている。資金の出所は陸海軍の機密費であろう。海軍は次のことを調査するよう依頼した。①第二太平洋艦隊の今後の動静、②第三太平洋艦隊の編成及び東航の諸準備、③今後の海軍作戦計画、④指揮官や乗員の質と技能（主な艦長の氏名を含む）、⑤海軍艦船の新造及び購入、士官、機関兵、下士卒の募集と養成、⑥その他偵察者が有益だと考えた事項である。[39]

〇五年二月一六日、第三艦隊リバーヴァ出港の第一報が、英仏独の各駐在海軍武官から届く。一七日にはベルリンの瀧川大佐から、一八日にはウィーンの牧野公使から艦隊の編成に関して詳細な報告がなされた。第三艦隊が一九日にデンマークに着くと、二〇日にはベルリンの井上公使、ロンドンの林公使から、デンマーク海峡を通過中と報じられた。[40]ところがハーグの三橋公使からの連絡は、二月一〇日に一度届いただけで、第三艦隊に関する情報も不正確である。二月一九日の三橋報告は調査項目も踏まえず、ありきたりの情報だったのか、[41]軍令部は『大海情』にも掲載していない。四月一六日の三橋からの電報によれば、セイデリンはロシアで疑われてしまい十分な活動ができなかった、と言い訳したという。[42]高額でスパイを雇ったからといって、必ずしもうまくいくとは限らないようである。本人の素質に問題があるか、あるいはペテン師の金儲けに三橋が利用されただけなのかは不明だが、ロシア海軍情報の収集が、順調にすすまなかった例も少なくないのは確かである。

三月二四日の第三艦隊のスエズ運河到着以降の情報は、同地駐在の外波中佐に委ねられた。[43]その後第三艦隊は、インド洋を越えシンガポールを通過して、仏領インドシナで本隊と合流する。東京では軍令部の緊張が高まった。

第5章　インド洋・東南アジアでの探索

1　アフリカ西岸への寄港

アフリカ到着以降のバルチック艦隊の動きを簡単に追っていこう。一一月五日、ロジェーストヴェンスキーの率いる本隊は、タンジールを出立し、舳先を南西に向けた。次の目的地である仏領西アフリカ（セネガル）のダカールには、一一月一二日に入港する。すでに石炭輸送船が同港で待機しており、すぐに石炭の積み込みがはじめられた。ところが仏植民地において石炭積み込みを許可するのは局外中立条項に抵触すると、イギリスがフランス政府に抗議してきた。パリはやむをえずダカールのフランス総督に、湾内での石炭積み込みの許可を撤回するよう命じてきた。総督がロジェーストヴェンスキーにその旨を告げたものの、司令長官は通告を無視して積み込みを続け、一六日に出港した。

一一月二六日、アフリカ中西部ガボンの中心地リーブルヴィル沖に投錨する。艦隊はガボン川の河口ではあるが、町から五キロ離れた領海外の場所に停泊する。公海上での積み込みのため局外中立には抵触しない。とはいえ長逗留は計画されておらず、積み込みが完了すると一二月一日に同地を抜錨した。赤道を横切り南下は続く。

一二月六日、艦隊はポルトガル領アンゴラの最南端にあるグレート・フィッシュ湾（バイア・ドス・ティグレス）に到着した。ポルトガルの沿岸警備隊が、湾内での石炭や糧食の積み込みは認められないと通告し、二四時間以内に出立するよう司令長官に要求してきた。ロジェーストヴェンスキーは、要求を無視して輸送船から各艦船へ積み込みを続けさせる。そして翌七日には同湾を出港した。

一二月一一日、ドイツ領ナミビアのアングラ・ペケナ（リューデリッツ）沖に停泊する。港湾守備隊司令官の独陸軍士官は、なんら本国から命令を受けていないとして、艦隊が同地で自由に行動することを許可した。一七日に艦隊は同地を出港し、二〇日に喜望峰を迂回してインド洋に入る。当面の目的地はマダガスカル西岸のサン・マリー島である。

アフリカ沿岸を航海するバルチック艦隊にとって問題になるのが、中立港での物資補給である。東京の外務省は、すでにバルチック艦隊が出航する前からその点に注目していた。七月二日、小村外相は駐仏本野公使に電報を打ち、仏植民地の港でのロシアによる石炭の搭載を許可するかどうか、フランス政府に問い合わせるよう命じた。本野は早速テオフィル・デルカッセ（Théophile Delcassé）外相と会い、フランスの対応に関して質問を投げかけた。外相は、交戦国の艦船が仏植民地の港湾に入港した場合、国際法規に則り、もっとも近い中立港までに必要な石炭の積み込みだけを許可する、と答えた。ところが一〇月下旬にロシア艦隊の一部が、フランス北部コタンタン半島のシェルブールに停泊して石炭の補給を受けた。しかも石炭の量に制限がなかったというのだ。一〇月二七日、小村はバルチック艦隊の補給に関するフランスの対応は中立違反に当たるとして、その行為を問い質すよう本野に命ずる。仏外務省は調査中として返事を引き延ばし、結局一一月四日に中立法規を遵守する、ロシア艦隊の仏植民地への寄港を禁止しないと回答した。これでは実質上、ロジェーストヴェンスキーは自由に仏植民地の港を利用できることになる。海軍省と協議したうえで、一一月六日に小村は再度デルカッセと交渉するよう命じる。フランスの対応は曖簾に腕押しに終始していた。業を煮やした日本側は、一二日にフランスの対応に抗議する公式な覚書を突きつけた。[2]

覚書の返答を待っている間、バルチック艦隊ダカール到着の第一報が東京に飛び込んでくる。一一月一二日付のアヴァス・ロイター・ヴォルフ通信の特報が、一三日にパリ・ロンドン・ベルリンの日本公使館からもたらされた。[3] 一七日、小村はダカール逗留に抗議し、返事を本野に催促させた。しかし国際法上の中立の解釈に関する議論を繰り広げるだけで、フランスの態度は変わらない。日本は打つ手に窮した。

リーブルヴィルとアングラ・ペケナ到着の第一報は、ベルリンの瀧川海軍武官からもたらされた。一週間ほど前にロシア政府の官報に掲載された記事を翻訳したものである。グレート・フィッシュ湾への投錨という情報は皆無である。通信社からも情報が入ってこない。ロンドンの鏑木武官が英海軍情報部に問い合わせても、行方不明という答えが返ってくる。まさに欧米の情報網にもひっかからない場所を、バルチック艦隊は航行していた。本隊の中で確認できたのは、一二月一二日に艦隊の病院船アリョール号がケープタウンに到着したという、同日付の駐英林公使からの情報だけである。[4] 本隊すべての存在を確認できるのは、マダガスカル到着まで待たねばならない。

2　ノシ・ベ島――ロシア艦隊の地獄

ロジェーストヴェンスキーは、一一月初旬にタンジールでバルチック艦隊を喜望峰経由の本隊とスエズ運河経由の支隊に分けた際、合流地点をマダガスカルと決めていた。具体的な合流場所は、同島北部のディエゴ・スアレスである。というのも周囲一六〇キロもある広大なディエゴ・スアレス湾は、どれほどの大艦隊でも湾内で受け入れ可能だったからである。ところが同盟国フランスが一一月末に難色を示す。厳正中立を宣言しているため、外国船の出入りの激しいディエゴ・スアレスで、ロシア艦隊の長期の停泊は受け入れられない、というのだ。ペテルブルクから合流地点の変更命令を受け、フェリケルザーム支隊は目的地を北西部のノシ・ベ島に変え、一二月二八日に投錨した。

本隊も無事に喜望峰を越え、一二月二九日にマダガスカル東岸のサン・マリー島に到着した。本国から寄港地変更の命令が届いている。さらに旅順が陥落して、太平洋艦隊も全滅したという情報までが入ってきた。東航の最大の目的が失われてしまった。第二太平洋艦隊だけでは日本海の制海権を日本海軍から奪い取るのは不可能である。ところがペテルブルクからは、老朽艦ばかりの第三艦隊を増援するという連絡が入ってきた。ロシア海軍軍令本部は、大国の威信をかけて東郷率いる連合艦隊を打倒して、極東における制海権の奪回を目指したのである。そのためバルチック艦隊は第三艦隊と合流するまで、マダガスカルで待機せよというのだ。とにかくフェリケルザーム支隊と合流しなければならない。本隊はサン・マリー島を離れ、一月九日無事ノシ・ベ島のフランス居留地の中心エル・ヴィル沖に錨を下した。

「インド洋のタヒチ」とも呼ばれるノシ・ベ島はマダガスカルの北部にあり、現在パリやマルセイユから

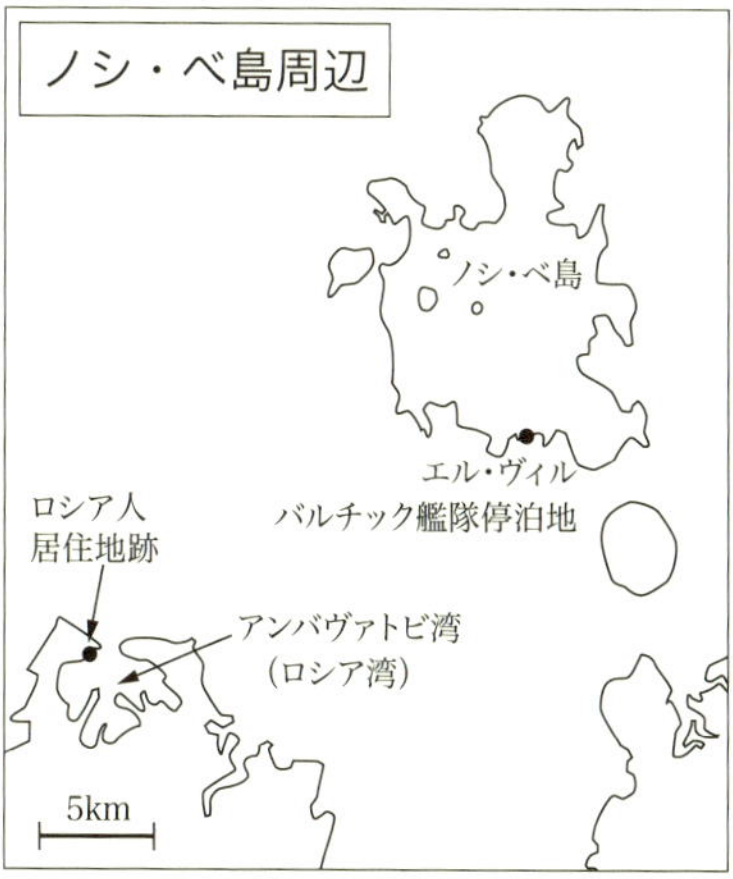

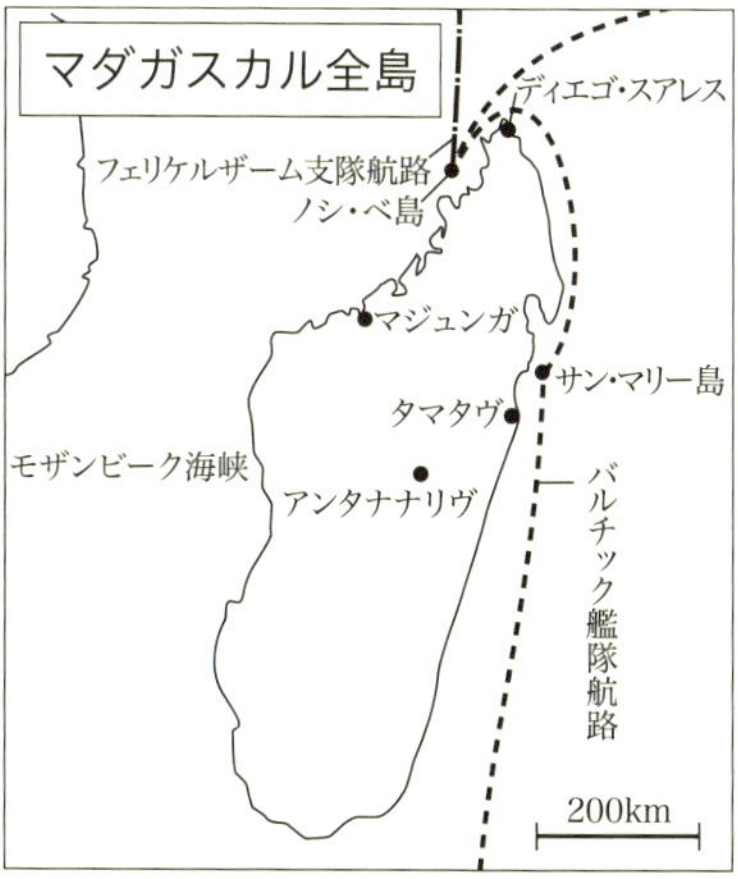

週に何便か直行便が乗り入れる。日本からは、バンコクでマダガスカル航空に乗り込み、その日の夜には首都のアンタナナリヴまで行くことができる。翌日の国内線で首都から島まで一時間ほどかかる。まだノシ・べは開発途中であり高級ホテルは少なく、椰子の木が茂り遠浅の白浜が続く浜辺には、ポツンポツンと中級のホテルが建っているだけだった。一〇月に筆者が宿泊したインド洋に面する西岸のホテルでは、絶えず海風が吹いているため暑さを感じず、美しい夕日が眺められ、夜には満天の星空が広がっていた。夕食には浜でとれた芝エビが大皿に山盛りで出てきて、舌鼓を打つことができる。ホテルの隣には漁村があり、朝には老若男女が浜辺に座って、なにやら貝か海藻でも採っているようだった。何をしているのかガイドに訊くと、村には水道もトイレもないため、毎朝用を足しているとのことである。翌日は村から遠く離れた浜で、透明度の高いマリンブルーの海に飛び込んだ。二〇世紀初頭に最果ての地を訪れたロシア人の目に、連綿と続くこの光景はどう映ったのだろうか。

　ロジェーストヴェンスキーは、雨季で蒸し暑いノシ・べから帰国するか、あるいは日本の迎撃態勢を整わせないため、早期

大きな兵舎のような建物跡

アンバヴァトビ湾にある石で枠を組んだ井戸

に東に向かおうと考えていた。だが、ハンブルク＝アメリカン・ラインの石炭輸送船団が艦隊への同行を拒む。日本海軍がバルチック艦隊をインド洋上で待ち伏せしているという情報に接して、そうした危険な海域に輸送船団を向かわせられない、と通告してきた。結局ロシア側が船団の安全を保証したため、ドイツ船会社は同行を受け入れる。一方でペテルブルクは、増援艦隊の到着までロシア艦隊を同島で待機させるよう司令長官に厳命した。

エル・ヴィルは、仏総督府支庁、郵便局、それにレストランと小売店が三軒しかない小居留地であった。当初は電報を打つのにディエゴ・スアレスまで行かねばならなかったが、一月半ばまでには電信が開通した。[5]とはいえ、一万人を超えるロシア兵を受け入れる場所として小さすぎた。それでも本隊に乗組んでいた水兵にとって、ロシア出航以来はじめて上陸を認められた場所である。大地を踏みしめた将兵は、一〇月半ばにロシアを出航して以降、長期間狭い艦内に押し込められていたため、その鬱憤を晴らそうと酒色にふける。それを満たすため、酒と娼婦を含む大量の物資と人がマダガスカル本島から居留地に流れ込んだ。[6]

エル・ヴィルは大混乱に陥り、数日で仏官吏はロシア将兵の退去を求める。ロシア側も、エル・ヴィル沖が風波を避ける停泊地としては適切

ブッシュに覆われた墓碑

現在はビーチとなっている墓地跡

でないと考えていたため、艦船を三〇キロ南西にある本土側のアンバヴァトビ湾に移動させた。湾口が狭いわりには、周囲が三〇キロ以上ある広大な湾にバルチック艦隊は投錨する。艦隊にとって恰好の隠れ家となった。

現在「ロシア湾」とも呼ばれるアンバヴァトビ湾はノシ・ベ島の隠れ家的存在である。湾口には一か所しか深いところはなく、水先案内人なしに大きな船は湾内に入れない。湾内ではイルカの親子が船べりに寄ってきて心を和ませてくれる。波は静かで鳥の鳴き声以外物音も聞こえず、いくつかある村には、土台もなく木と葉っぱだけで作った家が数軒並んでいるだけである。電気も上下水道もなく、人々は半農半漁の原始的な生活をおくっていた。エル・ヴィルの学校で寄宿生活をしているため、小学生以上の子供たちの姿はない。現地の家を真似た観光客用のバンガローがいくつか建てられているが、食糧も燃料もエル・ヴィルから船で持ってこなければならないという。

湾口に近い北西岸に、石で枠を組んだりっぱな井戸や、石垣でできた居住地跡がある。さらに、石とセメントで壁を固めた、大きな兵舎のような建物跡も残っている。現地のマダガスカル人の生活様式ではない。結核患者が出たというロシア側の記録が残っているため、バルチック艦

エル・ヴィル街外れカトリック墓地のロシア兵の墓（ロシア正教会の八端十字架が目印）

エル・ヴィル総督府支庁の横にあるソ連海軍建立のロシア第二太平洋艦隊の記念碑

隊が建設した隔離病棟ではなかったかと推測される。心身の病で入院する者が相次ぎ、病院船だけでは十分ではなかったのだろう。その横には小川が流れており、飲料水だけでなく、蒸気機関で使う淡水も供給できた。さらにその東側、現在はビーチとなっている場所の奥に、墓石のような石がいくつも並んでいる。現地の古老の説明によると、ロシア兵の墓の跡であり、木製の墓碑は朽ち果てて、現在は残っていないとのことだった。ロシア側の記録では水葬したと記されているが、航海中ではなく二か月以上も停泊した湾内で、水葬にふすものだろうか。しかも病死だけでなく自殺者まで出て、毎日のように葬儀がいとなまれたというのである。亡くなった士官の遺骸は本国に送付されたとあるので、士官の墓ではないだろう。死亡した水兵が埋葬されて、石が置かれ、そこに名前を刻んだ木製の十字架が立てられたと考えられる。ちなみに、エル・ヴィルの街外れのカトリック墓地にも、鉄製の八端十字架が付いたロシア正教の墓が三つある。これらは、フェリケルザーム支隊が到着した一二月末に、船内で死去した三名（技術士官一名、水兵一名、不明一名）を同地に埋葬したものと推測される。また旧仏総督府支庁、現在のノシ・ベ支庁の隣には、ロシア第二太平洋艦隊の慰霊碑がソ連時代に建てられた。

酷暑のノシ・べ島では病人が多発して、病死・自殺を併せて現地で八〇人もが死亡したと言われている。一万数千人しかいない艦隊が、熱帯の孤島に二か月ほど停泊した間に、壮健なはずの成年男子が多数病気となり少なからぬ死者を出したのは、暑さだけでは説明できない。マダガスカル北部には、マラリアや黄熱病などたちの悪い病気も存在しないのである。実際に現地に来てみると、日中の日差しは強いが絶えず海風が吹いており、風通しのよい日陰に入れば暑さを我慢できる。

雨季のマダガスカル北西部で、ロシア水兵が扇風機もクーラーもない鉄でできた軍艦の狭い空間の中に押し込められていた。現地の生活スタイルを無視して、堪えがたい暑さと湿気に包まれた劣悪な環境に、長期間に渡り水兵を繋ぎ止めていたため起きた悲劇であろう。ちなみに士官用のあばら家は湾内の病棟の横にいくつか建てられており、士官は比較的快適な生活をおくれたようである。結果として軍の規律が緩み、水兵の脱走が頻発して、反乱まで起きる。モラルが急速に低下した艦隊は、日本との決戦に向かう戦闘部隊としての体を成していない。こうした状況に直面したロジェーストヴェンスキーが、焦燥感に苛まれたことは疑いなかろう。『坂の上の雲』において司馬遼太郎はノシ・べ島を「病気の巣窟」と称したが、それは正しくない。ロシア側が自ら「病気の巣窟」にしたのである。

三月上旬、増援艦隊との合流地点をマダガスカルに限定しない旨の電報がペテルブルクから届く。地獄の生活に限界を感じていた司令長官は、早速一六日にバルチック艦隊を東に向けて出航させた。ペテルブルクにさえ目的地を知らせていない。ロジェーストヴェンスキーは、スマトラ島とジャワ島の間のスンダ海峡を通過して太平洋に入るよう見せかけ、日本海軍の待ち伏せを空振りさせようとした。

天草市高浜の白磯旅館

赤崎伝三郎

ディエゴ・スアレスの旧「キモノ・ホテル」

3　マダガスカルの赤崎伝三郎

『坂の上の雲』の連載が終了した後、司馬遼太郎のもとに日本海海戦に関する多くの逸話が寄せられた。一九八〇年代初め、司馬はＮＨＫの「バルチック艦隊来たる」という番組を制作するため、熊本県天草市下島の西岸にある高浜を訪れた。そこには古いが立派な和風の母屋と洋風の別邸が並んで建っており、今日でも白磯旅館として営業されている。

一八七一年この地に生まれた赤崎伝三郎が、海外で成功して一九二九年に帰国した後に建てた、当時としてはモダンな豪邸である。赤崎は、明治時代半ばに当時は貧しかっ

た天草の地を離れ、上海、ボンベイ（ムンバイ）へと勇躍し、〇四年一月にマダガスカル北端の港ディエゴ・スアレスにたどり着いた。赤崎は商才があったのだろう。最初は小さなバラックを借りて酒場を開き、フランス兵を相手にして、徐々に規模を大きくしていった。そのうち街の中心部でホテルと映画館を経営するまでに至る。司馬は最果ての地で活躍する日本人に注目した。

「キモノ・ホテル」と名付けられた赤崎のホテルは、現在でも事務所として使われており、映画館の建物はディスコになっている。[7] マダガスカルでは宗主国フランスから独立した一九六〇年に開発が止まってしまったため、五〇年以上前の建物を今日でも目にすることができた。

この港町に、〇四年一二月末フェリケルザーム支隊の艦船の一部が入港してきた。驚いた赤崎は、体の中に愛国心が満ちあふれ、インドのボンベイにある日本領事館にロシア艦隊来訪という電報を打った。〇五年二月八日、ボンベイにいた駐インド陸軍武官の東乙彦少佐が赤崎に手紙を書いている。たぶん電報も打ったのだろう。内容は次の通りである。

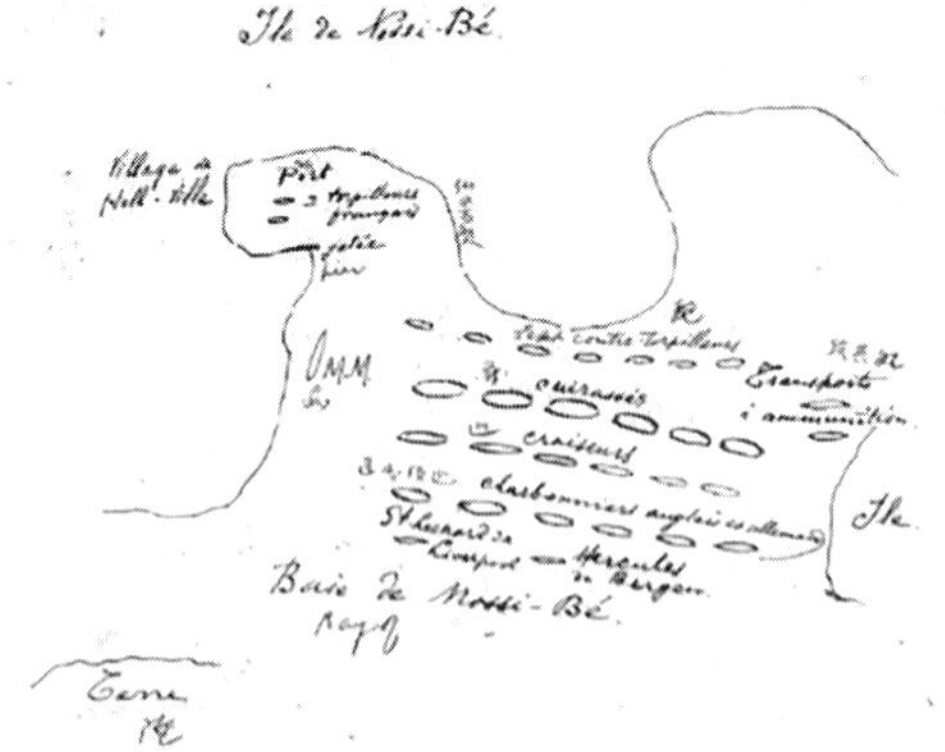

六本木の外交史料館に残るベルグ作成のノシ・ベ島エル・ヴィル沖のロシア艦隊見取図

下記の情報を細大漏らさずに連絡されたし。①ロシア艦隊の出帆の日付、②艦船数、戦艦・巡洋艦・駆逐艦など艦船の種類、③艦船に続く石炭輸送船の数、④現在のロシア艦隊の所在、その他ロシア艦船に関する件。[8]

それに対して赤崎は、二月上旬ディエゴ・スアレスに停泊中のドイツ石炭輸送船は一二隻だと連絡している。受け取った東は、三月一一日に東京の陸軍参謀本部に打電し、それが軍令部に回送された。[9] ただし赤崎は、同港に寄港した石炭輸送船について連絡したのであり、二百キロも離れたノシ・ベ島まで潜入したわけではない。とにかく司馬遼太郎が注目した日本人の足跡を検証することができた。

赤崎のように、自らの意志でロシア艦隊情報を知らせようという愛国者がいる一方で、マダガスカルで情報を収集しようと努力した人物が何人もいる。一二月二日に駐仏本野公使は、バルチック艦隊出港時にリバーヴァに派遣したノルウェー人スパイのベルグを、マダガスカルに派遣したらどうかと東京に提案した。その提案は軍令部に受け入れられ、すぐに一万フランが東京からパリに送金されてきた。[10]

本野公使はベルグにマダガスカル行きを命じる。彼は、一二月一〇日にマルセイユを出発し、スエズ運河を経て紅海を南下し、タンザニアのザンジバル島に向かった。そこからベルグは、マダガスカル西部のマジュンガ（マハジャンガ）にたどり着き、三一日にはフェリケルザーム支隊がノシ・ベ島に到着したとパリの本野に打電してくる。その情報を受け取った小村は、すぐさま本野に対してベルグを同島に派遣して、その情報が正確かどうか確かめるよう依頼した。[11] ベルグは果敢にもマジュンガから、北北東に三〇〇キロも離れた目的地に船で向かう。一月二日にノシ・ベ島の居留地エル・ヴィルに着き、フェリケルザーム支隊と義勇艦隊が居留地沖に停泊しているのを目撃した。停泊中のロシア艦隊の見取図を作成して、次の停泊地ディエゴ・スアレスからパリの本野公使まで郵送している。ただしノシ・ベでの滞在期間が半日しかなかったためか、十分な調査を行えたとは言えず、見取図もずさんさが否めない。以後、ベルグはディエゴ・スアレスを経て、ロジェーストヴェンスキーの本隊の停泊したサン・マリー島、そしてマダガスカル東岸のタマタヴ（トゥアマシナ）に至る。ベルグからの電報で、本野もロシア艦隊がマダガスカルに投錨していることを確信した。それにしても報告書には「現地の暑気と湿気は地獄のようだ」、本人も旅行中に体調を崩したなどの記述が残る。[12] エル・ヴィル沖に停泊していたフェリケルザーム支隊に関する記述も描いた見取図の地形も正確である。ベルグの報告書の内容は信ぴょう性が高く、本人がノシ・ベ島を訪れたのは間違いなかろう。

カール・カイセル

一二月二九日に、ロンドンの鏑木大佐から艦隊のマダガスカル到着に関する第一報が届く。[13] 翌日軍令部は各海軍武官に訓令をだし、マダガスカルでの情報収集に全力を尽くすよう命じた。くわえて外務省に依頼して、日本の在外公館でもマダガスカルの情報を収集するよう依頼した。[14]

ストックホルムの秋月左都夫《さつお》公使（後の読売新聞社長）は、スパイをマダガスカルに派遣しようとした。スウェーデン陸軍少尉のカール・カイセル（Carl Kaijser）である。[15] 同地でスパイ活動を行っていた陸軍武官の明石元二郎大佐がスウェーデン陸軍と良好な関係を築き上げていたため、こうしたことが可能となった。だが本人がマダガスカルに到着した三月下旬には、すでにバルチック艦隊は出航してしまい、情報収集に成功しなかった。[16]

欧州駐在時代の明石元二郎

スエズ運河に潜入した外波内蔵吉海軍中佐も、マダガスカルに関心を持った。一月下旬にマダガスカル駐在のイタリア名誉領事に情報収集を依頼したが、その領事がどこに住んでいるかさえわからない。結局一度しか同領事からは連絡が来ず、しかも当たり障りのない情報だけだった。[17]

一月半ば、香港の野間政一領事は、同地で英字新聞を発行するアルフレッド・カニンガム（Alfred Cunningham）記者からマダガスカルの知り合いを紹介される。ディエゴ・スアレスで港湾検疫官を務めているラモルト医師である。カニンガムは、バルチック艦隊に関する情報をラモルトから野間に打電させるので、マダガスカル・香港間の高額な電報料金を日本側に支払って欲しいと申し出る。その代わり、ロシア情報を自らの英字新聞にも記事として掲載したいというのだ。野間は了承するが、結局ロシア艦隊はほとんどディエゴ・スアレスを訪れなかったため、香港に情報が打電されてこなかった。[18]

最後はシンガポールの田中都吉領事である。二月一八日に外務省政務局は、バルチック艦隊の動静を探るため、マダガスカルに適当な人物を派遣するよう田中に命じた。しかし、シンガポールからマダガスカルまで五〇〇〇キロ以上離れており、定期航路もない。それでも田中は、どうにかイギリス人を一人見つけた。ところが出発直前にその人物も病気になり、マダガスカル行きを断念せざるを得なくなる。知り合いを頼り、田中はマダガスカル東部にある第二の都市タマタヴに住むロイズ保険組合の代理人と連絡を取った。そしてロシア艦隊に関する情報提供を依頼した。ただし三月になって依頼したため、バルチック艦隊の出航に間に合わなかった。田中は、マダガスカル出航後の艦隊の航路を推測し、インド洋のまんなかに浮かぶディエゴ・ガルシア島に通報人を派遣するかまで検討している。[19]

海軍は、現地にスパイを派遣してロシア艦隊の実情を連絡させようと目論んでいたが、その狙いは実を結ばなかった。それでは軍令部はバルチック艦隊がマダガスカルに停泊していた二か月半の間、どのようにして情報を入手していたのだろうか。ほとんどが、イギリスのロイター通信、フランスのアヴァス通信、ドイツのヴォルフ通信からの情報を、駐英・仏・独の公使館が現地の新聞で確認し、それを東京に伝えたものだった。ベルグ以外の現地視察は皆無である。

それも仕方なかろう。マダガスカルのアンタナナリヴにあるフランス総督府は、三日ごとに発行される「マダガスカル官報」で、ロシア艦隊に関して一切触れていない。[20] 仏植民地の領海内で長期間交戦国の艦船を停泊させていると、日本から中立違反を指摘されるのを恐れて、隠ぺい工作を図ったようである。ノシ・ベ島には、石炭輸送船以外に外国船が訪れることもなく、また艦隊は同島からも離れた目立たないアンバヴァトビ湾に停泊していたため、フランスの工作は発覚しなかった。

外務省も傍観していたわけではない。スパイのベルグからの連絡によって、〇五年一月初めにはバルチック艦隊がマダガスカル西岸のマジュンガで艦船を修理したことが判明する。一月一二日に本野公使は、公使館員を仏外務省に出向かせ、仏植民地で交戦国の艦船を修理したのは中立違反だと抗議させた。ところがフランス側は、修理した事実は報告されていない、調査中だとして、回答を引き延ばした。その後もロイターなどがロシア艦隊のマダガスカル滞在を報じるが、フランス政府に確証を突きつけられず、本野公使も明確な回答を得られなかった。[21]

東京の海軍軍令部は、〇五年三月一九日、「大海情」第七四五号において、次の情報を海軍全体および首相・外相・天皇にまで通報した。三月一七日付のアンタナナリヴ発ロイター通信によれば、一六日にバルチック艦隊はノシ・べ島を出航した、というのだ。三月二一日、同第七五三号で、艦隊がマダガスカルから出航したことを駐仏本野公使が仏外務省で確認したと報じている。[22] 以後ロシア艦隊の行方は二〇日間も不明であり、東京での苛立ちは高まった。それが確認されるのは、四月八日、艦隊がシンガポール沖を通過したときである。同日中に田中領事から外務本省に連絡があり、軍令部はその行方を確認して胸をなでおろした。

結局日本は、マダガスカル停泊中のロシア艦隊の惨状を把握できなかった。日本の情報収集は十分な成果を得られなかったと言わざるを得ない。しかし、だからといって軍令部の諜報活動が徒労だったと断言するつもりはない。バルチック艦隊は、シンガポール・ボンベイ・ヨハネスバーグのどこからも遠く離れ、しかも一般航路から外れた絶海の孤島に停泊していた。現在でも日本からノシ・べ島に行くには、待ち時間も含めて丸二日はかかる。百年以上前に、海軍軍令部がその情報を入手しようと懸命に努力し、ある一定の成果を出せたことは、高く評価できよう。

4　シンガポール――三井物産との協力

開戦から間もない〇四年二月一七日、東京の小村外相はシンガポール領事館事務代理の大賀亀吉に、海軍からの依頼を打電した。スマトラ島北西端沖のプラーウェー島（ウェー島）のサバン港に諜報員を派遣して、ロシア艦船の動きを監視せよ、という内容だった。翌一八日、大賀は三井物産シンガポール支店社員の村尾を同港に派遣した、さらに外国人監視員も手配する、と東京に返信している。[23]〇三年一二月に策定された軍令部の海戦準備案に基づき、インド洋からマラッカ海峡への入り口に当たる同島で、三井物産にロシア艦を監視させるのが目的であった。

日露戦争当時、日本領事館があったシンガポールのロビンソン・ロード

日露戦争勃発前後に三井物産シンガポール支店に勤務していた津田弘視の逸話が残っている。津田は薬売りに変装してサバンに潜入し、ロシア艦船のマラッカ海峡通過に目を光らせていたというのだ。日本海軍は、〇四年二月以降旅順を封鎖していたが、ロシアの増援部隊がヨーロッパから派遣されることに脅威を感じていた。三井物産は、軍令部から依頼を受け、津田だけでなく村尾をも同港に潜入させ、外国人のスパイまで配置した。津田の活躍はそれだけにとどまらない。〇四年二月初め、イタリアから日本に廻航する途中の巡

洋艦日進と春日が、シンガポールで燃料の石炭を積み込むことになっていた。ところが戦争が始まると、イギリスが中立を宣言し、英植民地での石炭積み込みを認めない恐れがあった。二月六日の国交断絶に間に合うよう港湾業者に積み込みを急がせたのは津田の功績であろう。[24] 当時の三大商社（三井物産、高田商会、大倉組）のトップである物産が、その営業ネットワークを生かして、海軍に全面的に協力した姿勢がうかがえる。

外務次官時代の田中都吉

一〇月二〇日、小村は新たに赴任した田中都吉シンガポール領事に電報を打つ。バルチック艦隊がロシアを出航したことを受け、南アフリカの喜望峰、マダガスカル、ジャワ島、ボルネオ島北部のラブアンに諜報員を配置せよ、というのだ。その後シンガポールと東京との何度かのやり取りの結果として配置場所が増え、〇五年一月半ばまでにはスパイの陣容も確定した。ラブアンには同地在住のイギリス人弁護士、スンダ海峡のジャワ島側の村アンイェルにはノルウェー人の水先案内人、スマトラ島中部インド洋岸のパダンにはそのノルウェー人の弟、スンダ海峡のスマトラ島側のテルク・ベトゥン（バンダール・ランプン）とジャワ島南部のチラチャップの間を定期的に視察するのは、シンガポール在住のイギリス人である。正確な金額はわからないが、高額の手当てを支払っていたことはまちがいない。こうした人選の背景には、日本人外交官が英語を主要なコミュニケーション言語としており、イギリス人を親日的だとみなしていた点が挙げられる。逆に田中は、同地域を支配するオランダが厳正中立を宣言しているにもかかわらず、オランダ人を親露的だと批判した。[25]

田中都吉について触れておこう。後に彼は『ジャパン・タイムズ』や『中外商業新報』（現在の『日本経済新聞』）の社長を務めた後に、外務次官に抜擢された外務省の逸材である。ソ連大使も務め、戦後は電通の取締役にもなった。それにしても新任領事の田中が、容易にシンガポールで諜報工作にかかわる人脈を探し出せたとは考え難い。英海峡植民地や蘭領インドシナにおいて情報を収集するためには、三井物産シンガポール支店の協力なしに諜報網が築けるはずはなかろう。くわえて同地のイギリス社会と密接に結びついている人物による協力が不可欠だったはずである。その任を果たしたのが、同地在住の『シンガポール・フリー・プレス』紙の主筆ウィリアム・グレーム・セントクレア（William Grame St Clair）だった。彼は日本の求めに応じて、情報収集拠点に住むイギリス人や他のヨーロッパ人を探し出し、田中に紹介している。日本への情報提供者の斡旋や派遣も、大きな貢献といえるものであり、セントクレアは後に息子とともに日本政府から叙勲を受けた。[26]

W・G・セントクレア

5　森大佐の蘭領インドシナへの潜入

一一月一一日、軍令部参謀の森義太郎海軍中佐は、バルチック艦隊の来航調査について打ち合わせるため、旅順の対岸にある山東半島の芝罘《チーフー》から帰朝するよう命じられた。その際に軍令部は、重大な任務を帯びて南アフリカに向かうと周囲に吹聴するよう、森に指示している。日本の奇襲攻撃に怯えるロジェーストヴェンスキーの神経を逆撫でしようとする工作が始められた。[27]

森は、一八六三年に東京目黒に生まれ、海軍兵学校時代から水雷術を磨いた。日清戦争中は常備艦隊の水雷艇隊の隊長を務め、一九〇〇年から清国公使館付海軍武官となる。中国語が堪能だったのであろう、日露戦争が始まると、連合艦隊に封鎖されて孤立した旅順へのロシアによる秘密輸送を監視するため、身分を隠して芝罘に潜入した。〇五年三月に大佐に昇進している。日露戦後は一等戦艦の艦長を務めたのち、一〇年から再度海軍武官として清国に駐在し、一二年には北京居留民会副会頭となった。中将まで登りつめ、二九年に天寿を全うしている。[28]

森は東京の軍令部に戻ると、江頭第三班長からシンガポールに潜入せよという命令を受け、その準備に取りかかる。同地の領事館へは海軍武官を置けなかったため、三井物産本社の全面的な支援を受けて、現地で活動することになった。物産社員「本山由平」と名乗り、シンガポール支店を隠れ蓑にして、ロシア情報の収集に着手する。

森義太郎（後列左から２人目）

一二月三〇日、森が同地に到着するとハプニングが待っていた。スムーズに任務を遂行するため、物産社員として入国したにもかかわらず、軍令部からの電報が公電扱いで支店の本山宛に届いていた。これでは本山が日本の公の機関と関係のある人物だと宣言しているのと変わらない。ちなみに当時の電報には政府用の公電と一般電報があり、公電は料金が高額でも優先的に送付された。森は、以後自分宛の電報には

社員名を書かずに、すべてシンガポール支店宛の商用電報に見せかけるよう、東京に釘を刺している。機密任務に携わる者が、注意を怠らなかった様子がうかがえよう。

森の役割はロシア艦隊の情報収集だけではない。謀略の臭いがただよう。軍令部からは、日本がマラッカ海峡の出口で奇襲攻撃を狙っているという噂を流すよう命ぜられた。次に語られる日本海軍の待ち伏せ偽装工作を、あたかも本当に待ち伏せしているかのようにシンガポール駐在のロシア領事ヴァシーリー・K・ルダノーフスキー（Wasilii K. Rudanovskii）に知らしめるためである。森はそれまでの態度を変えて、堂々と蘭領インドシナや英領スマトラ島などを視察することで、ロシア側に警戒心を植えつけようとした。

森の行動を追ってみよう。一月初旬、三井物産社員一名を伴いシンガポールからマラッカ海峡およびスマトラ島の視察に向かう。まずはマレー半島西部ペナン島のジョージ・タウンまで北上し、一四日には西に舳先を向けて一七日にサバンに到着する。そこからインド洋に入り、スマトラ島南西岸を南下して、二一日に同島中部のパダンに寄港する。さらに東に向かい、二五日にスンダ海峡の両岸を視察して、二八日にシンガポールに戻る。すぐさま二回目の視察として左回りのジャワ島一周を計画し、船でスンダ海峡にとって返し、そこから南岸のチラチャップを訪問する。東に向かい、バリ島とロンボク島の間のロンボク海峡を通って、二月四日ジャワ島北岸のスラバヤに至る。スラバヤで一週間ほど逗留して、ジャワ島北岸の諸港を検分した後、二七日にシンガポールに引き返す。三月になると三度目の視察のためセレベス島（スラヴェシ島）に向かう。九日に同島北東端にあるメナド（マナド）に着き、一六日には同島南西のマカッサル（ウジュンパンダン）を調査する。一九日にジャワ島のスラバヤに渡り、二三日にバタヴィア（ジャカルタ）に入り、二九日にシンガポールに帰着した。[29]ボルネオ島（カリマンタン島）の調査は香港丸と日本丸に任せていたため、森の視察計画には含まれていない。

軍令部が、バルチック艦隊のインド洋から太平洋に入るルートとして、マラッカ海峡、スンダ海峡、ロンボク海峡の三つを想定していたことは明らかである。それぞれの航路で停泊できる港湾を森に調査させ、敵の予定寄港地での滞在状況を予測し、今後の作戦構築に役立たせようとした。

とはいえ森は、スマトラ島からセレベス島まで、東西三〇〇〇キロ南北一五〇〇キロもある広大な地域を、三か月ほどの間に定期船を使って廻った。滞在地と目的地の間を船が毎日のように行きかっているはずもなく、待ち時間も少なくない。非常に厳しい日程でスケジュールをこなしたことになる。くわえて、一方で各港に配置してある情報提供者とこっそりと会い、他方で日本海軍に関係する人物として毅然と振る舞うなど、森も自らの態度に神経を使ったに違いない。

森の集めた情報は多岐にわたる。スンダ海峡通過が予想されるバルチック艦隊の寄港地を調べるだけでなく、シンガポールに入港する船舶の船長に問い合わせて、目撃情報を集めようとした。とにかく森大佐は、三月末までに蘭領インドシナ地域において諜報網を完成させて、シンガポールに戻った。以後、ロシア艦隊が網にかかるのを同地で待ち受けていた。

6　日本海軍の待ち伏せ偽装工作

一一月半ばバルチック艦隊は、本隊が喜望峰経由、支隊がスエズ運河経由で、インド洋を目指していた。軍令部は、同艦隊がインド洋から太平洋に来航する前に敵の全容を把握するため、二つの大洋を結ぶ諸海峡やインドシナ地域の寄港予定地を調査することを計画した。くわえて日本の海軍艦船が海峡の出口で待ち伏せしているかのように装うことも策した。というのも一一月になって軍令部がドッガー・バンク事件の詳細を入手したからである。一〇月二二日の深夜、バルチック艦隊は北海のドッガー・バンクで操業中の英漁船団を日本の水雷艇と見誤って砲撃を加えた。ロジェーストヴェンスキーが、日本は狭隘な海峡の近辺で待ち伏せしていると信じており、ありもしない日本の謀略に対して過剰に反応したという話が伝わってきた。もし日本の待ち伏せのうわさが広まれば、ロシア艦隊司令部は日本の奇襲攻撃に神経を尖らせ、海峡の出口で再び理不尽な事件を起こしてくれるかもしれない。軍令部は、少なくとも彼らが極度の緊張から神経を擦り減らし、精神疲労をため込むことを期待した。[30]

ロジェーストヴェンスキー中将も負けてはいない。マダガスカルからインド洋を越えて太平洋に抜けるには、スマトラ島とマレー半島に挟まれたマラッカ海峡を通過するのが最短のルートである。しかし、このルートをバルチック艦隊が通れば、マラッカ海峡で日本海軍の待ち伏せに遭う可能性が高い。スマトラ島とジャワ島の間のスンダ海峡を通れば、距離は遠いものの、その危険を回避することができる。ちなみにスエズ運河完成以前にヨーロッパから喜望峰経由での東アジアへ航行し、インド洋から太平洋に入る際には、船舶は通常スンダ海峡を通過していた。同海峡の両岸には船舶が寄港できる港湾がいくつも存在する。特にジャワ島のバタヴィアには、ロシア海軍武官までが駐在していた。〇五年一月、中将はバタヴィアに石炭輸送船を何隻か回漕させた。いかにもロシア艦隊がスンダ海峡を通過するように見せかけ、敵の待ち伏せ部隊を同海峡に引き付ける。そして本隊は堂々とマラッカ海峡を通過しようというのだ。司令長官が「汚い日本人」の裏をかこうとして、策を弄していた様子がうかがえよう[31]。

もちろんのことながら日本海軍に待ち伏せ攻撃をする余裕などはない。ただし一一月二七日に第三回総攻撃として二〇三高地攻撃が始まり、旅順にあるロシア太平洋艦隊の壊滅も遠くないと考えられたのだろう。同月二九日、東京の軍令部は東郷司令長官に命じて、旅順封鎖に当たっていた仮装巡洋艦日本丸と香港丸を帰国させた。一二月一三日、両艦は仏領インドシナ（ヴェトナムとカンボジア）沿岸と蘭領インドシナ（インドネシア）に向けて派遣された。森中佐の活動に加えて、ロシア艦船の寄港する可能性の高い主要な港湾を調査するためである。いかにも主力艦隊の先遣部隊のように振る舞い、日本の奇襲部隊が牙を研ぎ網を張って南シナ海で待ち伏せていると、ロシア側に信じさせるのが狙いだった。香港丸と日本丸は佐世保から台湾海峡の澎湖島を経て、一二月二二日にシンガポール沖に到達する。新聞記者らがインタビューのため小汽船に乗って押し寄せてくると、香港丸艦長は本隊が数十海里沖に停泊中であり来航目的は秘密だと述べ、先遣部隊のような芝居を打った。また仰々しく田中都吉領事に乗船してもらい、艦長は軍令部からシンガポールに届いている電報を受け取った。あたかも東郷が、マラッカ海峡出口での日本の迎撃態勢は整ったと、世界中にふれ回っているかのようである。

同日中にシンガポールを離れ、カリマタ海峡を通ってスンダ海峡に入り、二五日にスマトラ島南東端の良港テルク・ベトゥン（バンダール・ランプン）に入港した。艦長は、蒸気機関を修理するため本隊から分離して来航したと同港のオランダ官憲にも語り、自らが艦隊の一部であることを強調した。ただし同港の港湾施設は貧弱で石炭の積み込みや給水に難があり、ロシアの大艦隊の寄港には適切でないことが判明する。二八日にはジャワ島南岸のチラチャップを訪れるが、到底大艦隊を受け入れる能力のないことを確認した。二九日にバタヴィア沖に数時間投錨しただけで、バンカ島とベリトゥン島の間のガスパル海峡を通って、〇五年一月三日ボルネオ島西北岸に沿ってラブアンに到達した。そこからシャム湾（タイランド湾）の仏領インドシナ側にあるカンポート（現在のカンボジア）に向かう。ちなみにカンポートは一八九九年にフランスによって作られた町で、カンボジア沿岸地域の中心地であった。そこへ向かう途中で日本丸は、七日に擬似機雷を投下するという偽装工作を行った。八日に仏領シャム湾沿岸を視察し、すべての任務を終え、一月一八日に佐世保に帰着した。

バルチック艦隊が東アジアに来航する際にどのような作戦をとるか、軍令部内では様々な検討がすすめられた。そうした中で、東シナ海沿岸各地に駐在するロシア人が艦隊へ物資を補給する、という可能性にも言及された。その作戦を妨害するためには、日本の艦船が絶えず東シナ海沿岸を警備しているように見

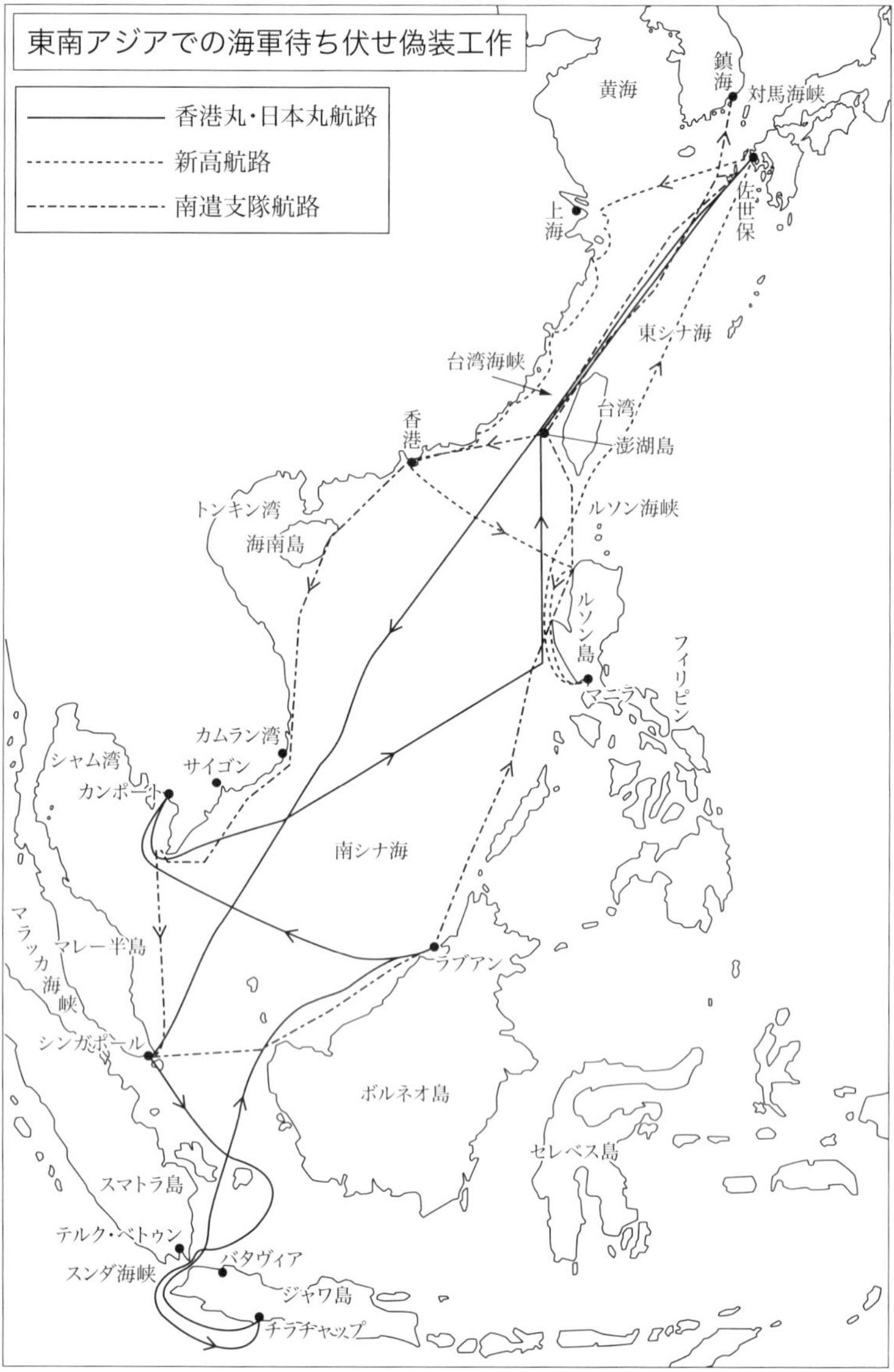
東南アジアでの海軍待ち伏せ偽装工作
香港丸・日本丸航路
新高航路
南遣支隊航路
黄海
鎮海
対馬海峡
上海
佐世保
東シナ海
台湾海峡
台湾
香港
澎湖島
ルソン海峡
トンキン湾
海南島
ルソン島
フィリピン
マニラ
カムラン湾
シャム湾
サイゴン
カンポート
南シナ海
マラッカ海峡
マレー半島
ラブアン
シンガポール
ボルネオ島
セレベス島
スマトラ島
テルク・ベトゥン
スンダ海峡
バタヴィア
ジャワ島
チラチャップ

せかける必要がある。一二月一五日、ロシア側の補給作戦を牽制するため、巡洋艦新高が上海・香港間の東シナ海沿岸とフィリピンのルソン島近傍に派遣された。新高は、揚子江口から杭州湾、舟山列島、三門、南関、馬祖島、厦門《アモイ》、汕頭《スワトウ》、香港と南下した。二六日に厦門に寄港した際、新高艦長は上野専一領事と面会し、バルチック艦隊による同港の占領という噂が流布されていることを確認した。香港には寄港せず、そこから南東に舵を切ってルソン島に向かい、二九日には北端からマニラ湾口まで進んだ。ルソン島では一切寄港せず、西岸を二往復して沿岸を視察するにとどめた。米植民地にまでロシア海軍が足がかりを築くとは想定できなかったからであろう。一月一一日には佐世保に帰還した。航海の途中で、新高が単独ではなく艦隊行動をとっているかのように装うため、何度か無線で通信している。手の込んだ偽装工作といえよう。

〇五年二月に入ると、ロシア側が東シナ海に明るい水先案内人五名をバタヴィアで待機させ、サイゴンや上海に補給物資を集積させている、という情報が東京に届く。バルチック艦隊の東アジア来航が間近に迫ってきた、という認識が軍令部内で趨勢を占めた。そこでロジェーストヴェンスキーの作戦の詳細を探り、ロシアの補給作戦を牽制するため、小艦隊を派遣することにした。二七日、巡洋艦笠置と千歳、仮装巡洋艦亜米利加丸と八幡丸、給炭船彦山丸からなる南遣支隊が、佐世保から南シナ海に出航する。支隊は、澎湖島、香港、海南島を経て、三月八日に仏領インドシナのカムラン湾沖に到着した。仏植民地官憲には、行方不明となった駆逐艦を捜索していると偽り、カムラン湾とヴァン・フォン湾内を視察する。九日にはサイゴンに至り、カンボジア沿岸まで視察した後、一五日にシンガポール沖に停泊した。シンガポールは英植民地として、日本海軍に対して日英同盟に基づき便宜を供与するよりも、日露戦争勃発時に宣言した厳正中立を遵守する姿勢を示した。支隊はシンガポールを離れると、一八日にボルネオ島のラブアンを視察する。そこからフィリピン西岸を北上し、澎湖島経由で四月一日に鎮海に帰着して南シナ海巡視の任務を終えた。南遣支隊の作戦行動は、実態よりも誇張されて三月下旬に英紙に掲載される。[32]

日本海軍がバルチック艦隊の東航に備えて、南シナ海で待ち伏せをしているかのように偽装する工作は、〇四年一二月から〇五年三月にかけて遂行された。イギリスの新聞が、そのつど活動を紙面に掲載し、南南シナ海における日本海軍の艦隊行動を世界に報じている。この報道が、駐英ロシア海軍武官を通じてロジェーストヴェンスキーの耳に入ったのは疑いない。実際に中将は、マラッカ海峡を通過した後に、シンガポールの北東に位置するナツナ諸島付近で日本艦隊と交戦することを覚悟していた。四月八日、バルチック艦隊旗艦クニャージ・スヴォーロフ号の士官たちが、砲撃に先立ち耳栓となる真綿をポケットに用意していたほどである。[33] ロシア艦隊の全乗組員が極度の緊張を強いられたのは言うまでもなかろう。程度のほどは不明だが、軍令部の偽装工作が功を奏したのは明らかである。

一方で、仏領インドシナに長逗留したバルチック艦隊へのロシア側の物資補給を妨害するという新高の工作は、十分な成果を上げたとは言えない。というのもロシア艦隊が、補給基地から遠いカムラン湾付近に一か月間も停泊できたからである。もちろん淡水の補給は仏領インドシナ沿岸で可能だった。だが石炭だけでなく、一万人を超える兵員の糧食や日用品まで供給するには、相当数の輸送船が補給にかかわったに違いない。それを妨害できなかったのは、停泊地がフランス植民地であり、同領海内で輸送船の行き来が容易だったからである。さらに輸送した物資が兵器や弾薬といった厳密な意味での禁制品ではなく、石炭や機械部品、糧食や日用品であったことも挙げられよう。

7　バルチック艦隊のシンガポール通過

バルチック艦隊は、三月一六日にノシ・べ島を出航してから、インド洋を東へ進んでいた。ジャワ島のバタヴィアに石炭輸送船を向かわせるなど、スンダ海峡を通過するよう見せかけていたが、実際にはマラッカ海峡に向けて舵を切っていた。途中のインド洋上で給炭船から石炭を積み込んだだけで、沿岸のどの港にも寄港していない。四月五日、マラッカ海峡の西の入り口に差しかかる。四月七日、マレー半島のマラッカ沖を通過し、八日午後にシンガポール沖を廻航した。南シナ海に入ると、艦隊は戦闘態勢に入る。東郷率いる連合艦隊が、シンガポールの北東約五〇〇キロにあるナツナ諸島付近で待ち構えている、という情報が入っていたからである。結局、日本艦隊と遭遇することはなく、艦隊は仏領インドシナのカムラン湾に向けて進んでいった。[34]

マラッカ海峡突入の第一報は、四月七日にロンドンの鏑木海軍武官からもたらされた。四月六日夜、ペナンの南西約九〇海里（一六〇キロ）を、艦隊三十数隻が南東に向けて航行中だというのである。この情報ソースは、ペナンに向けて海峡を航行中の汽船が、同地で艦隊を目撃し、ペナン到着直後に同地のイギリス総督に連絡したものである。[35]

バルチック艦隊が来る、という噂はシンガポールの日本人街でも四月七日からもちきりだったはずである。今日まで一つの美談が残っている。江戸時代末期から天草や島原など九州北部の貧しい地域の多くの女性が、東南アジアへ身売りされて「唐行きさん（娼婦）」となり、シンガポールにも住み着いていた。日露戦争当時は同地の日本人街に娼家（女郎屋）が一〇一軒、唐行きさんが六〇〇名もいたそうである。[36]薄幸な身の上の彼女たちにとっても、祖国の命運を握るロシア艦隊がシンガポール海峡を通過するのを、黙って見過ごすわけにはいかなかった。四月八日、何人もの女性が南端のセントーサ島に行って、沖を眺め、艦隊が来るとすぐさま日本領事館まで知らせに行った、というのである。

実際にシンガポール海峡を眺めると、もっとも狭いところでは幅が五キロほどしかなく、航行する船舶を視認することが可能である。ただし軍艦の知識のない女性が、果たしてロシアの艦隊だと認識できたかどうか疑問が残る。しかも田中領事は自ら海峡沿岸に立ち、バルチック艦隊の通過を目撃して、同日中に電報を打っている。残念ながら田中は、唐行きさんからの情報に基づき、艦隊のシンガポール通過を東京に報じたわけではなかった。森海軍大佐（〇五年三月に昇進）は、艦隊の全容を細大漏らさず報告しなければならない。岸から眺めるのでは不十分だと確信したのだろう、蒸気船でシンガポールの沖に出て艦隊を観察し、詳細な報告を軍令部に打電している。[37]

それにしても、〇四年一二月から田中領事と森大佐が着々と築き上げた蘭領インドシナでの情報網は、ほとんどなんの役にも立たなかった。田中は、スマトラ島、ジャワ島、ボルネオ島、セレベス島の主要な港に通報人を配置し、森は東西三〇〇〇キロ南北一五〇〇キロにもおよぶ広大な地域を定期船で視察した。それがバルチック艦隊のマラッカ海峡通過によって水泡に帰したことになる。ただし膨大な労力と多額の資金を費やした情報網が無駄だったとは思えない。ロシア艦隊は当初スンダ海峡を通過すると想定されており、より広範な地域の調査が必要だった。艦隊寄港の可能性が低いからといって、情報収集の労を惜しめば、画龍点睛を欠く結果となったかもしれない。ミスを許されない東京の軍令部にとっては、やむを得ない措置だったと言えよう。きたるべきバルチック艦隊との海戦が国家の命運を分けることになる。費用対効果を考えている余裕はない。こうした無駄な情報収集の積み重ねこそが、正確な情報を入手するための最高の手段ではあるまいか。

日本海軍の待ち伏せ偽装工作は、ロシア艦隊の乗組員の神経を緊張させ、ドッガー・バンク事件の再発を狙ったものの、策を弄し過ぎたと言えなくもない。旅順では二〇三高地を奪取し、一二月半ばまでに湾内のロシア太平洋艦隊を全滅させていたため、軍令部に若干の余裕が生まれたからであろう。もちろんバルチック艦隊の寄港地調査は必要である。だが期待をしていた中立国の漁船団への砲撃事件は二度と起きていない。とはいえ艦隊が南シナ海に入ってから、ロシア艦隊の乗組員は日本海軍との戦闘に備え、緊張のあまり神経を擦り減らした。そうした意味で待ち伏せ偽装工作もまったくの徒労ではなかった。

ついにバルチック艦隊が太平洋上に姿を現した。

第6章　仏領インドシナでの攻防

1　彷徨するロシア艦隊

バルチック艦隊は、四月八日にマラッカ海峡を通過して南シナ海に入り、一四日には仏領インドシナ（ヴェトナム）のカムラン湾に錨を下ろした。ロジェーストヴェンスキーは、湾口に巡洋艦と水雷艇を配し、日本海軍の奇襲部隊が潜入しないように見張らせた。

カムラン湾は、サイゴン（現在のホーチミン・シティー）から北東四五〇キロのところに位置する、南北三二キロ東西一六キロの広大な湾である。三方を高い山に囲まれ、湾口が狭くて水深が深いため、天然の良港とみなされてきた。ヴェトナム戦争ではアメリカ軍の海軍基地として使われ、同戦争後にはソ連海軍の基地となり、現在はヴェトナム海軍の基地である。ヴェトナム戦争時に建設されたカムラン空港が二〇〇四年に民営化され、現在では湾への外国人立ち入り禁止が解除され、日本の冷凍食品会社まで進出している。湾内には遊覧船が浮かび、マングローブの林が切り開かれてエビやカニの養殖池となり、牡蠣や高級魚の養殖筏がひしめき合っていた。空港から三〇キロ北に向かうと、南部最大のリゾート都市ニャーチャ

養殖池の続くカムラン湾の南部

ンがあり、外国人観光客で賑わっている。

ペテルブルクは、ネボガートフ率いる第三艦隊と同地で合流するよう、ロジェーストヴェンスキーに命じてきた。最終目的地であるウラジオストクに向けて、司令長官が単独で航行することを禁じている。第二太平洋艦隊は、後続の第三艦隊が到着するまでカムラン湾で待機する以外の選択肢がなかった[1]。

艦隊到着の翌日である四月一五日、仏領インドシナ艦隊司令官のユジェン・ド＝ジョンキエール（Eugène de Jonquières）海軍少将が、サイゴンからカムラン湾に到着した。仏少将は、ロジェーストヴェンスキーの来訪を歓迎し、露仏同盟に基づいてフランスはロシアへの協力を惜しまないと語った。同湾には輸送船がサイゴンから何隻も来訪し、ロシア艦隊へ物資を補給した。艦船は、日中は湾外に出て演習を繰り返し、不審な船が湾の近くを航行すると、停止させて臨検した。ところがパリでは、ロシア艦隊のカムラン湾停泊をめぐって、フランス政府が野党社会党の追及に閉口していた。日本公使がフランスの中立違反を抗議し、それを野党が与党追及のための道具として利用していたからである。やむをえずデルカッセ外相は、首都で場当たり的な対応に追われる一方で、形式的に中立条項を遵守するようサイゴンの植民地総督に命じた。二一日、再度ロシア司令長官を訪れたジョンキエールは、艦隊を二四時間以内に仏領海から退去させるよう、態度を一変して要求しなければならなかった。ただし日本側の抗議をかわすのが主目的であるため、仏司令官には中立義務を厳密に履行する、すなわち強制的に退去させる必要はない。

ロジェーストヴェンスキーは、パリの不誠実な対応と、それを許したペテルブルクの外交音痴を呪いながら、領海外への移動を決定する。二二日、輸送艦は中立条項が適用されないとしてカムラン湾内に残し、戦艦・巡洋艦・水雷艇だけを率いて出港し、湾から三海里以上離れた公海上に停泊させた。ロシア艦船の存在を目立たせないため、中立国船舶の臨検も中止している。二五日までカムラン湾沖の公海上に停泊している間に、ロシア海軍省から二つの矛盾した電報が艦隊司令部に届いた。一方でネボガートフの第三艦隊が五月前半に仏領インドシナに到着するまで、同地にとどまり待機せよと厳命する。他方、フランス政府の要請により輸送艦を含む全艦船を湾外に出させ、仏植民地の領海から離脱せよ、とも命じてきた。

だが一万人以上の兵員をかかえる三〇隻以上からなる艦隊は、毎日のように大量の燃料と糧食を消費している。滞在が長引けば、それだけ兵站物資の量も増加する。そうした物資を定期的に補給するためには、波の静かな場所が欠かせない。ところがジョンキエールは、カムラン湾で目を光らせている。二六日、司令長官は窮余の一策として、全艦抜錨させて、ヴァン・フォン湾へ向かった。同湾は、カムラン湾から一〇〇キロほど北にある周囲五〇キロを超える大きな湾で、入植地も通信施設もない。仏司令官は、ロシア艦船のカムラン湾からの出港を見届け、その行先を確認せずにサイゴンへ帰還した。

ペテルブルクではバルチック艦隊の東航を不安視する雰囲気が高まっていた。ロジェーストヴェンスキーも、仏領インドシナ到着時に艦隊のバルト海への帰還を皇帝宛に願い出ている。しかしニコライ二世は航海の中止を頑として許さず、第三艦隊との合流後にウラジオストクに向かうよう司令長官に迫った。ロシア艦隊は、乗組員の休養と艦船の修理が可能な停泊地のないまま、ネボガートフの到着まで仏領インドシナ沖をさまようことになった。

それでも日本海軍による夜間の奇襲攻撃には備えなければならない。乗組員は疲労困憊し、精神を病んだ者も含めて病人があふれかえる。規律も緩み、些細なことで乗組員の不満が爆発し、統制が取れなくなる。東郷との戦闘で死を覚悟している水兵たちに対して、司令長官が死刑などの厳罰をもって臨んでも意味がない。本来ならば厳格な組織のはずのロシア海軍が、その体を成さなくなっていた。本当に戦えるのだろうか。そうした苦吟を胸に秘めながら、ロジェーストヴェンスキーは泰然とした姿勢を崩さなかった。[2]

2 南シナ海での情報戦

日本はどうやって南シナ海で情報収集を行ったのだろうか。四月八日の時点では、東京はロジェーストヴェンスキーの目的地を確認できていない。そのため小村は、同日に目的地を仏領インドシナのサイゴン、あるいはカムラン湾およびその近傍と定め、スパイを二名派遣するよう駐シンガポール田中領事に命じる。田中は八方手を尽くして、一〇日までに同地駐在のロイズ代理店の副支配人を仏領インドシナに送り込むよう段取りをつけた。[3] ただし東京の海軍軍令部も外務省政務部も混乱していたのであろう。軍令部は、外務省に対してシャム湾沿岸、すなわち今日のカンボジア、タイ、マレーシア北部にもスパイを派遣するよう要請している。四月九日に小村は田中に対して、ロジェーストヴェンスキーが英海峡植民地のマレー半島中部ケランタン州に向かう疑いがあると連絡し、至急調査を始めるよう命令した。だが翌日、田中は同州には電信局がない、艦隊が投錨するかどうか確認をしたい、と調査の保留を求めている。田中は、セイ

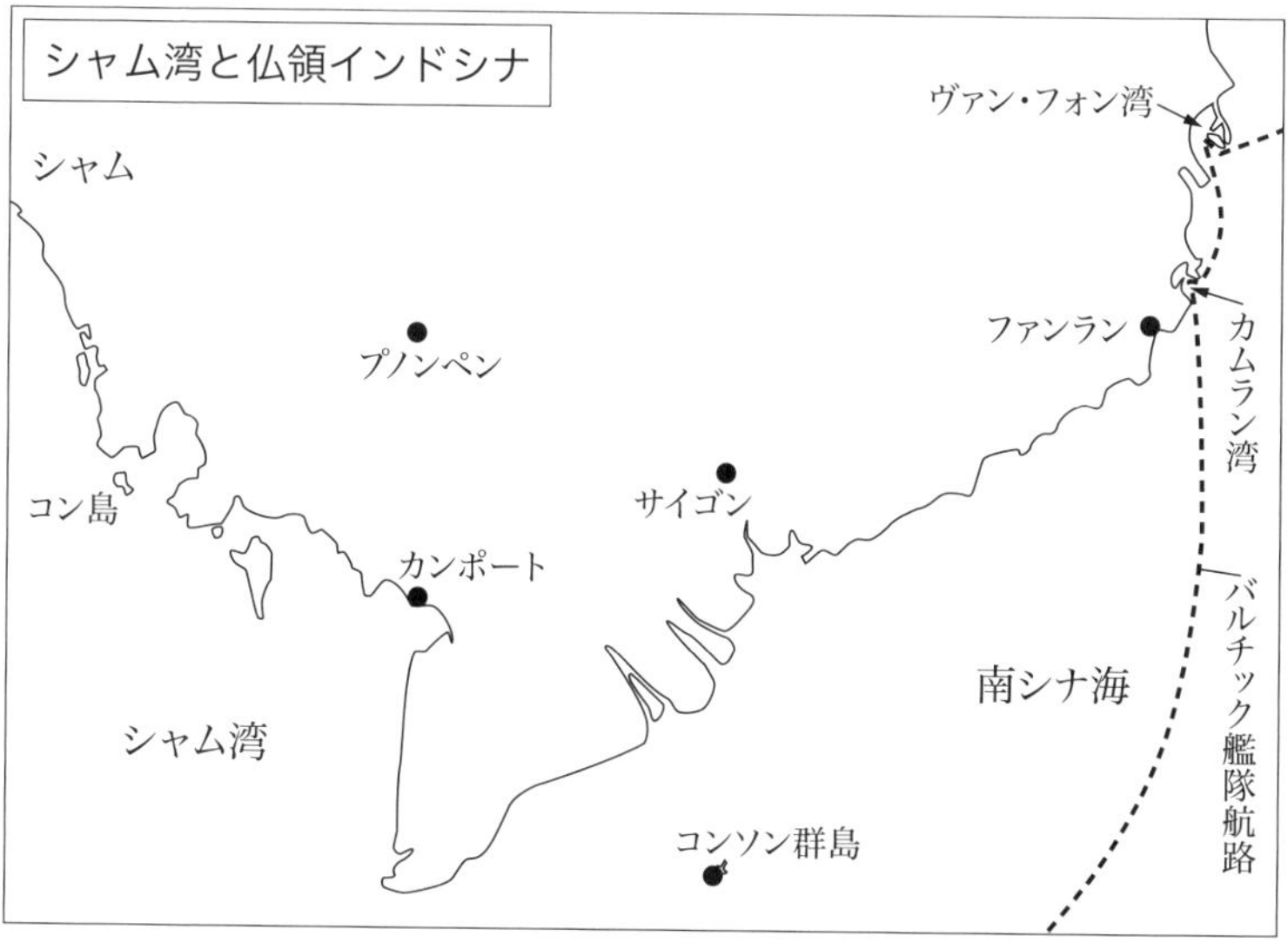

ムという名前のロイズ副支配人を仏領インドシナに派遣するつもりでいたが、出発直前に当人が病気になってしまい、派遣を見送った。[4]

軍令部もバルチック艦隊が南シナ海に入ったことを確認し、間近に迫った敵の行動を把握しようと情報収集に力を入れた。四月一一日、山本権兵衛海相は、小村外相に次の調査を依頼する。すなわち、上海、厦門《アモイ》、福州、汕頭《スワトウ》、香港、マニラ、バンコク駐在の在外公館に命じて、それぞれの担当地域でロシア艦隊の停泊する可能性のある海域に監視人を派遣させる。さらに駐在地に入港した船舶の乗組員と館員を面会させ、目撃情報を聞き出させる。報告すべき項目は、艦船の種類、隻数、目撃場所と日時、進行方向など、艦隊の今後の行動に関する件である。入手した情報は、できるだけ速やかに東京に打電することが求められた。[5]もし仏領インドシナに停泊しないならば、ロシア艦隊は四月下旬には日本近海まで到達してしまうからである。

シンガポールの田中領事、バンコクの稲垣満次郎公使、香港の野間政一領事は、それぞれの港に到着した商船から目撃情報を聴取した。そして、四月一〇日ごろから南シナ海を北上するロシア艦隊について、商船がすれ違った場所の緯度と経度を東京に打電してきた。[6]

バルチック艦隊がカムラン湾に停泊しているという報告は、四月一六日に野間領事から打電された。シンガポールに到着したドイツ商船プリンツ・ハインリヒ号が、同艦隊のカムラン湾停泊を目撃したというのだ。同じ情報がロイター電でも報じられた、とロンドンの林公使も連絡を入れてくる。一方バンコクの稲垣は、シャム湾に派遣したスパイによれば同湾でロシア艦船を確認できない、シャム内相によると領海内にロシア艦隊は停泊していない、と打電してくる。[7]

シャム湾にいないとなれば、仏領インドシナ沿岸以外に停泊場所はない。コーチシナでの停泊が確定したのは、四月一七日付のパリの本野公使からの情報である。サイゴン発アヴァス通信社電において、仏領インドシナ艦隊司令官は、ロシア艦隊がカムラン湾に停泊中だと確認した、と報じられている。[8] 軍令部はロシア艦隊のカムラン湾停泊を確信した。一九日、シンガポールと香港からスパイを派遣するよう外務省に依頼した。[9] こうしてカムラン湾での日本の情報収集活動がはじまる。

3　英ジャーナリストの特ダネ

バルチック艦隊は四月一四日にカムラン湾に入港し、苦境に追い込まれながらも仏領インドシナで後続の第三艦隊を待ち、来る日本海軍との決戦に備えていた。ただし、その内実を日本側は知らない。カムラン湾から日本南端の台湾までは二千キロほどしかなく、艦隊が錨を上げれば一週間ほどで日本領海に達することになる。迎え撃つ日本海軍が、万全の備えを整えるため詳細な情報を集めようとしたのは当然である。ところがカムラン湾はロシアの同盟国フランスの植民地であり、フランス官憲によって立ち入りが厳しく取り締まられていた。簡単には調査できない。

海軍軍令部は、カムラン湾に停泊中のロシア艦隊を調べるにあたり、同湾沖を航行した中立国の船舶から情報を得ようとした。シンガポールの田中領事、バンコクの稲垣公使、香港の野間領事は、船舶が入港するたびに船長からロシア艦隊に関する目撃談を聴取した。しかし沖からでは湾内の状況は詳しく解らない。また戦時国際法では中立国の港への交戦国艦船の寄港は制限されていたものの、それを立証してフランスに抗議するためには、カムラン湾からの直接の情報が不可欠である。軍令部の依頼を受けた外務省政務部は、アジア各地の在外公館へ同地へ潜入するスパイの選定を依頼した。

四月一二日、香港の野間が、同地の英字紙『サウス・チャイナ・モーニング・ポスト』の編集主幹アルフレッド・カニンガムにサイゴン行きを依頼する。カニンガムは、同日出発する船に乗り込み、一旦はシンガポールに行き、そこから北上してサイゴン、そしてロシア艦隊の停泊地に向かうことになった。シンガポールに着いたカニンガムに、すぐにチャンスがやってきた。一六日、同地に入港したプリンツ・ハインリヒ号の船長が、一四日にバルチック艦隊がカムラン湾内に停泊しているのを目撃した、と語った。同日、カニンガムはその情報を香港の野間領事に電報で送る。それが野間から東京に打電され、一七日未明外務省に届いた[10]。ただしこれは第一報ではない。

プリンツ・ハインリヒ号には、海軍大将として欧州に派遣される有栖川宮威仁《たけひと》親王が座乗しており、大澤喜七郎海軍中佐も副官として乗り込んでいた。一六日にシンガポールに入港すると、すぐさま大澤はカムラン湾沖でのロシア艦隊目撃情報を森義太郎大佐に連絡する。森はそれを軍令部に打電して、一六日夜遅くに電報が東京に届いた。[11] これがバルチック艦隊のカムラン湾停泊に関する第一報となる。翌一七日、軍令部は、カムラン湾沖を通過する船舶が香港やシンガポールに到着し次第、船長から目撃情報を得るよう外務省に依頼した。[12]

カニンガムは、今日まで香港のリーディング・ペーパーとなっている『サウス・チャイナ・モーニング・ポスト』を一九〇三年に創刊させただけではない。イギリスの『デイリー・メール』紙やアメリカの『ニューヨーク・サン』紙とも特派員契約を結んでいた。ちなみに彼は一八七〇年ロンドンのパディントンに生まれ、一四歳からジャーナリズムにかかわるようになった。九二年にはシンガポールに移って『ストレイツ・タイムズ』の記者となり、九五年には上海の『シャンハイ・マーキュリー』紙の副編集長となる。日清戦争では日本軍による威海衛の占領に立ち会い、九八年の米西戦争では戦闘の起きたフィリピンまで赴いた。カニンガムには危険あふれる戦場に果敢にも身を投じる報道記者の片鱗がうかがえる。

〇三年に新たに創設された新聞の紙面を見てみよう。タブロイド判八ページの七割以上が広告で占められている。記事も、香港における船の出入港や株価一覧が記載され、社会面では現地で起きた日々のできごとが綴られていた。国際面はロイター通信の情報をそのまま掲載し、しかも英本国でのゴシップ記事が多い。当時の英字紙は香港に住むイギリス人たちの情報紙という程度のものだった。日露戦争中は、戦争記事が毎日のように掲載されている。自国民が命を落とす戦争を好む輩はいないが、従軍記は読者に人気があったのであろう。

『サウス・チャイナ・モーニング・ポスト』の社史によれば、同紙は中国国内の改革を支援するための英字紙として、カニンガムと興中会メンバーの謝贊泰とによって創設された。だが香港の企業家からなる出資者会には、その意図は伏せられている。カニンガムが編集主幹となって編集と経営を切り盛りしたが、同社の経営は火の車だった。彼は根っからの記者ではあったものの、経営の才は乏しかったのだろう。さらに香港には競合する英字紙が三社あり、新規参入の同紙は印刷設備の導入など出費がかさんだからである。決算書を見ると英国人と現地の中国人の給料が区別されているところから、両者の収入の間には相当の開きがあったと推測される。カニンガムの給与は高額だったに違いない。出資者会から赤字の責任を追及され、彼は給料を半額に下げられ、〇五年には無給にまで追い込まれる。ロイター通信の配信にはない戦争関連記事で購読者を増やすため、果敢に仏領インドシナまで潜入する一方で、外国の新聞社に記事を売って日銭を稼がなければならなかった。〇七年には経営に嫌気がさしたのだろうか、同紙を辞めて香港を離れ、カイロにある『エジプシャン・モーニング・ポスト』の記者となった。後にカニンガムは、カムラン湾から発信した情報で日本海海戦の勝利に貢献したとして、勲五等旭日章を叙勲された。一〇～一六年までインドの新聞社で働き、一八年にはカナダのブリティッシュ・コロンビア州『シドニー・アンド・アイランド・レビュー』紙の記者となる。一九年に波乱の生涯を閉じた。[13]

〇五年四月の野間領事による仏領インドシナ行きの依頼は、社内で苦しい立場に置かれているカニンガムにとって渡りに船だったはずである。辣腕記者の本領が発揮される。彼は特ダネを求めてシンガポールからサイゴンに向かった。二〇日、サイゴンに着いたという電報を野間に送り、カムラン湾行きの経費一五〇〇香港ドルを請求してきた。円に換算すると一二〇〇円、今日の一二〇〇万円ほどを野間はすぐさま送金する。カニンガムは、まだ二一日にはサイゴンに滞在しており、同地で入手できるバルチック艦隊情報を香港に送付してきた。二二日、サイゴンからカムラン湾の三〇キロばかり南にあるファンランまで定期船で向かう。陸路でカムラン湾に潜入しようと試みるが、虎が出没すると言われて断念する。代わりに漁船を借り上げ、二三日に船倉に隠れてカムラン湾に到着した。湾内にロシア艦船が一六隻も停泊している、と同湾沿岸の電報局から打電する。二四日は、カムラン湾内にロシア艦数隻が停泊しているものの、本隊は海南島に移動した模様だと署名記事で報じた。[14] 彼は単なる日本のスパイではない。香港紙の記者であり『デイリー・メール』の契約特派員でもあるため、香港やロンドンに同じ情報を特ダネとして打電している。[15] とにかくカニンガムの四月二三日付の野間宛電報が、カムラン湾にバルチック艦隊が停泊しているという第一報を、現地から裏付ける確報となった。この確報は二四日夜に香港から打電され、二五日午前一時過ぎに東京に届いた。

カムラン湾におけるカニンガムからの続報が何通も香港の野間領事の下に届く。四月二六日、彼はチャーターしたジャンクに身をひそめてカムラン湾口から出て、湾外を巡邏するロシア艦船を目撃した。また湾内ではドイツ給炭船が停泊しており、ロシア仮装巡洋艦四隻と水雷艇一隻に石炭を積み込んでおり、フランス船籍の輸送船が食料品を積んで入港してきたとも報じている。二七日の電報には次のように記されている。前日夜、仏領インドシナ艦隊のジョンキエール司令官がカムラン湾に入港した。二七日朝ドイツ給炭船四隻以外の船舶は湾外に出て、ロシア艦船は沖で演習をしている、というのだ。[16] 四月二六日まではロシア艦隊がカムラン湾に停泊していたが、二七日には出港したことが確認された。

この電報を打電した後、カニンガムはカムラン湾を離れて二九日にサイゴンに戻る。ただし彼はロシア艦隊がカムラン湾を出航し、ヴァン・フォン湾に向かったことを知らない。同日、バルチック艦隊が仏領インドシナを抜錨して、フィリピンで第三艦隊と合流する予定だと報じた。五月一日、サイゴンの電報局がカニンガムの英文電報の発送を拒否する。彼の電文は万国電信条約第七条の「国家を危険にさらす電報」だとみなされ、打電されずに料金と共に返却されてきた。『デイリー・メール』の署名記事からであろうか、彼がフランスの中立違反を現地で告発している人物だと発覚したからである。サイゴンの仏総督に抗議を申し込んでみたものの、英ジャーナリストは総督府の妨害によって入手した情報を外国に送付できなかった。やむをえず三日に同地を離れて香港に戻ることになる。[17] カニンガムの活動は終わらない。

4　ケ・ドルセーでの対決

これまでに述べたとおり、フランスは日露戦争に際して中立を宣言した。ところが仏領インドシナのカムラン湾にロシア艦隊を長期に渡り停泊させるのは、一方の交戦国だけを支援するという意味で中立と矛盾する。戦時国際法によれば、艦隊は最低限の燃料・水・糧食の積み込みしか認められず、二四時間以内に出港しなければならない。丸一日を過ぎても停泊させていると、中立を逸脱して一方の交戦国を支援しているとして、もう一方の交戦国から攻撃される危険性もでてくる。ただしマダガスカルのノシ・ベ島のように、艦隊の停泊地が辺境にあり、他国の船舶によっても確認されなければ、フランスも白を切ることができただろう。だがカムラン湾はシンガポール・香港航路に近く、航行中の商船などから視認することができた。くわえてロジェーストヴェンスキーはカムラン湾に近づいてくる船舶に警戒して、当初は臨検

テオフィル・デルカッセ仏外相

まで行った。これではフランス側は、いつまでもロシア艦船の停泊を大目に見ることはできない。すくなくとも一か所に長い間停泊しないよう、圧力をかけはじめた。

日本政府の対応を見てみよう。四月一六日夜に東京の軍令部へ、一七日朝に外務省へ、バルチック艦隊のカムラン湾停泊の第一報が入ってきた。すぐさま軍令部は、中立国の植民地でバルチック艦隊が停泊しているという確報に接したため、フランス政府に厳重に抗議するよう外務省に申し入れた。[18] 言われるまでもない。すでに外務省では、山座円次郎政務局長が東大法学部で国際法を教える立作太郎教授を招いて、各事例が中立違反に当たるかどうかを検討していた。[19] 国際法という土俵の上で、政務部は同盟国ロシアを支援するフランスに戦いを挑んでいく。

四月一八日、小村外相は駐仏本野公使に、中立を宣言しているにもかかわらず、フランスがロシア艦船をカムラン湾に停泊させている、と連絡した。そしてテオフィル・デルカッセ仏外相に対して、中立国の港湾や領海内に交戦国の艦船を長期間停泊させる行為は中立違反に当たる、と通告するよう命じた。それだけでは不安だったのだろう。同日、フランスの中立違反を日本は看過できないので、同盟国イギリスに仲裁の役割を果たして欲しい、とランスダウン外相に依頼するよう駐英林公使に連絡した。[20]

本野一郎は、佐賀藩出身の蘭学者であり『読売新聞』を創刊する本野盛亨《もりみち》の長子として一八六二年に生まれた。父が駐英公使館一等書記官時代に弱冠一一歳でパリに渡り、三年間も語学を学んだ。帰国すると東京外国語学校に入り、リヨン法科大学に留学する。苦学の末八九年に法律博士試験に合格し、九〇年に外務省に入省して翻訳官として勤務した。九三年にはフランスから博士号を授与され、民法の法典調査主査委員として活躍している。九六年に駐ロシア公使館の一等書記官、九八年にはベルギー公使となり、一九〇一年からは駐仏特命全権公使として辣腕を振るった。〇六年に駐露公使のちに大使となり、四度の日露協約締結すべてに関わっている。一〇年からは『読売新聞』の社主となり、一六年には寺内内閣の外相にも就任したが、一八年のシベリア出兵直後に没した。[21]

一九日午前中に、本野はパリのケ・ドルセー通りにある仏外務省を訪れ、ジョルジ・ルイ（Georges Louis）政務局長に通牒を手交した。ルイもしたたかである。ロシア艦隊が仏領海内に寄港した事実を認め、すでに仏領インドシナ総督に対して中立規定を厳密に遵守するよう命じた、と明らかにした。まだ現地からの報告が届いていないため詳細は不明だが、ロシア艦隊が仏領海を離れたと期待していると語る。そして報告を入手次第、四八時間以内に本野に回答すると約束した。だが待っていても回答がない。二一日、本野は再びケ・ドルセーを訪れてデルカッセに返答を求めた。仏外相は、次の通りフランスが中立を遵守するため必要な手段を講じていると答える。すなわち、二〇日にサイゴンの仏総督がロジェーストヴェンスキーに対して露艦隊の退去を求める電報を打ち、仏海軍司令官が直接ロシア提督に退去を迫った。また、ロジェーストヴェンスキーに同様の命令を打電するようロシア政府にも要請した、というのである。[22]

パリ駐在公使時代の本野一郎

木で鼻をくくったような返事である。デルカッセを追い詰めるためには、さらなる情報が必要だった。二五日午前一時、いまだにロシア艦船がカムラン湾に停泊しているというカニンガムの現地報告が、香港から東京に届く。政務部は、二六日この電報をパリに転送した。[23]同日、本野は落合謙太郎書記官に野間の電報を持たせ、仏外務省に向かわせた。応対したルイ局長は、四月二二日にバルチック艦隊は確かにカムラン湾を出港したと述べ、日本側の情報は事実無根だと主張する。二七日ルイは落合を呼び出し、二六日の時点でカムラン湾にロシア艦船は一隻も停泊していない、という情報を現地の仏海軍司令官から入手したと述べる。そして日本側の情報は正しくない、と繰り返し強調した。[24]

パリでは、ジャン・ジョレス（Jean Jaurès）などの社会主義者が、プリンツ・ハインリヒ号の第一報以降、中立違反はフランスを戦争の危機に陥れる、と政府を激しく非難している。仏政府は、詳細を把握していないとして、野党の攻勢をかわしてきた。しかし状況が一転する。カニンガムのカムラン湾からの特電が、契約している米紙『ニューヨーク・サン』と英紙『デイリー・メール』に掲載され、二六日には仏紙にも転載された。再び野党の攻勢がはじまる。[25]

すでに二六日にはバルチック艦隊がカムラン湾を出港していたため、デルカッセはロシア艦船は同湾に停泊していないと国会で答弁し、急場をしのぐことができた。しかしロシア艦隊は仏領インドシナに引き続き停泊している。フランス政府は、日本の外交攻勢だけでなく内なる敵からの攻撃にも苦慮した。[26]

5　翻弄される日本外交

ロシア艦隊は四月二六日にヴァン・フォン湾に入港し、復活祭の準備を始めた。三〇日の日曜日には全艦をあげて復活大祭が祝われ、航海の成功が祈られた。ちなみに露暦の復活祭は西暦とはずれており、西欧では一九〇五年は四月二三日から復活祭が祝われた。ところが二九日には停泊の事実が白日の下にさらされてしまう。五月二日、仏総督府の支庁のあるニャーチャンから、仏人官吏がロジェーストヴェンスキーを訪れ、艦隊の仏領海からの退去を要請した。しかし司令長官は第三艦隊との合流を待たねばならない。艦隊は翌日には出港するが、四日には再びヴァン・フォン湾に戻った。以後バルチック艦隊は、五月一四日に仏領インドシナを離れるまで、二つの湾から出たり入ったりを繰り返す。[27]

養殖いかだが浮かぶヴァン・フォン湾

ヴァン・フォン湾は、ニャーチャンから六〇キロほど北に位置する南北二八キロ、東西一五キロの広々とした湾である。タクシーで訪れたが、周辺に高台らしき場所は見当たらない。湾口も七キロほどあり、風や波の影響も受けやすくてカムラン湾ほどの良港とは言えまい。沿岸には、小さな村、マングローブの林と養殖池以外にほとんどなにもなかった。ただし湾の東側に一周一〇キロほどの小さな湾が隠れ家のようについている。筆者は漁船をチャーターして、湾内を周遊してみた。南と西に細い水道があるだけで、湾は島影に隠れており、外洋からは内側を見ることはできない。戦艦は入れないだろうが、水雷艇や輸送船ならば停泊は可能だろう。今日、波一つない湾内のホン・オン島にはリゾート・ホテルが建ち、外国人観光客で賑わっている。ロシア側の記録にある「ホンコーへ」湾がこれにあたるのかもしれない。もしここ

カムラン湾とヴァン・フォン湾

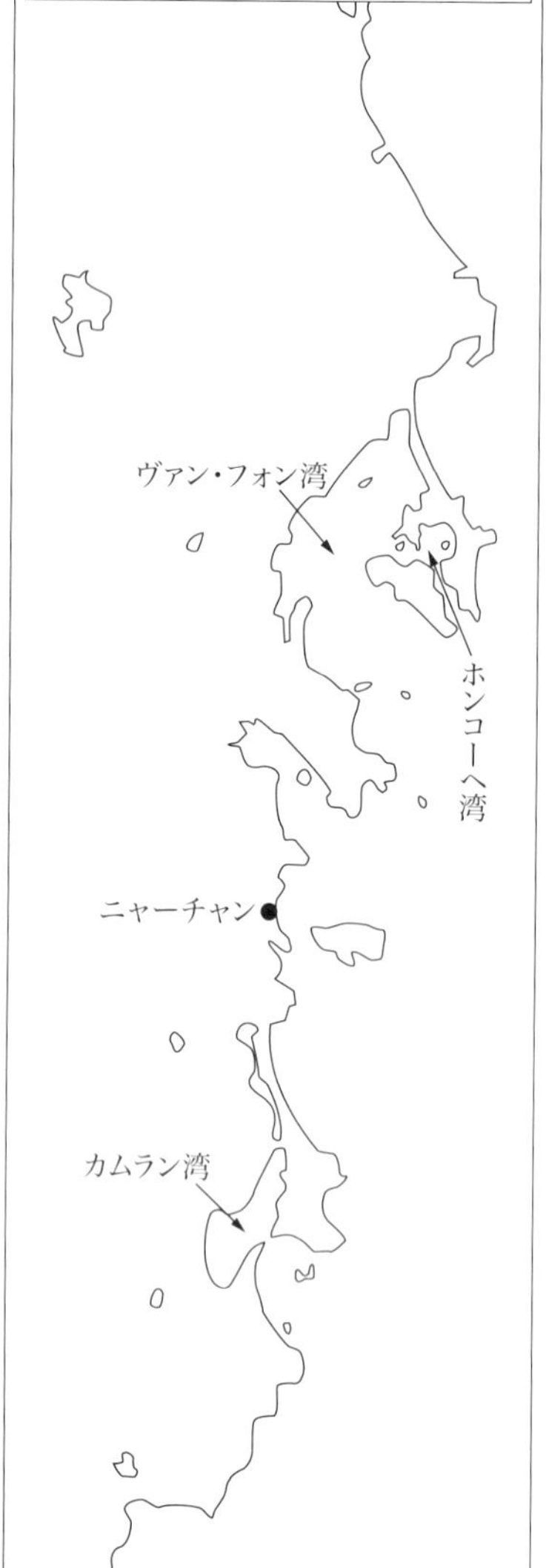

に身を潜めていれば、フランス側が領海外への退去命令を出しに来ても、やり過ごすことができるだろう。

野間が仏領インドシナに送り込んだのはカニンガムだけではない。四月一七日、元農商務省海外実業練習生の杉山常高《じょうこう》を中国人に変装させ、サイゴンに密派した。五月二一～二九日には、香港の英字新聞『チャイナ・メール』のウィリアム・H・ドナルド（William H. Donald）記者も仏領インドシナに送り込む。ドナルドは、香港からサイゴン行きの定期船に飛び乗り、サイゴンから船で北上して、仏植民地沿岸をくまなく見て回った。

まだ若くて血気盛んだったドナルドは、〇八年に自らのインドシナ潜入は勲功に値すると日本外務省に手紙を書き、叙勲を受けている。〇五年六月に彼が書いた領収書によれば、彼は一か月弱の間に洋銀八二六フラン（現在の約六〇〇〇万円）もの経費を使い、同等の手当てを野間から受け取ったにもかかわらずである。西安事件（一九三六年）で蒋介石が張学良らに幽閉された際、私的顧問だったドナルドは、宋美齢の依頼を受けて蒋の救出に向かった。一方で彼は中国を侵略する日本を痛烈に批判してきたことでも有名である。そのオーストラリア人が日本のスパイだったというのは興味深い。ちなみにドナルドの伝記では、〇五年五月にサイゴンに向かったのはスクープをモノにしたいという記者魂からであり、日本領事に依頼されたなどとは一切記されていない。それも仕方のないことだろう。彼は第二次大戦中フィリピンで日本の捕虜収容所に収監され、四五年に解放されるも、体調不良のまま翌年この世を去っている。過酷な捕虜生活を経て最晩年に書かれた伝記において、親日的だった時期の記憶が削り取られたのはやむを得ないことなのかもしれない。[28]

サイゴンにおいて杉山の活動も始まる。四月二五日、香港からサイゴンに向かう船の上で、カムラン湾沖に二〇隻以上のロシア艦船が停泊しているのを目撃した。二七日にはサイゴンに着いた杉山から、この情報を伝える電報が野間の下に届く。以後、杉山は何通もの電報をサイゴン通信員電として香港に打っている。ただし五月八日の電報では、サイゴンにおいて仏官憲の取り締まりが厳しくなり、調査や連絡が難しくなったとも記された。[29]

日露戦争勃発直後、国会議事堂前で丸木利陽写真師撮影のウィリアム・H・ドナルド

ドナルドからも連絡が入る。彼は五月六日までにはサイゴンに入り、取材を開始した。第三艦隊が六日にサイゴン沖を通過し、七日に艦隊の病院船カストラマー号がサイゴンに寄港したと報じている。[30] バルチック艦隊が五月九日に

ヴァン・フォン湾北側のホンコーヘ湾を出港した、と『チャイナ・メール』紙に打電してきた。[31]

こうしたスパイからの報告だけではない。ヴァン・フォン湾沖を航行する船舶からロシア艦隊を目撃したという情報が、各地に駐在する日本領事たちを経て毎日のように東京に入ってくる。ロイター経由の情報は日本の新聞にも掲載された。だからといって、日本海軍が仏領インドシナまで連合艦隊を派遣して、戦いを挑むなど荒唐無稽な話でしかない。連合艦隊は鎮海湾で静かにバルチック艦隊を待ち受けていた。

バルチック艦隊のヴァン・フォン湾停泊の第一報も、四月三〇日に香港の野間領事からもたらされる。香港に入港した英貨物船が、二七日午後五時にホンコーヘ湾沖を通過した際に、同湾に停泊中のバルチック艦隊を目撃したというのだ。五月二日のドイツ汽船の目撃情報を報じた野間電報で、四月二九日にも艦隊はまだ同湾に停泊していることが確認された。以後も、続々と船舶による目撃情報が東京に打電されてくる。[32]

五月五日に香港に入港した仏汽船からの情報は、これまでの野間報告とは異なる。仏領インドシナ総督が、ロジェーストヴェンスキーに対してロシア艦隊のヴァン・フォン湾からの退去を通告し、すでに艦隊は出港したというのだ。これを裏付けるように、八日サイゴンに配置するスパイから、仏総督府は中立違反を防止するためロシア艦隊のヴァン・フォン湾入港を厳しく監視している、と連絡してきた。[33] それらの情報は正しく、すでにバルチック艦隊はヴァン・フォン湾を出港したのであろうか。疑念がふくらむ。

ここでも情報は錯綜する。五月八日に香港に入港した英国船の船長は、五月五日にロシア艦隊はヴァン・フォン湾に停泊していたと報告する。九日に入港した独輸送船二隻の船長もそれぞれ、ロシア艦隊の同湾停泊を目撃した、一度出港して引き返してきたのではないか、と語った。[34] とにかく、まだバルチック艦隊がフランス領海内にとどまっていることは明らかだった。

　パリの本野公使にも、小村は野間からの電報を逐次打電している。ロシア艦隊のヴァン・フォン湾停泊に関する四月三〇日付の第一報を受けるや、休日明けの五月一日、本野は落合書記官をケ・ドルセーに向かわせた。落合はバルチック艦隊が仏領海内に停泊している事実をルイ局長に突きつける。ルイは、フランスは中立の義務を厳密に履行しており、そのような中立違反は起こりえないと述べ、とはいえ早急に調査すると約束した[35]。

　フランス側が空目を使ったとはいえ、実際バルチック艦隊はヴァン・フォン湾とその北側のホンコーへ湾の間で出入港を繰り返している。もちろん東京はその目撃情報を入手していた。五月四日、小村は本野にデルカッセと会ってフランスの中立違反を糺すよう命じた。翌五日、本野が仏外務省を訪れてルイ局長と会う。日本側の詰問に対して、政務局長はデルカッセの言葉を以下の通り読み上げた。パリは、五月一日にサイゴンの総督に対して、仏領インドシナ海軍のジョンキエール司令官をヴァン・フォン湾に派遣するよう命じた。五月四日付の総督からの電報では、バルチック艦隊をヴァン・フォン湾の沖で発見した、ロシア司令官は五月三日に同海域を離れると約束したというのである。ルイは、ロシア艦隊の停泊場所は仏領海の外側であり、中立違反ではないと抗弁したことになる。本野は湾内に停泊していると食い下がり、もし湾内ならば仏政府はそれを阻止するためどのような手段を講じるか、と重ねて問い質した。ルイは、新たに調査をする、もしそれでも湾内に停泊していれば、ジョンキエールに命じてすみやかにロシア艦隊を仏領海から退去させると約束した[36]。

　東京では、のらりくらりとしてつかみどころのないフランス側の答弁に、政務局のメンバーが怒りをあらわにしていた。五月七日に東京は本野に対して、仏政務局長の話は要領を得ないと言い切り、直接デルカッセに会って中立違反を問い質すよう命じた。同日の会談で仏外相は、交戦国の艦船は仏領海内に一切停泊していないという連絡を現地から受けたと答え、再度調査するようインドシナ総督に連絡すると確約した。本野はデルカッセの態度から、バルチック艦隊がまだヴァン・フォン湾付近に停泊していると確信したと言う。[37] しかし敵は尻尾を出さない。東京は、フランス側との直接交渉ではなんら状況を打開できないと思い知らされた。これが当時の日本外交の実力である。

6　イギリスによる仲裁

外務省も自らの限界を理解していた。同盟国イギリスに頼る以外に術はない。四月一八日、日本はバルチック艦隊のカムラン湾停泊を確認し、フランスによる仏領インドシナにおけるロシア支援を妨害するため、ロンドンに協力を仰いだ。

これまでイギリスの対応は、けっして契りを交わした「義兄」のものとは思えないほど日本に冷たかった。ところが今回、ランスダウン外相の動きは素早い。同年三月末にドイツのヴィルヘルム二世（Wilhelm II）がモロッコに上陸して同地でのフランスの保護国化政策を否定した。この第一次モロッコ事件に関して、ドイツの海外進出を恐れるイギリスはフランスのモロッコ支配継続を支持した。一方で、フランスが自国植民地でのロシア艦隊の停泊を黙認すれば、同盟国日本が過激な行動をとるかもしれない。日本が日英同盟に基づきイギリスに対仏宣戦布告などを求めてくると、イギリスがフランスと対独共同歩調を取れない恐れも出てくる。最悪の事態を避けるため、イギリスは日仏の仲裁に乗り出す。[38]

ランスダウンの懸念を他所に、日本とフランスとの関係はこじれつつあった。四月二一日に東京に駐箚するクロード・マクドナルド公使から次の電報が入る。カムラン湾にバルチック艦隊を停泊させていることで、日本の対仏感情が悪化している。日露開戦時の〇四年二月八日、日本海軍は旅順に奇襲攻撃を仕掛けているが、日本の世論がそのときと同じような状況を示している、というのだ。[39] マクドナルドは、日本による仏領インドシナ攻撃がありうると示唆した。

あわてたランスダウンは、駐仏フランシス・バーティー（Francis Bertie）英大使に電報を打ち、デルカッセと会って日本の意図を知らせるよう命じた。二二日にバーティーは、露仏同盟に基づきロシアを支援するより、厳正中立を守るほうがフランスの国益にかなうと仏外相にアドバイスする。そうしないと日本が過激な行動に出て、イギリスも日英同盟に従ってフランスと対決姿勢をとらざるを得なくなる、と警告した。デルカッセは、バーティーに駐露仏大使から本省宛の電報をこっそりと見せ、ツァーリがロジェーストヴェンスキーにフランス領海から出るよう命じたと語った。そして、ロシア提督が速やかに皇帝の命令に従った行動をとるよう、仏政府は見守るしかないと述べている。[40]

第五代ランスダウン侯爵ヘンリー・ペティ＝フィッツモーリス英外相

東京でマクドナルドは、小村と頻繁に会って本野と本省との間の電報を逐一見せられていた。四月下旬の日本側の苛立ちを理解していたのは言うまでもない。[41] 五月五日に駐日公使は英外相に機密電を打った。その内容は、バルチック艦隊がホンコーヘ湾に停泊しているという情報を日本側がつかんでいる。日本各紙の報道によれば、フランスがすぐさま中立義務を履行しなければ、日本は祖国防衛のためにあらゆる手段を講じる、というのだ。マクドナルドは機密事項として、連合艦隊が南シナ海で作戦行動をとることはないが、日本海軍は疑いなく仏領海内でなんらかの攻撃を始める、と付記している。[42] 遠からず日本がフランス領海内で軍事行動を起こす、とマクドナルドが予見しているのは明らかである。彼はそれを防ぐため、英政府がなんらかの対策を講じるようランスダウンに要請した。たぶん英外務省も対応に苦慮していたはずである。そこに衝撃的なニュースが飛び込んでくる。

英文電報の発信をフランス植民地当局に妨害されたカニンガムは、サイゴンを急いで出立し、五月七日に香港に戻った。彼はロシア艦隊情報を野間に手渡すと同時に、フランスの中立違反に関する記事をロンドンの『デイリー・メール』や『モーニング・ポスト』紙に配信した。しかも、仏官憲による英文電報の発信拒否というわく因縁まで付け加えている。それが七日の『デイリー・メール』の夕刊に特ダネとして掲載され、翌八日に、イギリス各紙の紙面を賑わせた。『ザ・タイムズ』は、社説でフランスの中立違反を非難し、日本が日英同盟に基づき英政府に参戦を検討するよう求めたならば、イギリスは拒否できないとコメントしている。さらに九日、英下院でもフランスの中立違反が取り上げられ、英仏間の戦争にまで発展するのか、と軽口ともとれる質問がなされた。アーサー・バルフォア（Arthur Balfour）首相は、フランスが仏領インドシナで中立遵守に努力していると説明し、在英フランス公使の弁明まで取り出して火消しに走った。一方フランスでは、マスコミ各社が『ザ・タイムズ』の社説に反発し、仏政府は中立を遵守していると主張し、今後は中立を厳正に監視すると明言した。[43] 英マスコミの攻勢により、五月一〇日以降フランス政府は中立の義務を厳密に履行せざるを得なくなった。

カニンガムの特ダネが功を奏したことになる。ランスダウンは意外な展開に驚きながらも、状況が好ましい方向に向かっていることで、胸をなでおろしたに違いない。

7　仏領インドシナからの出立

五月九日、第三艦隊がヴァン・フォン湾沖に到着し、湾外で出迎えた第二太平洋艦隊と合流する。ロジェーストヴェンスキーは同湾から北に三キロの場所にあるクア湾（ホンコーヘ湾）に艦隊を停泊させ、四日以内に出港準備を完了するようネボガートフに命じた。出航のめどが立ったため、仏官憲による退去命令も、適当にあしらえばよい。五月一四日、バルチック艦隊は仏領インドシナを抜錨し、北に向かった[44]。

フランスは第3章で記したとおり、日本の外交暗号をパリの電報局で傍受して解読していた。本野と小村との間のやり取りをすべて承知したうえで、デルカッセとルイは、本野や落合とのテーブルについていた。ただし日本外交の手の内を理解していたものの、連合艦隊の動向はわからない。しかも英マスコミからの非難によって、中立遵守を迫られた。暗号解読の成果は限定的だった。

〇五年一月に『エコー・ド・パリ』紙は、日本が仏領インドシナを含む東アジアの侵略を狙っているという荒唐無稽な記事を掲載した。黄禍論に影響されたのかもしれない。こうした根拠のない記事が仏外務省の不安をかき立てた。しかも日本側は執拗にフランスが中立義務を遵守していないと抗議してくる。デルカッセは平静を保っているよう本野に見せかけていたにもかかわらず、いつ日本が最後通牒を突きつけてくるか、内心では気が気ではなかった。[45]

アヴァス通信は、五月一五日付のサイゴン特派員からの特電として、一四日朝バルチック艦隊が仏領インドシナを離れて北に向かったと報じた。[46] こうした情報をフランスの通信社が流すのは、艦隊の機密情報を日本に教えるに等しく、ロシアの同盟国として好ましくない行為であろう。しかしフランスとしては、できるだけ早く中立違反を犯していないと表明して、身の潔白を示し、日本の脅威を振り払いたかったはずである。東京でも、その報道が一七日付の香港におけるドイツ船船長からの聞き取りによって裏付けられた。[47]

香港の『チャイナ・メール』紙は、ロンドンの新聞論調を引合いに出して、フランスの中立違反を徹底的に批判した。さらに現地からの報道の伝達手段となる電報を、仏総督府が検閲して発信を遅らせているとも酷評する。日本ではフランス製品のボイコットが始まったと報道する。ドナルドもロシア艦隊が停泊する現場から遠く離れた仏植民地の中心地で、じっとしているような記者ではなかった。サイゴンから定期船に乗って、五月一三日にカムラン湾の北にあるニャーチャンに乗り込み、記事を配信し始める。まずサイゴン近海にはロシアの艦影は見えないものの、物資の補給にたずさわる輸送船が四〇隻もいると明らかにした。カムラン湾および同湾沖にも艦隊はいないと報じる。一七日にはニャーチャンからヴァン・フォン湾を訪れ、艦影がないことを確認した。この報道でバルチック艦隊の仏領インドシナ出立が確実となる。[48] もちろんドナルドの情報も東京に送られた。軍令部は敵の艦影が日本に近寄ってくるのを知り、気持ちを引き締めた。

第7章　日本海海戦へ向けて

1　南シナ海北部と台湾海峡

海軍軍令部は、バルチック艦隊がシンガポールを通過した後、どのような対策をとったのだろうか。艦隊が南シナ海に入り緊迫度を増すなか、情報収集をうまく機能させせなければならない。まず軍令部は、ロジェーストヴェンスキーがカムラン湾に停泊せずに北上する可能性も考え、その準備に着手した。四月一日、上海、厦門《アモイ》、福州、汕頭《スワトウ》、香港、マニラ、バンコクの在外公館で情報収集を開始するよう外務省に依頼した。具体的には、予想される航路上の適当な場所に通報者を配置する。そして、艦船の種類・隻数・停泊地・進路など敵艦隊に関する情報を探知させ、できるだけ的確にしかも速やかに報告させる、というものだった。[1] それだけでは不安だったのだろう。一三日には、中国本土と台湾の間の台湾海峡を重点的に監視するため、香港、汕頭、厦門、福州の領事に命じて、ジャンクを雇わせ、海峡を往復させるよう命じた。さらに、ヴェトナム北部トンキン湾の調査まで香港の野間領事に命じている。[2] とくに野間が仏領インドシナの情報収集で重要な役割を演じられたのは、彼の駐在していた香港という都市の特殊な事情によるところが大きい。香港はイギリスの植民地で、英海軍中国管区（チャイナ・ステーション）や英中国艦隊の拠点であり、南シナ海と東シナ海を見渡せる地の利があったからである。

野間は、三井物産香港支店を介して、香港とトンキン湾の間を往復する英汽船二隻の船長に対して、トンキン湾沿岸での調査を依頼した。二隻とも三井物産の名義で借り受けている。四月半ばには、通信費を払うので電報で連絡するよう船長たちに言い含め、情報が貴重な場合ボーナスを支払うとまで約束した。[3]四月二二日、ロシア艦隊がカムラン湾からトンキン湾に向かったという連絡を外務省政務部から受ける。東京は、トンキン湾航路の英汽船に海軍通の人物を乗り込ませて迅速に調査せよ、と命じてきた。三井物産は、こうした東京の憂慮に対して、英汽船船長は知識が豊富だから問題ないと応えている。[4]当時の物産香港支店長は南新吾が務めていた。[5]南は、一九〇一年ごろまで三井物産の天津支店長を務め、後に上海の商務官、台湾銀行理事、東亜煙草の社長を務めるなど、中国通で知られていた人物である。

野間の情報源の一つは香港総督府の民政長官だった。英海軍艦船の航海記録をいち早く入手しては、ロシア艦隊に関する情報を野間に提供している。[6]ただしカムラン湾の情報を収集するため全力を挙げており、香港領事館は多忙を極めていた。そこで海軍軍令部は、四月一五日に東條明次《めいじ》大尉に香港出張を命じ、同地での情報収集を強化しようと試みた。五月三日に同地に到着した東條は、「冨田満三」という偽名を使って日本領事館に潜り込み、職務を始める。

東條は、日英同盟の海軍情報協力に基づき、香港の英海軍中国鎮守府司令長官ゲラード・ノエル（Gerard Noel）中将が協力を惜しまないはずだと期待していた。ところが期待は裏切られる。イギリス中国艦隊の艦船は、香港近傍で演習をすることはあっても、仏領インドシナ方面を航行してロシア艦隊情報を集めたりはしなかった。日露の戦争に巻き込まれないよう、できる限り中立を遵守しようというイギリス側の姿勢が見え隠れする。唯一の協力は、英海軍海兵隊《ロイヤル・マリーン》士官からもたらされた。鎮守府の基地防衛を担当する海兵隊は、いかなる国籍の船舶でも入港すると、必ず船を訪れて査察する。その際に船長から入手した情報の中で、バルチック艦隊の目撃情報があれば、海兵隊士官が東條に情報を提供してきた。おなじように東條も、日本海軍が入手した情報を差支えない程度にイギリス側に伝えている。

イギリスが情報提供に積極的でなかったため、東條は独自に入港船舶から情報を入手する。彼は香港の英字新聞記者を雇い、商船の航海日誌を閲覧させ、有益な情報があれば領事館まで通知させた。またカムラン湾後のロシア艦隊の向かう先として、仏領インドシナ北部のトンキン湾と海南島が候補に挙がった。両地域を調査するため、時期をずらして情報提供者を何人か派遣している。[7]東條の香港での活動は、日本海海戦が終わるまで続いた。日英同盟を英外務省がどう考えていたかはともかく、香港のイギリス人社会が同盟関係にある日本に好意的な態度を示したことは疑いない。

シャム湾沿岸の調査は、バンコクの稲垣公使によって行われた。稲垣はバンコクに住んでいた日本人四名を雇い、一人はシャム湾西部のサムイ島から南に向けてシンガポールまで視察させた。一人は同湾の東北部沿岸からカンボジアのコン島にかけて調査させている。さらに二名を別々にカンボジア沿岸から、メコン川河口南部百キロの海上に浮かぶコンソン群島（プーロ・コンドール島）を経て、四月末にはサイゴンまで向かわせた。バンコク出入港の船舶から情報を入手したのは、ロイズ保険組合のバンコク支局長とシャム税関局顧問からの便宜によるところが大きい。シャム内務省も日本人視察員の訪問先で便宜を図った。[8]

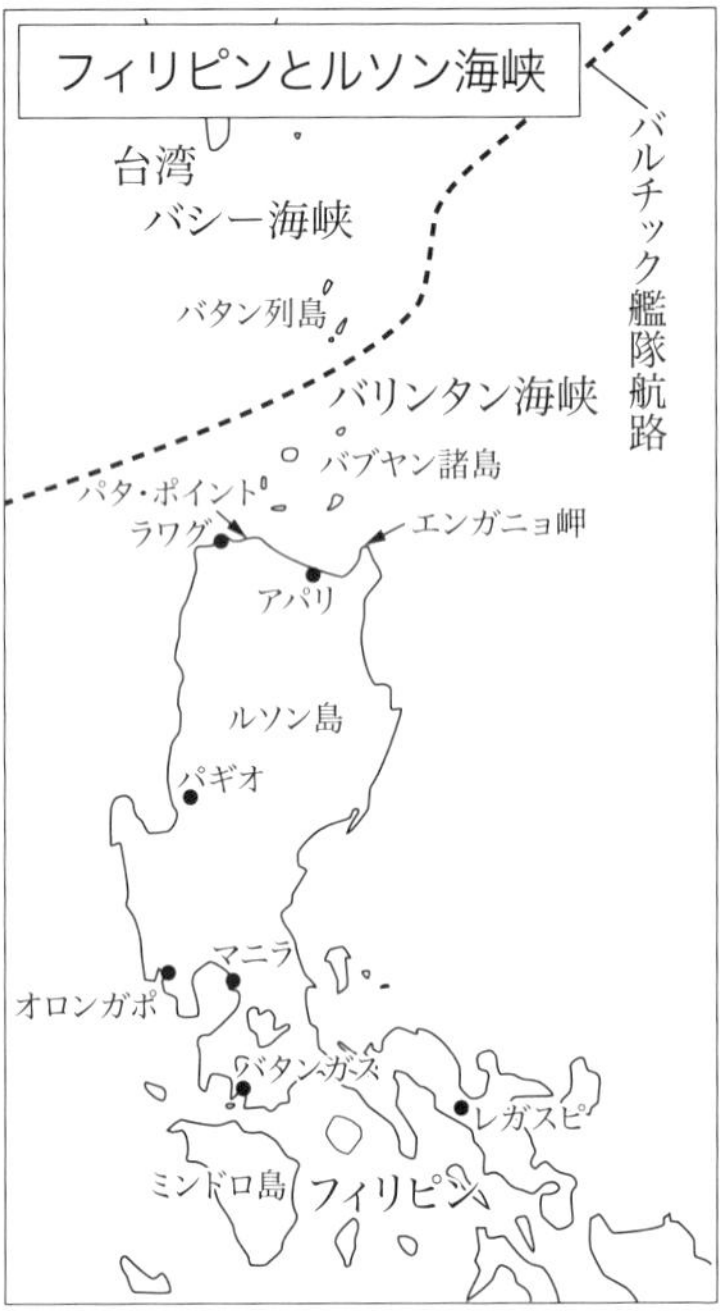

フィリピンでも情報収集は行われる。一九世紀末に豊かさを求めて日本を脱出して、東南アジアで日本人女性を娼婦として売り飛ばす女衒《ぜげん》となり娼館を営んでいた村岡伊平治が、自伝で次のように記している。バルチック艦隊が南シナ海に入った〇五年にルソン島マニラの日本領事が、在留日本人を何名か雇い、艦隊の監視を依頼した。彼らをルソン島北端の港街アパリ、南部のバタンガス、南シナ海沿岸の港町でマニラの西方にあるオロンガポに派遣したというのだ。

実際四月一一日、小村外相は駐フィリピン成田五郎領事に対して、ルソン海峡南部のバリンタン海峡、ルソン島最北端のパタ・ポイントと北東端のエンガニョ岬に情報提供者を派遣するよう命じる。成田は元農商務省海外実業練習生と通訳業を営む日本人を、バリンタン海峡に浮かぶバタン諸島に送り出した。また、船舶の出入港に関して詳しいマニラの英字新聞『ザ・デイリー・ブレティン』のC・A・ボンド(Bond)記者を雇い、バルチック艦隊に関する情報を集めさせている。

同月一九日には、東京からさらなる命令が打電されてきた。もしバルチック艦隊が洋上で輸送船から石炭を積み込めば、石炭袋など海上に多量の浮遊物が残る。船を借りて、そうした浮遊物が浮いていないかどうか、フィリピン沿岸を調査せよというのだ。成田は小蒸気船の船長を雇い、南シナ海からルソン海峡にかけて浮遊物を調べさせた。さらにコンパニア・マリティマ社というフィリピン全土に支店があり日本の大蔵省とも取引のある煙草会社に、ルソン島以外での情報収集を依頼する。[10]

バルチック艦隊は仏領インドシナを抜錨した後に、どのような航路をとるのだろうか。目的地をウラジオストクとすると、最短ルートを選べば台湾海峡を経て北上し、対馬海峡を突破して日本海に入ることになろう。だが台湾海峡の東側は日本領の台湾であり、海峡の真ん中にある澎湖島には日本海軍の馬公要港部が鎮座している。日本側による待ち伏せの可能性を否定できない。ロジェーストヴェンスキーが台湾海峡の通過を狙うなら、罠を承知の上で進んでくるだろう。あるいはフィリピンと台湾の間のルソン海峡を通って、台湾の東側に広がる太平洋を北上するかもしれない。その場合に艦隊を捕捉できるのは、二五〇キロもの広さのあるルソン海峡だけである。軍令部がフィリピン駐在の成田領事にバリンタン海峡を調査させたのは、その可能性を否定していなかったからにちがいない。

台湾海峡の通過に備えて、汕頭《スワトウ》分館では大賀亀吉分館主任が諜報網の構築を図る。大賀は、広東省東端の汕頭沖にある南澳島《ナンアオタオ》へ中国人に扮した日本人を潜入させ、沖合を監視させた。さらに汕頭から香港に向かって沿岸部に日本人一人と中国人の部下三名を派遣し、適当な索敵場所がないかどうか視察させた。その結果、潮陽《チャオヤン》県の海門《ハイモン》と海豊《ハイフォン》県の汕尾《シャンウェイ》が索敵する場所として適当だと認め、双方に中国人監視人を配置した。くわえて台湾と中国本土の間の定期船の船長たちに、ロシア艦隊を発見すれば報奨金を支払うと約束している。[11]

厦門の上野専一領事は、同領事館の管轄地域である福建省南部から中部での索敵を担当した。上野は同省最南端の東山《トンシャン》島、厦門湾口に浮かぶ金門《チンメン》島、泉州《チュワンチョウ》湾、興化《シンホワ》湾沖にある南日《ナンリー》島にそれぞれ一人ずつ日

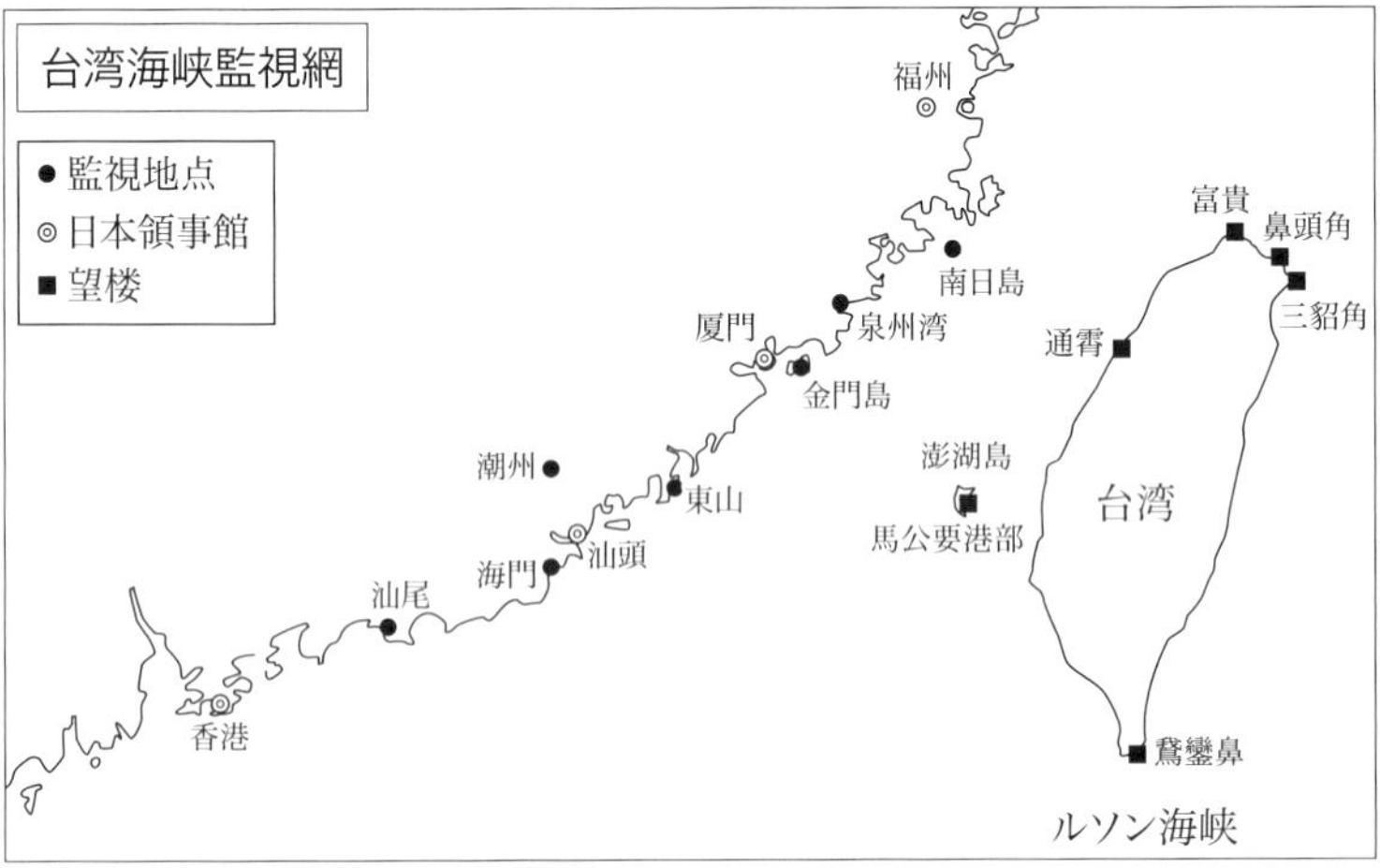

本人を派遣する。汕頭と同様、台湾の澎湖島と厦門の間の蒸気船航路のイギリス人およびジャンクの中国人船長に、報奨金を払うと持ちかけただけでなく、情報入手のため手付金まで支払っている。[12]

福州の中村巍《たかし》領事が構築した監視網は、汕頭や厦門と比べ物にならないほど立派なものだった。中村は、海壇島《ハイタン》(平潭《ピンタン》島)、馬祖《マーツー》島、三沙《サンシャー》湾周辺に、日本人七名台湾人一名を配置した。ロシア艦隊を発見しても、監視地点から電信局まで遠いため、電信局までの交通手段や到達時間まで計算するほど周到である。大阪商船会社の蒸気船二隻を船長ごと借り受けて台湾との間を往復させ、もしものときの監視地点から在福州日本領事館までの交通手段も確保した。さらに中村は、海上での浮遊物を調査するために福建省の役人に依頼し、快諾を得ている。くわえて同地に敷設されている台湾との間の海底ケーブルが切断されないよう、中国側にも警戒するよう促した。[13]

台湾側からも台湾海峡を監視するよう試みられている。○五年四月に台湾総督府海軍参謀長の山本正勝中佐は、水兵と臨時雇い五名ずつを台湾の対岸にある沿岸の主要地点に配置した。[14] 台湾側からもジャンク六隻を一隻月額六〇〇円で雇い、変装した下士官を乗せて台湾海峡を往復させた。さらに福州と香港の間の外国定期船二隻と、淡水（台北の外港）・香港間の定期船一隻の船長に、それぞれ二〇〇ポンド（現在の約二千万円）を支払って航行中の情報収集を依頼した。貴重な情報を提供した場合には一〇〇ポンドを上積みするとまで約束している。[15] バルチック艦隊が台湾海峡を通過すれば、すぐに連絡できる環境が整った。

もちろん台湾近海にロシア艦船が出没する可能性も残っている。そこで海軍は、日露戦争が勃発するとすぐに台湾各地に海軍望楼を築き始める。馬公要港部のある澎湖島に三か所、台湾沿岸の主要な岬五か所に監視廠を築き、不審船監視の任に就かせた。

ルソン海峡を通過する場合の監視体制はどうなっていたのだろう。台湾最南端の鵞鑾鼻《ガランピ》岬に海軍望楼が設置され、電信ケーブルが張られた。敵を発見すれば、すぐにも電信を使って台北経由で東京まで連絡できる。山本中佐は台湾とルソン島との間にもジャンク三隻を派遣した。ルソン海峡を通過して太平洋に抜けようとしても、フィリピンと台湾の双方で日本人が監視していたことになる。ただし二五〇キロもの幅のある海峡に数人の諜報員を配置しただけで、はたして早期の発見が可能なのだろうか。

こうした監視体制をみると、日本海軍の想定していたバルチック艦隊の予想航路が明らかになる。軍令部は、ロシア側が最短距離である台湾海峡を通過して、南シナ海から東シナ海に入ると考えていた。だからこそ、香港から福州にかけて多くの監視員を配置して監視船に海峡を往復させ、艦隊の来訪に備えた。澎湖島の馬公要港部も島内に望楼をいくつも設置して、ロシア艦隊の早期発見に努めた。だがルソン海峡の監視体制をみる限り、バルチック艦隊が同海峡を通って台湾の東側を北上すると、あまり第三班は想定していなかったようである。はたしてロジェーストヴェンスキーはどちらの航路をとるのだろうか。

2　上海における海軍情報網の構築

揚子江の河口付近にある上海は、東アジア最大の商業都市であり、欧米各国が租界を作って中国支配の拠点としていた。もちろん日本もロシアも外灘《ワイタン》に総領事館を置き、日露戦争中は物資の購入や情報収集に余念がなかった。特にロシア側は、前駐韓ロシア公使のパヴロフに莫大な資金を供与し、日本に封鎖された旅順への補給を極秘裏に試みていた。日本占領下の朝鮮半島で反日勢力を支援して反乱を起こさせようとするなど、ロシア版「明石工作」も推進していた[16]。上海は中国における日本広報外交の拠点でもある。新聞情報は上海から中国全土に流れるため、記事のニュアンス次第では中国における対日感情が左右されかねない。そこで日本は上海の英字新聞を密かに買収するなど、親日世論の醸成に余念がなかった[17]。さらに日本と中国・ヨーロッパを結ぶ唯一の公式な海底ケーブルが、長崎と上海の間に敷設されている関係上、日本にとって上海とは、海外との情報発受信の基点とも言える都市である。ロシアもそれに目をつけ、日中海底ケーブルを独占するデンマークの大北電信に裏から手を回し、日本の海外宛電報を傍受させていた[18]。くわえて一九〇四年八月の黄海海戦の際に、巡洋艦アスコリドが遁走して中立港の上海に逃げ込み、同地で武装解除されていた。だがバルチック艦隊の来航に合わせて、同艦は上海を脱出して艦隊と合流するとも噂される。そうした事態になればロシア側の戦力が強化されてしまう。日本側はどうにかしてアスコリドの脱出を阻止しなければならない。日本総領事館は緊張感に包まれていた。

開戦直前から日本海軍は、武器や燃料などの戦時禁制品が、中立を宣言した清の港を経て、旅順やウラジオストクへ密輸されるのに目を光らせていた。またロシア太平洋艦隊の司令部があり警戒の厳しい旅順に関する情報も入手しなければならない。しかし清国における自らの情報収集能力には限界がある。〇三年一二月二六日に海軍から依頼を受け、外務省は上海総領事の小田切万寿之助《ますのすけ》に対して、同地で欧米人の情報提供者を探すよう命じた。[19]

小田切は、清国税関に勤務した経験をもち、共同租界の自治会と言える工部局の幹事を務めていた『ザ・タイムズ』契約特派員J・O・P・ブランド（Bland）に協力を仰いだ。租界の警察関連の事務もつかさどっていたブランドは、非常に熱心にロシアに関する情報を収集した。[20] ちなみにブランドは自らのコードネームを「PQR」とし、開戦当初から五〇通を越える報告書を、ミスター「XYZ」、すなわち小田切宛に提出していた。[21] 北京の『ザ・タイムズ』特派員G・E・モリソン（Morrison）も、日露戦争中ブランドと協力してさまざまな有益な情報を日本に提供している。[22]

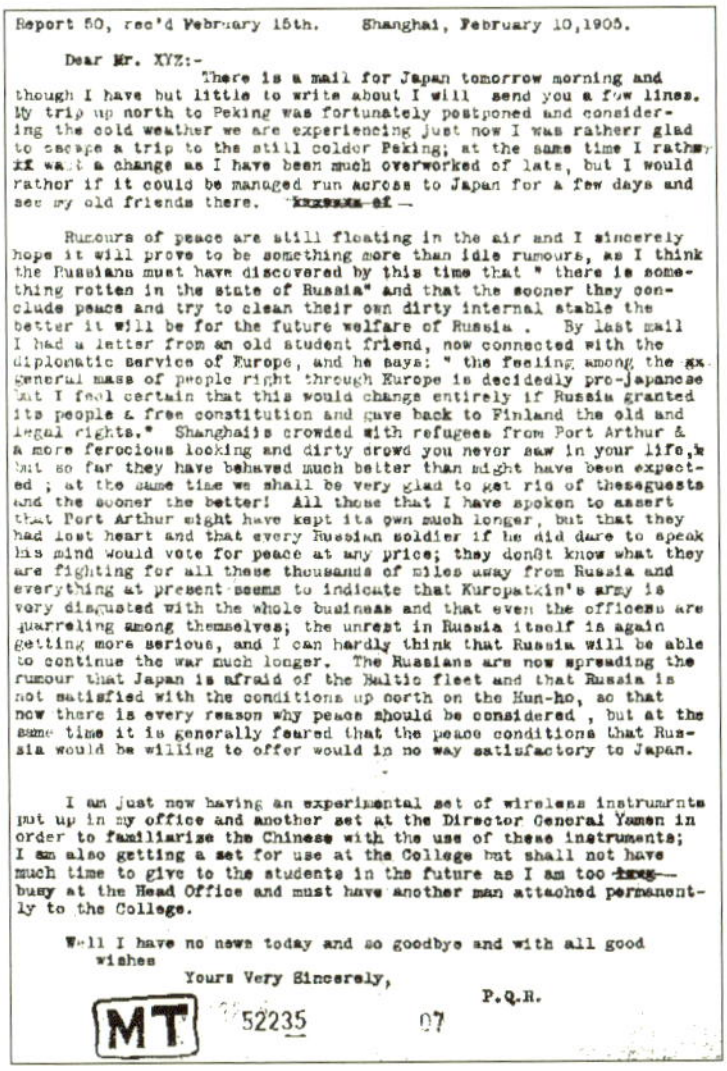
Report 50, rec'd February 15th.　　Shanghai, February 10,1905.

Dear Mr. XYZ:-

There is a mail for Japan tomorrow morning and though I have but little to write about I will send you a few lines. My trip up north to Peking was fortunately postponed and considering the cold weather we are experiencing just now I was ratherr glad to escape a trip to the still colder Peking; at the same time I rather ~~if~~ want a change as I have been much overworked of late, but I would rather if it could be managed run across to Japan for a few days and see my old friends there. ~~xxxxxxx of~~ –

Rumours of peace are still floating in the air and I sincerely hope it will prove to be something more than idle rumours, as I think the Russians must have discovered by this time that " there is something rotten in the state of Russia" and that the sooner they conclude peace and try to clean their own dirty internal stable the better it will be for the future welfare of Russia . By last mail I had a letter from an old student friend, now connected with the diplomatic service of Europe, and he says: " the feeling among the ~~gx~~ general mass of people right through Europe is decidedly pro-Japanese but I feel certain that this would change entirely if Russia granted its people a free constitution and gave back to Finland the old and legal rights." Shanghaiis crowded with refugees from Port Arthur & a more ferocious looking and dirty crowd you never saw in your life,~~k~~ but so far they have behaved much better than might have been expected ; at the same time we shall be very glad to get rid of theseguests and the sooner the better! All those that I have spoken to assert that Port Arthur might have kept its own much longer, but that they had lost heart and that every Russian soldier if he did dare to speak his mind would vote for peace at any price; they don8t know what they are fighting for all these thousands of miles away from Russia and everything at present seems to indicate that Kuropatkin's army is very disgusted with the whole business and that even the officers are quarreling among themselves; the unrest in Russia itself is again getting more serious, and I can hardly think that Russia will be able to continue the war much longer. The Russians are now spreading the rumour that Japan is afraid of the Baltic fleet and that Russia is not satisfied with the conditions up north on the Hun-ho, so that now there is every reason why peace should be considered , but at the same time it is generally feared that the peace conditions that Russia would be willing to offer would in no way satisfactory to Japan.

I am just now having an experimental set of wireless instrumrnts put up in my office and another set at the Director General Yamen in order to familiarize the Chinese with the use of these instruments; I am also getting a set for use at the College but shall not have much time to give to the students in the future as I am too ~~busy~~ busy at the Head Office and must have another man attached permanently to the College.

Well I have no news today and so goodbye and with all good wishes

Yours Very Sincerely,

P.Q.R.

MT　52235　07

1905年2月10日付ブランドの小田切宛報告書第50号

一一月下旬、小田切はパヴロフ前韓国公使の雇っている日本人スパイから、面白い話を聞かされる。パヴロフと上海駐在のデシノ陸軍少将が、森義太郎海軍中佐をシンガポールに派遣した件に関して過剰反応を示したというのだ。マルクス（Marx）という名のユダヤ人スパイは、森が蘭領インドシナでバルチック艦隊の航路に機雷敷設を計画している、とパヴロフから聞かされた、と領事館にタレこんできた。そして森の活動を調査するため、台湾と香港を経てシンガポールに派遣されると明かす。彼は、ロシア艦隊が台湾を攻略するなどという荒唐無稽な話まで持ち出した。小田切は、二重スパイを信用していなかったが、バルチック艦隊の航路を解明するため利用できると考え、台湾渡航を許可する。[23]以後マルクスは、台湾を経てシンガポールで田中領事と会ったのちに消息を絶つ。

旅順陥落後、上海日本総領事館の関心事は、バルチック艦隊が来航する際の補給基地として、上海が利用されるのではないかという点だった。艦隊の燃料や補給物資を運び、一万人以上の乗員の糧食や生活物資を提供するためには、かなりの輸送船が必要となってくる。東アジア経済の中心である上海ならば、十分な量の兵站物資を準備できる。総領事館は、敵が上海で輸送船に物資を搭載し、艦隊の寄港地まで輸送するのをいち早く察知し、それを妨害しなければならない。ところが〇五年三月初めから四月末まで、小田切は上海を留守にする。密かに買収工作を進めていた英字新聞が共同租界で訴訟を起こされ、新聞操縦のための秘密工作が白日の下にさらされる恐れまで出てきた。それを鎮静化させるため、東京で対策を話し合うためだった。[24]まさにそのときバルチック艦隊は四月一四日からカムラン湾に停泊しており、いつ仏領インドシナを出航するのか注目されていた。

上海ではロシア海軍に関する情報があふれかえり、しかも錯綜していた。この多忙な時期に総領事も不在である。軍令部は香港の東條大尉と同じように若い海軍士官を上海に送り込んだ。宮治民三郎海軍大尉が、身分を隠して「三村竹三」と名前を変えて上海に潜入した。彼は共同租界にある東和洋行という日本旅館で旅装を解き、日本総領事館に潜り込んで、四月二四日から情報収集活動を始める。

宮治も上海在住の日本人に協力を仰いだ。たとえば英字新聞『シャンハイ・マーキュリー』に勤め、『時事新報』の契約特派員となっていた佐原篤助である。この人物は、後に上海で日本語新聞を発刊し、『上海』という日本語雑誌まで刊行した。佐原は英紙に勤務している記者仲間の支援を得て、上海に停泊中の中立国船舶がロシアに雇われている恐れがある、という情報をいくつも宮治に持ってきた。同じく上海の船舶仲買商の佐藤得三郎やフランス東洋艦隊付通訳の横山正修からも同様の情報が入ってくる。こうした日本人を介して、宮治が雇った共同租界の欧米人も少なくない。さらに宮治は、総領事館にもたらされるタレこみ情報が多いことにも注目している。総領事館は信頼できる人物からの情報にしか報酬を支払わなかった。だが、どの情報が重要かは手にしてみないとわからない。宮治自身は自分で動かせる機密費をそれほど有していなかったため、傍観しているしかなかった。しかし事態は緊迫しており、小金を出し惜しみして、貴重な情報を得るチャンスを失うのは忍びない。軍令部に対して、外務省に委託した機密費の運用を柔軟化するよう申し入れている。[25]

山本条太郎

森　恪

三井物産の上海支店長だった山本条太郎（後の満鉄総裁）は、日本海海戦直前に、二隻の小蒸気船を雇ってバルチック艦隊の動静を探らせた。翌年その功績で叙勲を受けたという。また同支店社員だった森恪（後の政友会幹事長）は、山本の命を受けてバルチック艦隊の発見に努めた。彼はヨットを借り受け、ロシアの艦影を求めて、厦門、香港、澎湖島、台湾海峡、マニラへと航行したと伝記に記されている。[26] またしても三井物産が海軍に協力して情報収集を行ったのだろうか。これらの逸話が本当かどうか検証してみたい。

日本総領事館にとって、バルチック艦隊用の補給物資を積んだ中立国の船舶に目を光らせるのは重要な仕事であった。ところが実際にそうした情報を異国の港で入手するのは容易ではない。そこで三井物産上海支店に対して、取引のある海運会社や倉庫会社などから情報を得るよう協力を依頼した。上海から二〇キロほど離れた外港の呉淞《ウースン》での調査を、日本郵船会社にも依頼したのであろう。呉淞付近での不審な船舶に関する情報が、郵船会社に雇われているレーという名の水先案内人から入ってくる。[27]

山本支店長は、不審船を調査するのに呉淞港内だけでは十分でないと考えていた。かねてから三井物産は、揚子江河口にある崇明島（サドル島）と上海の間に定期航路を築く計画を有していた。租界に住む外国人たちが同島に別荘を建てており、航路を設ければ採算が取れると狙っていたからである。調べてみると小蒸気船が上海で一隻売りに出されている。その船を上海と崇明島を往復する定期船に仕立てれば、呉淞近辺に停泊している不審船を調査することもできる。山本は宮治海軍大尉に計画を打ち明ける。宮治は早急に東京の軍令部と連絡を取り、海軍が汽船代金の一部を支払うよう働きかけた。軍令部の江頭第三班長は三井本社にかけあい、汽船代金の一部である洋銀一万フランを支払うと約束した。五月二〇日前後に山本は汽船を購入して、上海・崇明島航路を開通させた。汽船購入の手続きをしているときに、小型汽船二隻がマニラで売りに出されているという情報を三井は手に入れる。三井はそれを購入して香港・マニラ

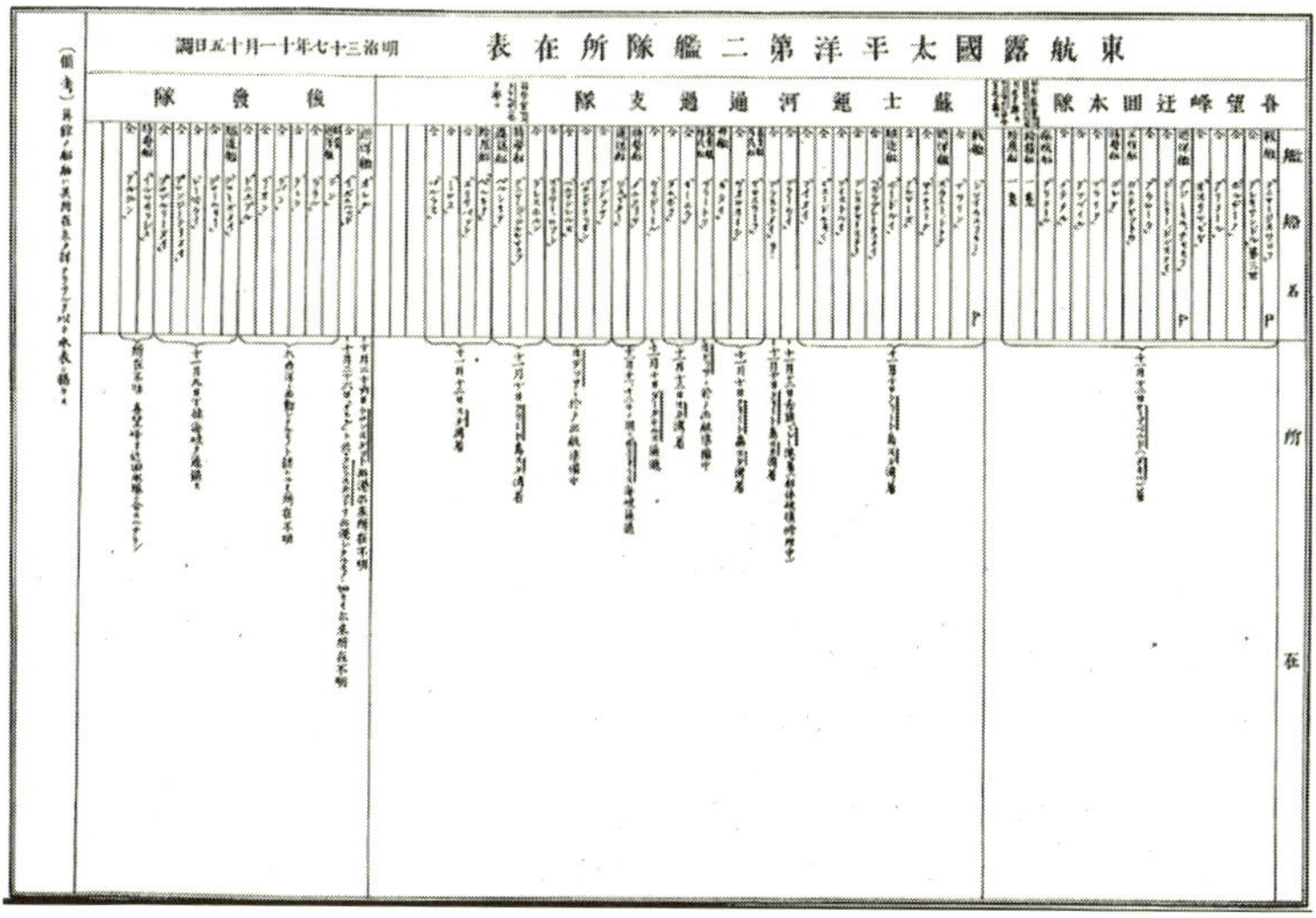

1904年11月15日付の東航露國太平洋第二艦隊所在表

定期航路を開き、バルチック艦隊の発見の一助にしようと計画した[28]。その購入も軍令部が支援したのだろう。森恪は購入した汽船あるいはヨットに乗って東シナ海に乗り出し、マニラに向かった。

このようにして軍令部は上海における情報網を構築し、万全の準備を整えてバルチック艦隊を迎えた[29]。

3　所在表と艦影図――情報収集の成果

軍令部第三班は、バルチック艦隊の全容を把握するため、〇四年一一月八日から「東航露國太平洋第二艦隊所在表」を作りはじめた。戦艦・巡洋艦・水雷艇・病院船という艦船の種類、艦名、航行・停泊場所を毎週一回「大海情」に掲載した。さらに、各艦の艦長と副長の階級と氏名、各艦のトン数・砲門数・速力・建造年、艦隊司令部の陣容などもまとめて配布している。一一月一五日の所在表では、喜望峰経由の本隊、フェリケルザーム支隊、艦隊の後発

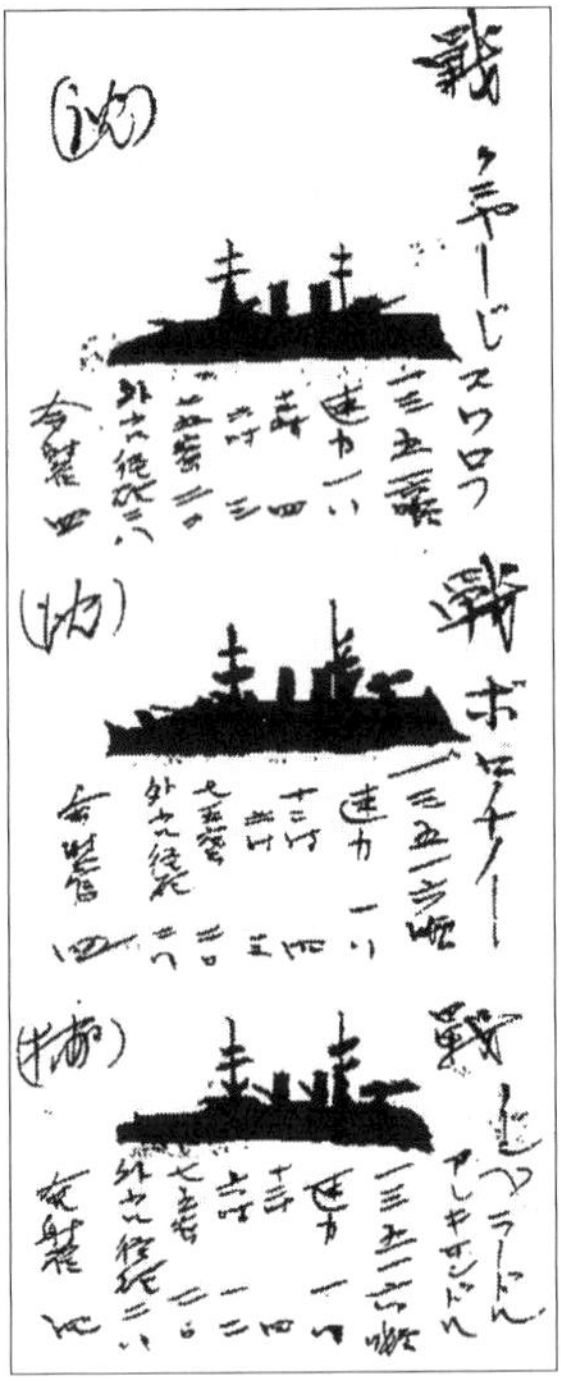

露国艦影図

隊それぞれの艦名と、航行場所の地図まで配られた。一二月までは毎週だったが、一月からは月一回作成された。二月末の所在表からは第三艦隊の動向も含まれるようになった。[30]所在表の内容をみると、艦名や停泊場所などはおおむね正確である。けっして多くはない情報から正確な結果を導き出せるほど、第三班の分析能力は高かったと言えよう。敵戦力を充分に把握できた。

この所在表に基づき、第三班は「露国艦影図」の作成に取りかかる。というのもロシア艦船を発見した際に、煙突の本数・砲門数・艦船の形状から本当に敵かどうか判別できなければ、報告できないからである。ペテルブルクの街中で売っているロシア海軍艦船の絵葉書や『ジェーン海軍年鑑』に基づき、一隻ずつ横向きの艦影を墨で描く。それに艦名・トン数・全長・砲門数などの情報を入れて図を作った。[31]おそらく〇五年四月初旬までには艦影図を冊子に刷り上げ、連合艦隊司令部、鎮守府や要港部、全海軍艦船、民間の輸送船、すべての砲台や望楼に配布したはずである。見張りの担当者に対して、バルチック艦隊の艦影をすべて暗記させて、遠くから双眼鏡で視ただけで即座に艦名を言えるように訓練させていた。

それだけでは不安だったのだろう。軍令部は、四月八日にバルチック艦隊がシンガポール沖を通過したという情報を得て、新聞各紙に「露国太平洋第二艦隊」の艦影図を掲載するよう依頼した。四月一〇日の紙面には三段抜きで掲載されている。各艦影には、艦船の名前、排水量、進水年、速力が記されており、マストや煙突の数・形で、ある程度判別がつくようになっている。万が一ロシア艦隊が海軍監視網をすり抜けた場合を想定して、広く国民にロシア艦隊の来訪を知らせて情報提供を呼びかけた。四月二四日にはネボガートフ第三艦隊の艦影図を、五月一八日には、まだ計画段階でロシアから出航もしていない第四艦隊の艦影図まで新聞に掲載させている。[32]

軍令部は部外秘の所在表と艦影図を配布することで、バルチック艦隊の全容を海軍全体に周知させた。新聞掲載で民間にまで情報提供を呼びかけている。敵艦船の隻数・名称・艤装の詳細を把握し、艦影を判別できれば、迅速に司令部あるいは軍令部に連絡できる。「東航露國太平洋第二艦隊所在表」と「露国艦影図」は、収集すべき具体的な対象を提供したという意味で、軍令部による〇四年一〇月から続いた情報収集の集大成である。

4　対馬海峡——海軍望楼と「碁盤の目」の索敵網

四方を海に囲まれている日本は、たえず敵艦船による海上からの攻撃の脅威にさらされている。敵の攻撃をいち早く察知するため、海軍は日清戦争直前に全国の海岸の要所に一五の望楼を設置した。日清戦争後、ロシアの脅威に対抗するため常設の望楼を三二に増やす。いずれも風光明媚な岬であり、現在では訪れる観光客が後を絶たない。日露戦争勃発直後の〇四年二月一一日、戦時編成に基づいて新たに仮設望楼を七五も増設することにした。本来の日本領だけでなく韓国や台湾の沿岸にも設置された。各望楼には電

隠岐島前《とうぜん》西ノ島の高崎山に残る望楼跡（残骸が残っているのは日本で高崎山だけである）

信ケーブルが張られ、准士官一名、下士一名、兵卒三〜四名、通信手一名、人夫一名、通船一隻が配備される。交代要員も含めれば一五〇〇名もの人員を望楼に配置したことになる。電話や無線電信が設置された望楼もある。

敵艦を発見した場合、すみやかに管轄する鎮守府あるいは要港部まで打電することが望楼には求められた。それ以外にも、通常は味方の艦船と交信を行い、気象観測も任された。岬の突端など道なき場所に七〇以上の仮設望楼を建設し、少なからぬ兵員を配備するのには、多大な労力と経費が必要だった。

対馬海峡周辺の望楼の配置を見てみよう。海峡の真ん中に位置する対馬には、中部西側の浅茅湾に竹敷要港部が置かれていた。現在でも竹敷には当時の給水施設が、浅茅湾周辺の高台には要港部の防備のため数多くの砲台跡が残っている。日清戦争直前に対馬最北端の韓崎《からさき》と最南端の神崎《こうさき》に最初の望楼が設置された。日露戦争が始まると、あらたに対馬沿岸の四か所に望楼が作られる。壱岐にも北端の若宮島と南端の海豚《いるか》鼻にそれぞれ一つ、宗像《むなかた》大社の沖津宮が置かれ神聖な沖ノ島にも望楼ができた。平戸島の南端の志々伎山と北端の白岳に、五島列島では福江島の大瀬崎と宇久島の城ケ岳山頂にもできている。戦後に海軍から引き継ぎ、現在でも海上自衛隊の観測基地として利用されている場所も対馬には残っていた。

〇四年夏から朝鮮半島側にも多数の望楼が作られた。済州島《チェジュド》に二か所、巨文島《コムンド》に一か所、巨済島《コジェド》に一か

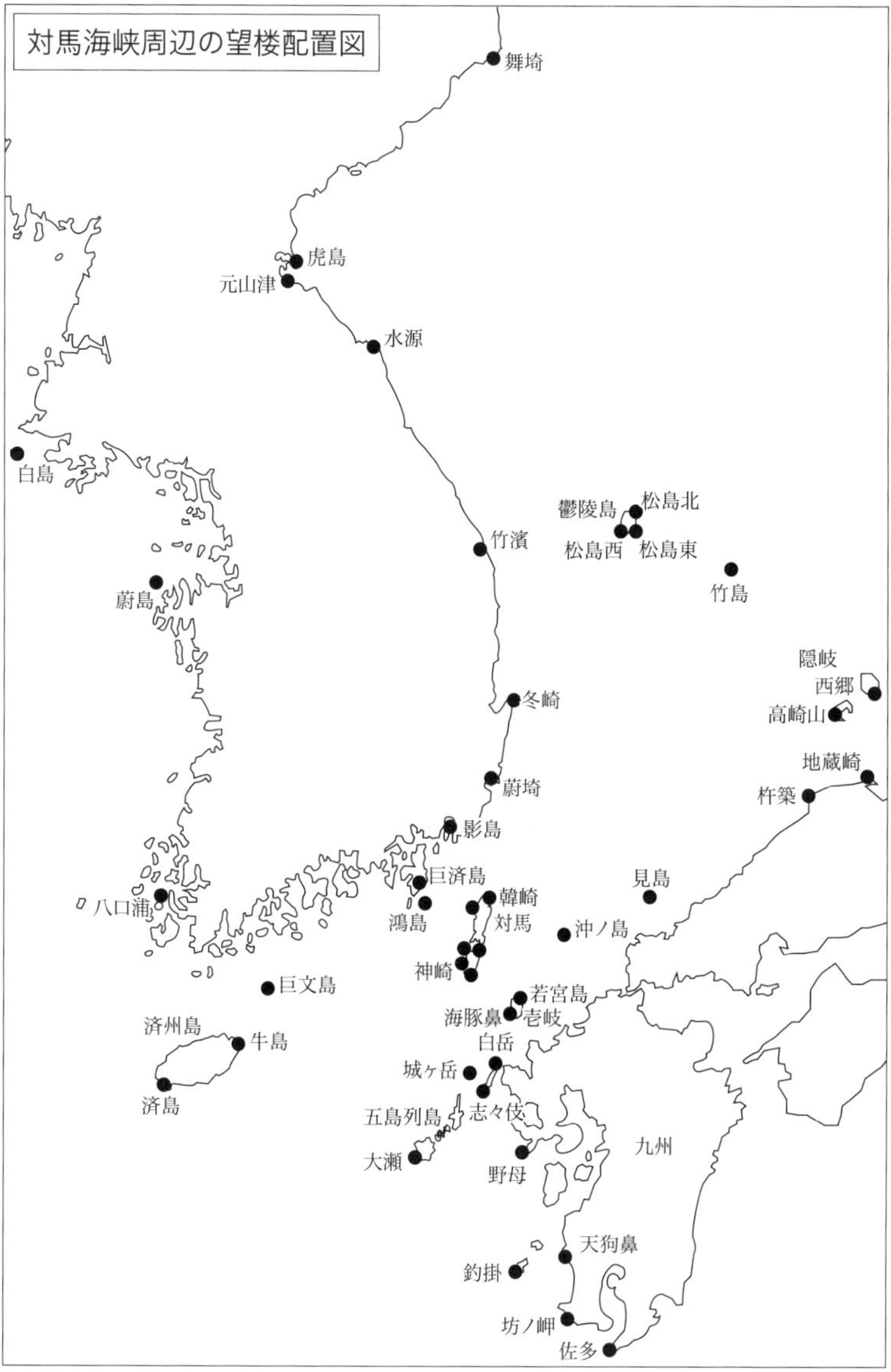
対馬海峡周辺の望楼配置図
舞埼
虎島
元山津
水源
白島
鬱陵島
松島北
松島西
松島東
竹濱
竹島
蔚島
隠岐
西郷
高崎山
冬崎
地蔵崎
杵築
蔚埼
影島
巨済島
見島
韓崎
八口浦
鴻島
対馬
沖ノ島
神崎
巨文島
若宮島
海豚鼻
壱岐
済州島
牛島
白岳
城ヶ岳
済島
五島列島
志々伎
九州
大瀬
野母
天狗鼻
釣掛
坊ノ岬
佐多

所、巨済島の南に浮かぶ鴻島に一か所、釜山沖に浮かぶ影島に一か所である。半島の黄海側と日本海側にも、それぞれいくつかの望楼が設置された。ロシアとの戦争のため軍事占領した地域にも、あたかも自国領と同じように軍事施設が建設されている[33]。

望楼はなんらバルチック艦隊の発見に貢献しなかった。ただし日本が自国の沿岸に望楼を設置したことは、ロシア側も把握していたはずである。それが単なる望楼ではなく砲台かもしれない。望楼の設置を敵に知らしめることで、ロシア艦隊は日本領の沿岸を航行できなくなる。ロシア側の航路を沖合に限定させたという意味で、望楼は重要な役割を担っていた。

＊　＊　＊

旅順が陥落して、ロシア太平洋艦隊が壊滅した〇五年一月一日以降、連合艦隊の当面の敵は数隻の小艦からなるウラジオストク艦隊のみとなっていた。とはいえ陸軍が満洲で大規模な戦闘を続けているため、対馬海峡と東シナ海にある日本の兵站線を守ることが海軍にとって重要課題であった。巡洋艦や水雷艇による哨戒活動の手順が決められ、朝鮮海峡哨戒図までが作成された。日本海北部から来襲するロシア艦船に備えて、連合艦隊司令部は対馬海峡から北東方向に艦船を航行させ、哨戒活動を行っている。

そうした中、連合艦隊はウラジオストクに向かうバルチック艦隊に対して、どのような警戒態勢を整えようとしたのだろうか。まず四月一四日、連合艦隊司令部から片岡七郎中将率いる第三艦隊にバルチック艦隊の来航に対応する索敵命令が発せられた。ロジェーストヴェンスキーが南シナ海を航行していた時期であり、もし直接対馬海峡に進んでくるならば、四月下旬には海峡に達することが予想されたからである。

連合艦隊司令部の命令は次の通りである。

対馬海峡周辺に六つの警戒線を設定する。第一警戒線は、対馬北端の韓埼《からさき》（最北端の久ノ下崎の沖二キロほどのところに浮かぶ島）と鎮海湾の出口である加徳水道の間である。対馬海峡西水道を警戒する最も重要な線である。第二警戒線は、対馬南端の豆酘崎《つつざき》と壱岐北端の若宮島の間であり、対馬海峡東水道を警戒する。第三警戒線は、釜山の北に位置する蔚山《ウルサン》近くの蔚崎と山口県萩市沖の見島の間にあり、ウラジオストク艦隊の奇襲を察知する最終警戒線である。第四警戒線は、韓国巨文島《コムンド》の東にある城列島と五島列島の小値賀島《おぢか》の東側ある白瀬の間である。第二警戒線から一二〇キロほど南西にあり、対馬海峡に突入するバルチック艦隊を発見するための最終警戒線と言えよう。第五警戒線は韓国東岸竹部湾に近い滝済崎から鬱陵島、竹島、隠岐の島前《とうぜん》、島根県の境港に近い地蔵埼までの長大な線である。この線でウラジオストクから来る敵を発見できればよいが、あまりに距離が長いので見つけられれば幸いだという程度の警戒線であろう。第六警戒線は、済州島《チェジュド》の東端から鳥島（五島列島の福江島から南西に約六〇キロに浮かぶ無人島）までの間である。バルチック艦隊が来航する際に、最初に通過する警戒線である。この六つの警戒線が、九州北部・山陰地方と韓国との間を結ぶ線なのに対して、第六警戒線から北東方面に向けて第三警戒線まで、三本の幹線が横に伸びている。右幹線・中央幹線・左幹線である。警戒線と幹線の交差する地点をアルファベットで表示し、その位置を無線電信で簡単に知らせられるようにした。

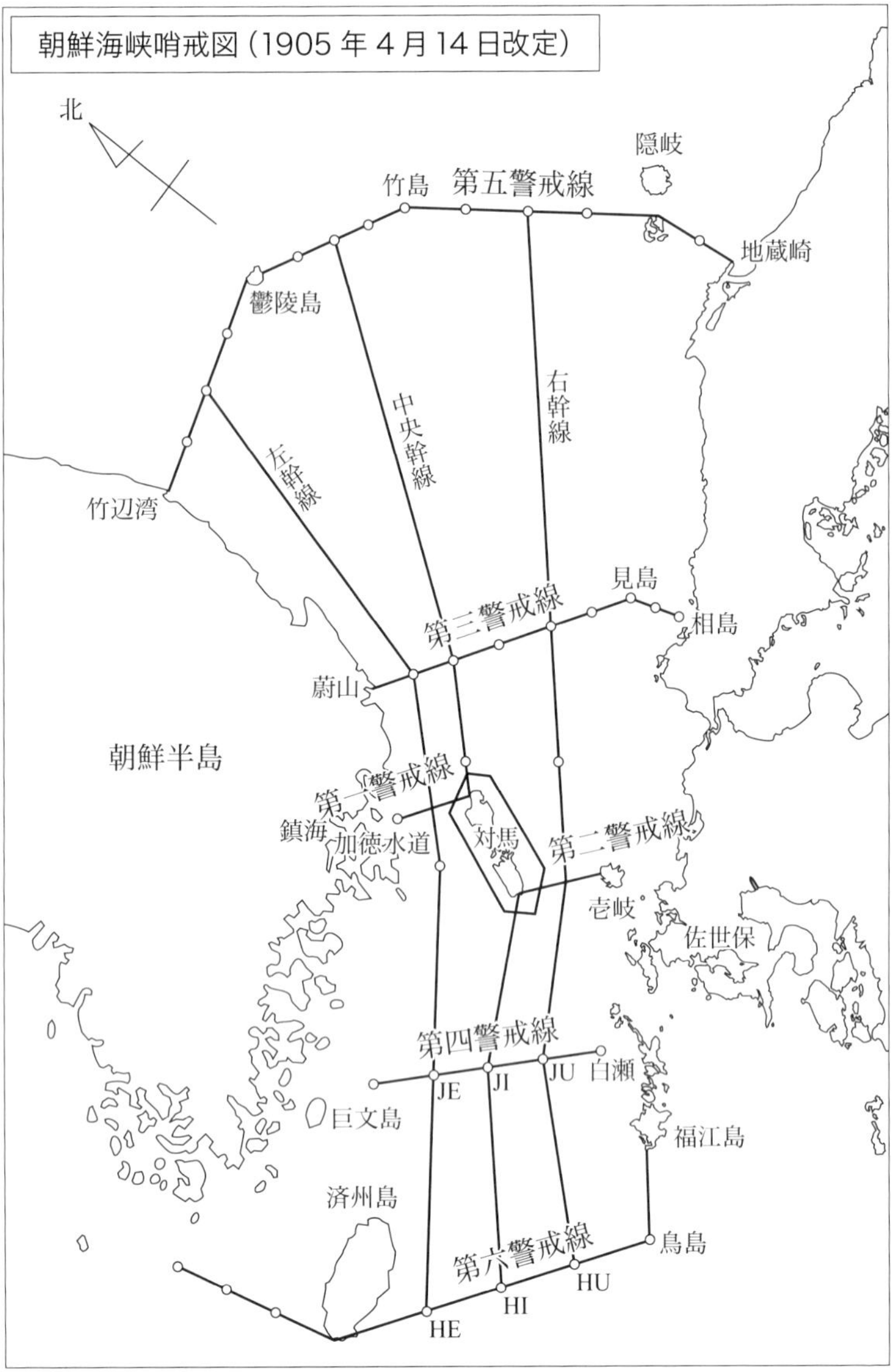

朝鮮海峡哨戒図（1905年4月14日改定）

後に「碁盤の目」と称される索敵網が完成された。四月一七日から第六警戒線のHE、HI、HU地点に各一隻の仮装巡洋艦を配置し、夜には各艦に第六警戒線と第四警戒線の間を航行させた。この仮装巡洋艦とは、日本の船会社の外国航路用客船を軽武装させたもので、戦闘には向かず主に哨戒業務を担っている。敵艦隊を発見すると、無線通信でその位置を連絡することになった。ただし当時の無線通信はまだ性能が安定せず、第六警戒線から鎮海まで直接には電波が届かない場合もある。それをカバーするため無線の中継が必要だった。そこで第四警戒線の中央JI地点に、鎮海の連合艦隊司令部との間の無線通信を中継する艦船二隻が配置された。連合艦隊主力は、敵が対馬海峡の西水道あるいは東水道を通過するのを見極め、その北東海域でバルチック艦隊と雌雄を決することを予測した。[34]

望楼の設置もあいまって、蟻の這い出る隙もないほどの索敵網が対馬海峡に構築された。艦影早見表も配布されて準備は整った。あとは敵の来訪を待つだけである。

5　津軽海峡と宗谷海峡の監視

バルチック艦隊のインド洋への到来以降、極東に残存するロシア海軍のウラジオストク艦隊が太平洋に進出してくるかもしれないと、軍令部は不安を膨らませた。太平洋進出を早期に察知して迎撃するため、〇四年末に連合艦隊の第二艦隊は宗谷海峡と津軽海峡を警戒するよう命ぜられた。〇五年一月初旬に二隻の装甲巡洋艦が函館に入港し、そこを拠点として両海峡を監視することになる。一月下旬には、中立国の船舶が両海峡を通過してウラジオストクに軍事物資を密送するというアメリカ西海岸からの情報に接する。

二月はじめ密航船を拿捕するため、艦船六隻が津軽海峡に重点を置いて哨戒活動を始めた。ところが一月初旬に巡洋艦で視察して以降、宗谷海峡付近は荒天が続き、哨戒船を配置することができなかった。そこで国後島と択捉島の間にある国後水道の手前に艦船を配置して、宗谷海峡に向かう密航船の通過を監視した。

四月初旬、バルチック艦隊がマラッカ海峡を通過して太平洋に来航したという情報が入ってくる。軍令部は、ロジェーストヴェンスキーが対馬海峡を通過してウラジオストクに向かうと想定し、同海峡周辺で敵を撃破するという方針を策定した。ウラジオストク艦隊を封じ込めるため同港の前面に機雷を設置すると、巡洋艦はすべて津軽海峡を後にして対馬海峡周辺に配備された。函館に残ったのは、香港丸と日本丸という仮装巡洋艦二隻と老朽艦一隻、水雷艇数隻のみだった。ただし国後水道にも宗谷海峡にも艦船は配置されていない。バルチック艦隊が宗谷海峡を通過する可能性はほとんどないと、軍令部が考えていたからではあるまいか。

四月一五日、連合艦隊司令部はそれらの艦船に対して、函館を根拠地として津軽海峡を警戒するように命じた。もしバルチック艦隊が津軽海峡に廻航してくれば、それを早期に察知して函館山に設置してある要塞砲を用いて海峡を封鎖し敵を足止めする。その間に連合艦隊の主力は対馬海峡から津軽海峡に急航し、敵と対峙するというのだ。日本丸は津軽海峡西口付近を、香港丸は東口付近を、水雷艇一隻は龍飛岬と白神岬の間を、もう一隻は大間崎と汐首岬の間を昼夜警戒することにした。老朽艦武蔵は函館港に無線施設が設置されるまでの間、同港に停泊して通信船の役割を果たす。敵の海峡突入時には海峡両岸にあるすべての灯台の灯火を消して、航行を妨害することも計画した。

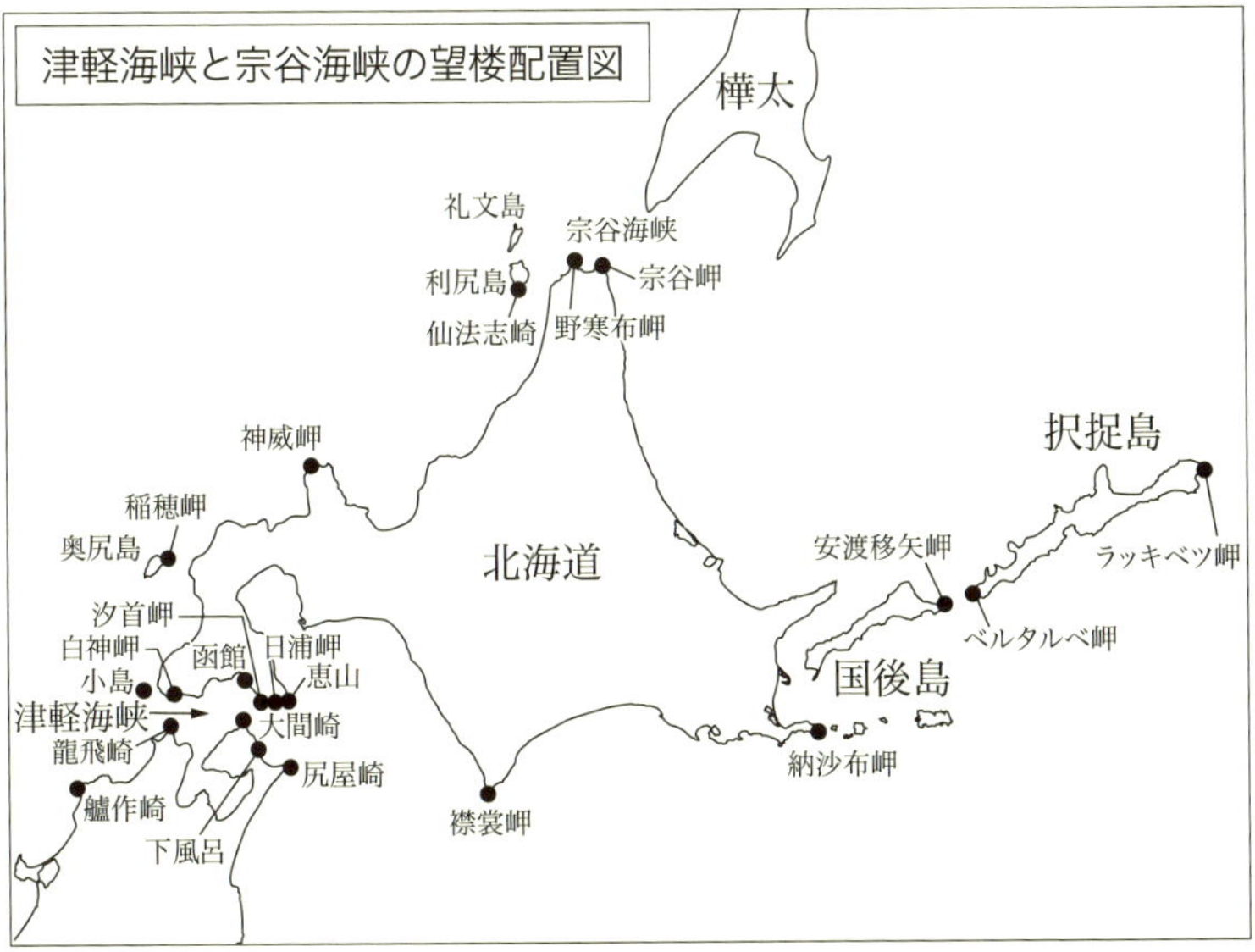

津軽海峡と宗谷海峡の望楼配置図

だが函館の要塞砲だけでは敵に海峡を強行突破される可能性も残っていた。そこで四月二二日、軍令部は新たに開発された連携水雷を海峡に敷設して、敵を足止めするという作戦を打ち出す。ちなみに連携水雷とは、四つの機雷を百メートル間隔でロープにつなぎ、敵艦隊の前面に敷設して航路を妨害するという代物である。連携水雷を積んだ潜水母艦の韓崎《からさき》丸が津軽海峡に派遣され、同地で水雷艇とともに敷設訓練を繰り返した。

バルチック艦隊は五月半ばに仏領インドシナを出航して以降、姿をくらまし、台湾海峡や東シナ海に張り巡らされた日本側の索敵網に引っかかってこなかった。もしかしてロジェーストヴェンスキーは、津軽海峡に舳先を向けているのかもしれない。二二日、軍令部は哨戒地点を津軽海峡の東側入り口に限定することにし、早期発見に必要な哨戒船一隻を新たに派遣した。そして下北半島の尻屋崎沖三五キロの北東・東・南東の地点に一隻ずつ哨戒船を配置している。[35]

望楼の役割も重要である。哨戒船は燃料や食料の補給のため定期的に基地に帰還しなければならず、天候が悪化すれば港での待機を強いられる。岬の突端に設けられた望楼ならば、天候に関係なく二四時間体制で目前の海域を監視できる。すでに二〇世紀に入るやいなや、日本最北端の宗谷岬、津軽半島の龍飛崎、青森県南西部の艫作崎《へなし》に海軍望楼が設置された。日露戦争勃発前後から、横須賀鎮守府の管轄下にある東北・北海道・千島において仮設望楼の設置がすすめられた。海軍独自の望楼を設置するのが難しい場合、岬の突端にある灯台内に間借りしている。これらの望楼では冬季に降雪や荒天で補給が滞り、望楼手たちは堅忍を強いられた。〇四年七月には積丹半島の神威岬、国後島の東端にある安渡移矢《アトイヤ》岬、納沙布岬、襟裳岬に仮設望楼ができた。八月、稚内の北部にある野寒布岬、利尻島の仙法志崎、津軽海峡西部に浮かぶ小島、下北半島の尻屋崎にもできた。さらに択捉水道を監視する択捉島北東端のラッキベツ岬、国後水道を監視する択捉島南西端のベルタルベ岬にも仮設望楼が設置されている。敵を発見した際、迅速に連絡を取るため、各望楼まで電信ケーブルが張られた。ケーブル建設が難しい島嶼部や千島の望楼には、無線電信用のアンテナが立てられ、三六式無線機が配備される。津軽海峡と宗谷海峡の監視体制が整った。

流氷の海を巡視する海軍巡洋艦「某巡洋艦ノ北海航行（其一）」

〇五年四月になるとバルチック艦隊が津軽海峡を通過する事態に備え、監視体制の強化が求められた。

哨戒船と望楼との間で連絡を取る手段として手旗信号だけでは不十分だとされ、主要な望楼には無線設備も設置される。五月一九日、津軽海峡防衛司令部が編成され、海峡両岸の監視体制が見直される。既存の望楼に加えて、函館と恵山岬の間の汐首岬と日浦岬、函館の立待岬に、大間崎と尻屋崎の間の下風呂に見張所が設けられた[36]。ロジェーストヴェンスキーが津軽海峡の通過を策した場合、早期にその狙いを察知して、連合艦隊司令部まで連絡できる体制が完成した。

6　北進か待機か？——連合艦隊司令部の苦悩

ここで仏領インドシナ出発後のバルチック艦隊の軌跡を振り返り、待ち受ける東郷長官にロジェーストヴェンスキー中将がどう対処したのかをみてみよう。五月九日、ネボガートフ率いるロシア第三太平洋艦隊がヴァン・フォン湾近くで本隊と合流した。やっと仏領インドシナから出港できる。五月一四日に艦隊は錨を上げた。台湾海峡をすすむ最短の航路は敵の待伏せの可能性が高かったため、南シナ海から台湾とフィリピンの間のルソン海峡を横切り、台湾の東側を大きく迂回して先島諸島の間を北上するルートをとる。そして東シナ海に入り、対馬海峡を通過してウラジオストクに向かう計画だった。ただしロジェーストヴェンスキーは急がない。砲撃及び測距の訓練をしながら北上した。一八日には洋上で石炭を搭載する。同日深夜、航路上で遭遇した英貨物船オールドハミア号を臨検した。同船の船長は石油を日本に輸送すると語ったが、船倉に戦時禁制品の大砲が隠されていた。司令長官は同船を拿捕し、宗谷海峡経由でウラジオストクまで曳航することを決める。一九日にはルソン海峡でノルウェー船籍のオスカル二世号を臨検した。同船は三井物産の傭船で長崎県に向かうことになっていた。積み荷に問題がなかったため解放する。あえてロシア艦隊と遭遇したという情報を日本側に知らせて、敵を混乱させようとした。

一九日は艦隊総出で皇帝ニコライ二世の誕生日を祝う。二〇日、ルソン海峡でもフィリピン寄りのバリンタン海峡を通過した。ここから北上し、石垣島と宮古島の間を進んで東シナ海に入る。二一日、巡洋艦クバーニ号は艦隊を離れ、オールドハミア号を連れて宗谷海峡に向かった。二二日には、巡洋艦テーリェク号を艦隊から分離し、九州・四国の南側で船舶を拿捕するよう命じた。本隊が対馬海峡に向かうのではなく、日本の南側を航行していると見せかけるためである。二三日、ふたたび艦隊は洋上で停止して石炭を積み込む。その必要はなかったが、あえてゆっくりと航海することで日本側を疑心暗鬼にさせ、津軽海峡の防備に兵力を割くのを期待したからである。同日、フェリケルザーム海軍少将が病死する。ロジェーストヴェンスキーは、士気が下がるのを恐れて少将の死を乗組員に知らせないまま、東シナ海で航海を続けた。二五日、本隊は上海の東一〇〇キロほどのところを北に向かって進んでいた。その地点で、足手まといとなる輸送艦六隻（義勇艦隊の仮装巡洋艦三隻を含む）を艦隊から分離して、上海に向かわせた。二隻の巡洋艦は、輸送艦の警護のため上海まで同航し、そののち黄海で通商路を破壊するよう命ぜられた。バルチック艦隊は対馬海峡を目指して北東に向かうことになる。[37]

仏領インドシナを出航して以降、またもやバルチック艦隊は姿をくらました。唯一の情報は、二三日に長崎県島原半島南端の口之津港に着いた、三井物産を荷受人とするノルウェー船籍のオスカル二世号からのものである。五月一九日早朝、同船はルソン海峡でロシア艦隊に遭遇した。ロシア側は同船を臨検して三時間後に解放する。臨検の際にロシア士官が「台湾東方を経て対馬海峡に向かう」と語ったことも口之津で報告された。この情報からすると、バルチック艦隊は台湾海峡を通過するのではなく、ルソン海峡から台湾の東側を航行して東シナ海を北上することが予想された。あるいは日本側を惑わすための罠なのか。艦隊は最終目的地をウラジオストクと定め、ルソン海峡を経て東シナ海を北進して、最短の対馬海峡に向かうのか。または日本の太平洋側を航行し、津軽海峡か、それとも宗谷海峡を通過するのか。あるいは杭州湾の入り口にある舟山《チョウシャン》列島を占拠し、そこを基地として東シナ海の制海権を日本から奪い取ろうと狙うのか。さまざまなコースが想定された。

通常の速度、すなわち約八ノットでカムラン湾から対馬海峡まで航行するならば、九日程度で着くはずである。ところが十日目の二三日になっても、一向に対馬海峡の入り口に日本側が構築した「碁盤の目」の索敵網に、ロシア艦隊は引っかかってこない。もちろん軍令部も連合艦隊司令部も、対馬海峡通過を第一候補と考えていた。だからこそ索敵網を張って待ち構えている。もし対馬海峡に来ないのならば、第二候補の津軽海峡に連合艦隊の主力を移動させなければならない。

連合艦隊の第一艦隊と第二艦隊は、韓国の釜山から西に二五キロほどのところにある鎮海の周辺に投錨していた。第三艦隊は対馬西岸にある浅茅湾で待機している。五月二三日早朝、誤認により連合艦隊は対馬海峡に出撃する。それが誤報だとわかり鎮海に戻ってくると、同日午後四時にオスカル二世号の情報が東京の軍令部から東郷の下に届いた。連合艦隊司令部内では動揺が広がる。ロシア士官が自らの艦隊の進路を日本人に教えるのだろうか。日本側を対馬海峡に引き付け、津軽海峡通過をカモフラージュするため、あえて進路について語ったのではなかろうか。司令部では情報が錯綜する中、一つの結論に至る。オスカル二世号の臨検があった日時から推算すると、ロシア艦隊が一両日中に対馬海峡に来航するはずである。すでに東シナ海にも索敵網を張り巡らせている。索敵網が整っているにもかかわらず、対馬海峡に向かう艦影が発見されないのであれば、敵は太平洋を回って津軽海峡を通過する可能性もでてきた。相当の時期までに敵が東シナ海で発見できなければ、連合艦隊も津軽方面に移動する、というのだ。二四日午後二時、この結論を東郷は東京の伊東軍令部長に打電した。

電報を受けた東京は困惑する。軍令部はすでに津軽海峡にロシア艦隊が来ることも想定して準備を整えていた。海峡に機雷を敷設して敵の通過を食い止める、それがかなわぬ場合は敵に機雷の掃海作業を行わせ、時間を稼いでいる間に連合艦隊の対馬海峡からの北上を待つ予定だった。ところが連合艦隊司令部は、情報が入ってこないためパニックに陥り、艦隊主力を津軽海峡まで北上させる、と連絡してきた。二四日午後二時過ぎ、軍令部でも急いで会議が開かれ、対応が協議される。合意された内容は次の三点だった。①バルチック艦隊はまだ対馬海峡の南方を航行中である。②敵が津軽海峡を突破しようとしても、それを防ぐ準備はできている。③守備を手薄にして敵に対馬海峡を突破させるわけにはいかない。

この協議を踏まえて、連合艦隊は対馬海峡に留まれ、という命令を軍令部として打電することになった。だが山本海相が反対する。現地での作戦の権限はすべて連合艦隊司令長官の東郷に委ねられており、東郷の決定を覆すような命令を軍令部が出すべきではない、というのだ。二五日午前中に、ふたたび軍令部で討議がなされ、艦隊の北進には慎重に考慮してくれ、という表現に緩和された。同日午後一時、鎮海に電報が打たれた。

二五日午前、鎮海に停泊中の旗艦三笠の艦上で、今後の方針を決める軍議が開かれていた。当初はできるだけ早く津軽海峡へ移動するという北進案が圧倒的に支持されていた。だが補給や修理もままならない長期航海を続けてきたバルチック艦隊に、太平洋を迂回するほどの心理的および補給面からの余裕などない、という議論が湧き上がる。単に対馬海峡への来航が遅れているだけではないかと。その結果、二六日正午までに敵艦を東シナ海で発見できなければ、連合艦隊は津軽海峡に向かうと決定された。即時北進は保留された格好である。二五日午後三時半、この決定が東京の軍令部にもたらされた。[38]軍令部の参謀たちも胸をなでおろしたはずである。この一日の猶予が日本側に運を引き寄せる。

7　敵艦発見の第一報

五月一四日以降バルチック艦隊の行方が知れず、艦隊探索を命じられた中国沿岸の日本外交使節には焦りが生じていた。東京の軍令部も台湾海峡で敵を発見できず途方に暮れていたはずである。その大事な時期に駐上海総領事館に勤務していたのが、〇四年に外交官試験に合格したばかりの若き松岡洋右である。

上海時代の若き松岡洋右

後に満鉄総裁や外相を務める松岡は、終戦のころの最晩年に酒を飲んでは「バルチック艦隊を最初に発見したのは僕だ」と息子に語ったという。[39]本当に松岡が第一発見者なのだろうか。

実際にはロシア艦隊の本隊から分離された輸送艦六隻とそれを警護する巡洋艦二隻が、次のとおり上海外港の呉淞に来航している。すなわち五月二五日午後二時三〇分、呉淞港の沖にあるベルブイ（打鐘浮標）にロシア輸送艦六隻（その中の三隻は義勇艦隊所属）と巡洋艦二隻が到着した。午後五時二五分、巡洋艦リオーン号が、そののち巡洋艦ドニェープル号が呉淞を離れ、北東方向に航行していった。午後八時に義勇艦隊の輸送艦ヴラディーミル号、ヴァローネジュ号、ヤロスラーヴリ号が呉淞に入港する。艦隊に並走してきた輸送艦リヴォーニヤ号とクローニヤ号、それに蒸気機関用淡水を運ぶタンカーのメテオール号も続いた。[40]

五月二五日午後八時過ぎ、ロシア艦船発見の第一報が総領事館に届いた。ロシア義勇艦隊五隻と輸送船三隻が呉淞に入港した、という連絡である。第一発見者は日本郵船の船舶が入港する際に先導する水先案内人であろう。[41]ただし呉淞から上海までは二〇キロほどの距離があり、道路もしっかりしていないため、通報者が総領事館まで駆け込んできたとは考え難い。たぶん電話で連絡してきたのではなかろうか。

当時の電話は貴重な通信手段である一方で、まだ公衆電話は街角などになく、一家に一台あるという代物ではなかった。そこで水先案内人は、清の鉄道会社に雇われていた呉淞駅長のイギリス人E・J・ダンスタン（Dunstan）のところに飛び込んできた。ダンスタンは、同盟国に協力するという立場をとっており、直ちに日本総領事館に連絡した。のちに彼は義勇艦隊の第一発見者として日本政府から叙勲される。[42]同じく呉淞港の出入港を管理するハーバー・マスターからも総領事館に連絡が入ってきた。徐々に詳細が明らかになってくる。

当時の日本総領事館は、ロシア艦隊の行方が知れず緊迫した状況に置かれていたため、館員が遅くまで居残っていたのだろう。ダンスタンから電話が入ると大変な騒ぎになった。さらにハーバー・マスターからの電話である。一刻を争う。総領事も含めて全員が総領事館に呼び戻される。館員が電報の文面を起草し、小田切総領事が確認した後に暗号に組み、暗号文を持って大北電信の電報局まで走る。三村という偽名で総領事館に詰めていた宮治大尉は、別個に海軍暗号で電文を組み、電報局から東京の軍令部に打電する。宮治の電報は二五日午後一〇時に上海から打たれ、二六日午前〇時五分に東京に届いた。総領事の電報は、午後一〇時四四分上海発、二六日午前〇時二五分に東京着である[43]。領事館は電文作成・内容確認・暗号化・暗号文の送付を分業化していたため、すべて一人でこなした海軍士官より二〇分遅れた。宮治の電報こそが、上海におけるバルチック艦隊発見の第一報である。

第一報を打電して以降の上海総領事館の動きを追ってみる。水先案内人からの追加情報に基づき、二六日午前〇時過ぎにダンスタンから何度か電話がかかってきた。入港した六隻と上海を離れた二隻の船名が明らかになる。総領事は、真夜中に清朝側で上海地域の権限を握る上海道台に連絡を取り、中立国の義務を果たすよう要請した。すなわち交戦国の軍艦が中立港に入港して、二四時間以内に出港しなければ、中立を侵犯したとみなして清国が以後ロシア艦船の出港を禁止して欲しいと願い出た。同時に北京の内田康哉公使からも清国外務部に圧力をかけてもらう。翌二六日午前八時ごろ、宮治大尉は上海から呉淞へ視察に向かった。当日中に上海から東京に打たれた至急の外交電報は一二通に及ぶ。

内容を読むと、呉淞に入港したロシア輸送船と義勇艦隊の艦船名、積み荷などが徐々に判明してくる。義勇艦隊の艦船は仮装巡洋艦であるが、艦砲を取り外していたため輸送船と変わらないことも確認できた。ロシア艦隊の主力が対馬海峡からウラジオストクに向かうという水先案内人の話から、主力が上海沖に停泊しているというデマまで、雑多な情報が飛び込んでくる。呉淞に入港した他の輸送船からの聞き取り・目撃情報もあり、その内容は錯綜している。二七日になると小田切は、主力が上海沖に停泊中という情報を確認するため、特別に傭船を仕立てて崇明島に派遣した。

清国の中立が焦点となる。小田切は、再び二六日夕刻以降、二四時間以内にロシア艦船が出港しないならば抑留するよう、上海道台や両江総督に中立国の義務履行を強く迫った。ところが上海道台は動かない。中国側の問い合わせに対して、入港したのは軍艦ではなく輸送船なので抑留は不当だ、と駐上海ロシア総領事が抗議したからである。小田切は、バルチック艦隊の一翼を担って航行してきたのだから、輸送船であっても軍用船だとして抑留を主張する。二七日になっても中国側はなんら行動を起こさなかった。[44]

上海からの第一報は宮治大尉から軍令部に届いたものである。以後、宮治から、そして上海総領事館から外務省経由で軍令部に連絡が続々と入ってくる。とはいえ総領事館こそが呉淞で水先案内人を雇い、情報を手に入れる段取りまでつけていた。総領事館が総出で周到な準備をしていたという意味で、バルチック艦隊発見の第一報に松岡も貢献したことはまちがいない。とにかく二六日未明までには、義勇艦隊の呉淞入港に関する確定情報が、東京の海軍軍令部を経て鎮海の東郷平八郎の下に届いた。

確かにロジェーストヴェンスキーは対馬海峡に向かっている。情報不足による不安から連合艦隊司令部が浮足立ったものの、直前における航路予測はおおむね正しかったと言ってよい。こうして日本海軍は決戦の日を迎える。

終　章　情報戦は失敗か？

1　東郷長官の自信

一九〇五年五月二六日、バルチック艦隊は輸送艦を本隊から分離した後、上海沖から北東に舳先を向けて対馬海峡に向かっていた。ロジェーストヴェンスキーは艦隊のスピードを落として、ゆっくり進ませる。司令長官は、不吉な二六日（ロシア暦で一三日の金曜日）に戦闘を始めるのを好まず、あえて対馬海峡への突入を遅らせたと信じられている。そして運命の二七日、ロシア艦隊は日本の索敵網の張り巡らされている海域に入った。この際に艦隊の各艦は、敵に発見される恐れがあるとして無線通信の利用を禁じられ、灯火を落とすよう命ぜられていた。病人の足元を照らすためだったろうか、例外として二隻の病院船アリョール号とカストロマー号の灯火は消されなかった[1]。

五月二六日午前零時五分、海軍軍令部は、ロシアの輸送艦と義勇艦隊の艦船が上海の外港呉淞《ウースン》に着いたという上海の宮治大尉からの電報を受け取った。この電報は無線ではなく、大北電信の海底ケーブルを使って上海から長崎に打たれ、東京まで転電されている。すぐさま軍令部は、宮治大尉の電報を鎮海にいる連合艦隊司令長官の東郷平八郎海軍大将に打電する。この電報は、日本海軍が開戦直後に敷設した下関・鎮海海底ケーブル（沖ノ島・対馬経由）を使って送付された。

東郷は電報の意味を瞬時に理解した。バルチック艦隊に並走して補給を続けてきた輸送艦が、その役目を終えて航海途中で本隊から切り離されたのは明らかである。ロシア第二太平洋艦隊のロジェーストヴェンスキー司令長官は、対馬海峡への突入を前に戦闘力の弱い輸送艦の安全を図り、近隣の中立港への入港を命じていた。バルチック艦隊が対馬海峡に向かっているのは確実となった。すぐさま東郷は旗艦三笠に艦隊司令部の主要メンバーを集めて緊急会議を開く。艦隊主力を津軽海峡の日本海側に北上させる案は中止された。あとは、ロシア艦隊がいつ「碁盤の目」の索敵網にかかるかが焦点となった。

五月二七日午前二時四五分、第六警戒線と第四警戒線の間を航行していた仮装巡洋艦信濃丸は、一汽船の灯火を発見した。霧が立ち込めていたため近づいて確認しようとしたところ、ロシア艦隊の隊列の中に入っているのに気が付いた。午前四時四七分、信濃丸は「敵艦隊ノ煤煙ラシキモノ見ユ」と、搭載していた三六式無線機で第一報を打電した。五分後の四時五二分には、敵隊列から離脱しながら「タタタ」で始まる暗号文を打っている。内容は「敵ノ第二艦隊見ユ、二〇三地点信濃丸」である。この信濃丸からの第一報と第二報を受けたのは、対馬の尾崎湾に停泊しており、無線の中継を命ぜられていた第三艦隊の海防艦厳島だった。午前五時五分、厳島は「タタタ」を鎮海の連合艦隊司令部に転電した。それを東郷は、バルチック艦隊発見の第一報として鎮海の三笠艦上で受け取った。

天祐である。行方がわからなかったバルチック艦隊の行動が僚艦によって確認された。東郷は、主席参謀の秋山真之少佐の用意していた第一報の文面に基づき、すぐさま東京の海軍軍令部に本書冒頭の電報

「敵艦見ユトノ警報ニ接シ」を打電した。同時に麾下の各艦に出航命令を下し、連合艦隊主力を引き連れて対馬海峡に向かった。[2]

それまで行方知らずの敵を捕捉できたからといって、これから戦地に赴く司令長官が満面に笑みを浮かべるなどありえない。だが東郷は、バルチック艦隊の全容をすでに頭の中に叩き込んでいた。ロジェーストヴェンスキーが半年にもわたる過酷な航海で艦船をドックにも入れられず、麾下の将兵が疲れ切っていることも容易に予想できた。そこに敵艦隊捕捉の一報である。こわばった顔を保ちながらも、艦隊が対馬海峡に向かっていることを確認できて、心の中では愉悦に浸っていたはずである。

電報を打つやいなや鎮海湾を出撃した五月二七日早朝、東郷が来たるべき海戦での勝利を確信していたのは疑いなかろう。

2　日本海海戦とその結果

五月二七日朝、東郷の確信とは裏腹に連合艦隊司令部を悩ませる事態が生じていた。午前四時五二分に打電された確報「敵ノ第二艦隊見ユ、二〇三地点信濃丸」の後半部分が、無線機の不具合のため厳島で受信できなかった。五時〇五分に厳島は「敵の第二艦隊見ユ」だけを三笠に打電する。ところが敵の居場所と進行方向がわからなければ、連合艦隊はバルチック艦隊を迎え撃つことができない。五時二〇分に司令部は、厳島に敵艦隊の位置を示すよう命ずる。厳島は敵艦隊の位置とどの艦船が発信したのかを周辺の艦船に無線で問い合わせる。ただしむやみに無線を打つと、混信してしまい交信ができなくなる。どの艦も恐る恐る無線を利用していたことだろう。当時は、緊急時に複数の艦船が同じ海域で同時に無線を利用できなかった。初期の無線機の欠点が露呈したことになる。結局午前七時過ぎになって、やっと敵艦隊の位置と進行方向が判明して事なきを得た。[3]

午後一時三九分、対馬海峡東水道の沖ノ島沖において東郷率いる連合艦隊主力が、北上して来るバルチック艦隊を発見した。Z旗を掲げ、敵前で回頭する有名な丁字戦法を用い、敵主力に砲火を浴びせる。ロシアの誇る新鋭戦艦五隻が次々と火だるまになっていく。これで実質上の勝敗が決した。以後は、逃げ回るロシア艦船を追い詰め、撃沈させるか投降させた。両軍の被害を見てみよう。

バルチック艦隊のうち、五月二七日に対馬海峡に突入したのは三八隻である。新鋭戦艦四隻を含む一九隻が沈没（自沈を含む）、五隻が日本側に投降、病院船二隻は捕獲、七隻が中立港（マニラと呉淞）で武装解除、一隻がマダガスカルまで逃亡、一隻がウラジオストクに向かう途中で座礁した。ウラジオストクに着いたのは巡洋艦一隻と水雷艇二隻に過ぎない。人的被害も甚大で、四八八六名が死亡、負傷者を含む六一〇六名が捕虜となった。捕虜の中にはロジェーストヴェンスキー司令長官も含まれる。

日本側の被害は微少であった。連合艦隊で沈没した艦船は水雷艇が三隻だけであり、一一七名が死亡、負傷者が五八三名である。[4]ただし敵弾に当たったのではなく、自らの砲身が破裂する膅発による死傷者も少なくない。膅発事故の負傷者の中では、たとえば巡洋艦日進に乗艦していた山本五十六少尉候補生が、爆発の際に左手の人差し指と中指を吹き飛ばされ、左腿にも重傷を負っている。[5]

ロシア側の総戦力は約一六万トン、日本側は二二万トンである。新鋭戦艦や巡洋艦の数では拮抗していた。ところが連合艦隊の圧勝である。日本側は勝因を、司令長官の決断、参謀たちの高い作戦策定能力、丁字戦法、訓練による将兵の練度、下瀬火薬・伊集院信管・無線通信・測距儀などすぐれた技術力に求めた。砲術に関して、艦橋にいる砲術長の指示で同一砲すべての仰角と方向を決め、命令一下で一斉に砲門を開く「一斉打ち方」を、イギリスのアドバイスによって導入した点も大きい。[6] ロジェーストヴェンスキーは、帰国後のペテルブルクでの軍法会議において、海戦の帰趨は砲弾の命中率によって決まった、と述べている。これはロシア側の砲弾の命中率が低すぎたと言っているに等しい。その理由を挙げれば次のようになろう。①砲弾の補給がなかったため十分な実弾訓練ができていない。②ドックに入って船底の牡蠣殻を落とすなどの修理をできず、また補給が困難なため石炭を過積載せざるをえず、そのため艦船の航行スピードがあがらず被弾した、などである。

3　海戦後の備え――竹島の望楼と海底ケーブル

バルチック艦隊の到来を察知するため、日本全国と朝鮮半島の沿岸に多数の望楼を設置したことはすでに述べた。日本海海戦約一か月後の六月二四日、山本海相は、隠岐と鬱陵島の間にあるリアンクール岩礁(日本名は竹島、韓国名は独島《ドクト》)に仮設望楼を建設するよう命じ、八月一九日に望楼の運用が開始された。難を逃れてウラジオストクにたどり着いたロシア艦船が、いつなんどき日本海に現れ、日本と朝鮮半島・満洲との兵站線を攻撃してくるかもしれないからである。竹島に望楼を設置することで、日本海中部海域の警備を強化できる。もちろん海軍が〇五年五月二八日以降も、哨戒艦を日本海の主要海域に配置して、ウラジオストク艦隊に対する哨戒活動を続けていたのは言うまでもない。

ほとんど平地のない無人島の竹島に望楼を建設するのは容易ではなかった。海軍は〇五年一月に入るとすぐに竹島の調査に乗り出す。同島は断崖絶壁に囲まれ急峻で、小舟でしか近寄ることができない。海獣（ニホンアシカ）のコロニーとなっており、夏だけ漁師が猟に訪れるが、水源もなく食料もない。家屋を建築できる場所は、東島の中央部だけだった。六月一二日、巡洋艦橋立が竹島で最終的な調査を行い、望楼の建設を決定した。この決定に基づき八月に望楼が完成する。隠岐・竹島・鬱陵島間の海底ケーブルを建設することも決まり、島には数名が駐在することになった。そうした望楼には一か月に二度ほど補給が必要となる。

一〇月一五日、ポーツマスで締結された講和条約が日露両国で批准されたことによって、名実ともに戦争は終わった。平和が回復されたことで、もはや望楼の存在理由はなくなる。同月一九日に、竹島を含めた舞鶴鎮守府管轄下の多くの望楼を廃止するという命令が発せられた。二四日に望楼の撤去が完了し、竹島からは人影が消えた。[7] 同島は隠岐の漁師がときおり訪れる岩礁に戻る。それも海獣の乱獲でコロニーが消滅し、海鳥だけが訪れる無人島と化した。今日この島が日韓領土紛争の焦点となるとは、だれが予測しただろうか。

日露戦争終結までの間に日本海軍は、竹島以外にも鬱陵島や朝鮮半島東部にいくつかの望楼を設置した。望楼だけではない。望楼からの情報を即座に伝達するため、海底ケーブルの建設にも積極的だった。佐世保から元山《ウォンサン》を経て、現在北朝鮮のミサイル発射基地のある舞崎（舞水端《ムスダン》）までケーブルを建設した。また韓国東岸の竹辺湾にある竹濱《チュクピョン》と鬱陵島の間にもケーブルを敷設している。竹島望楼撤去直前の一〇月一〇日、松江から竹島経由で鬱陵島までケーブルを敷く命令が発せられ、一一月八日に完成された。ただし、

鬱陵島からの海底ケーブルが陸揚げされた松江市の千酌海岸の絵（爾佐《にさ》神社所蔵）。戦前は陸揚げ場所にケーブル・ハットが建てられていた。現在も海底にはケーブルが残っている

すでに竹島の望楼は廃止されていたため、ケーブルは島には陸揚げされず、再び望楼が設置されることを見越して、島の近くに敷かれた。こうして山陰地方から朝鮮半島東岸にかけて海底ケーブルが張り巡らされ、望楼と海軍基地との間の通信網が完備された。このケーブルは四五年の終戦まで維持される。[8]

日本海海戦で未曾有の大勝利を得たにもかかわらず、「勝って兜の緒を締めよ」の諺の通り、気を緩めることなく哨戒活動が強化されていた。当然のこととはいえ、大勝後も敵の早期発見のため労力も資金も惜しまなかった姿勢には敬服する。海軍が情報収集の重要性を充分に認識していた現れであろう。

4　情報収集の経費

情報を収集するには経費が必要である。海外でスパイを雇って情報収集する際には、調査経費だけでなく人件費もかかってくる。バルチック艦隊が停泊するかもしれない未開の地に行かざるをえず、それは通常の旅費では済まない。情報を収集するには準備が必要なため、事前に現地に赴かねばならず、いつ来る

かわからない艦隊を我慢強く待つ必要がある。日当もかさむだろう。スパイには身の危険も伴う。少なくとも当人はそう思っている、あるいは思っていると見せかける。要求する金額もうなぎ上りである。生半可な金額では諜報経費をまかなえない。

香港から海南島とトンキン湾に派遣されたフランク・ジョンス（Frank Jones）の領収書と旅行明細書が、外交史料館に残っている。それによると、ジョンスは〇五年四月二六日に拳銃を持って香港から海南島に向かった。周囲八〇〇キロもあり中国で二番目に大きい島である。彼は最大の都市海口に入り、そこから駕籠や馬に乗って、途中ジャンクで入江を渡り、三週間ほどかけて陸路で島を一周した。荷物を持つ人夫と護衛を雇い、町では通訳まで使う。五月一九日には海口からトンキン湾を蒸気船で渡り、仏領インドシナのハイフォンに向かった。同地では人力車で海岸を視察し、また小汽船を雇ってトンキン湾に漕ぎ出し、湾内をくまなく視察する。二三日には海口に戻り、再度汽船を雇って雷州半島の周囲を調査した後、六月二日に香港に戻った。香港の野間政一領事には交通費と宿泊代、ホテルのボーイへのチップや文具代まで含め、洋銀三七〇フランほどの旅費を請求している。彼は六月から七月にかけて、バルチック艦隊から切り離された輸送船団の停泊するサイゴンを調査して、五〇〇フラン請求した。さらに彼は、一か月二〇〇香港ドルのスパイ手当を三か月半に加えて、ボーナスまで要求している。野間領事は、合計で旅費八七〇フラン、手当七五〇ドルも支払った。これを円に換算すると旅費が六〇〇円、手当が七〇〇円ほど、今日の金額に換算すると、経費が六〇〇万円、人件費が七〇〇万円にもなる。未開の地を旅して苦労も多かったであろうが、さしたる成果もなしに三か月ほどでそれだけの金額を手中にするのならば、スパイの実入りは悪くない。

払う側は、そうした請求に対して黙って支払ったのだろうか。たとえば香港領事館はスパイを五名も雇っている。経費も相当な額だった。第三艦隊の情報収集に際して駐オランダ三橋公使の雇ったセイデリンなども、結局大金を受け取ったにもかかわらず、ほとんど情報を提供してこない。情報技術が発達していなかった二〇世紀初頭に、海上を自由に動く海軍艦船を発見するのは非常に難しかった。それでも敵を早期に分析し迎撃の準備を整えて、必ず勝利を得なければならない。海軍軍令部も経費の支払いを約束している。日本側は背に腹は代えられなかったにちがいない。

いつでも機密費から鷹揚に経費が支払われたというわけでもない。ロシア側に金目当てで情報を売りこんだスパイがいたように、やはり日本側にも偽情報を高額で売り付けようとした輩《やから》がいた。しかし現地ではその情報の真偽が即座に判断できない場合もある。たとえばウィーン駐在の牧野公使の雇っていたクリマチツキというポーランド人からの情報はでたらめだった。そこで軍令部は、〇四年七月に牧野公使に謝金を支払わないよう伝えよ、と駐独瀧川海軍大佐に電報で釘を刺している。[10]そのようなケースも少なからずあったのだろう。軍令部第三班も気が抜けない。

日露戦争後、外務省は海軍省に対して、戦争中に立て替えていた諜報経費を請求した。その内訳を見てみよう。

バルチック艦隊行動視察費調（〇六年一月二四日）

館　名	日本金貨
暹羅（シャム、今日のタイ）公使館	一九五三円九五銭

香港領事館	四五三三円六六銭
福州領事館	二二五六円六六銭
上海総領事館	九九二六円一四銭
厦門領事館	二二一二円五八銭
汕頭分館	四五七円〇〇銭
マニラ領事館	一八一七円五八銭
新嘉坡（シンガポール）領事館	九九二六円四四銭
計	三三〇八四円一七銭[11]

合計で三万三〇八四円一七銭である。これは、あくまでもシンガポール以東のアジア地域における、外務省が委託された情報収集に限定されている。さらに外務省は七三四二円八七銭も追加で請求している。この詳細は不明だが、開戦直前までのウラジオストクでの諜報活動や、〇四年末まで封鎖されていた旅順への密輸を監視した芝罘での活動ではあるまいか。天津や牛荘といった渤海湾沿岸の都市、および朝鮮半島沿岸などでの諜報活動経費も含まれよう。合計で四万四二七円四銭である。大まかに現在の通貨に換算すると四億円程度となる。

ただしヨーロッパやその他の地域の経費は含まれていない。もちろん外務省はその経費も海軍省に請求したであろうが、文書が残っておらず詳細は不明である。例外として駐仏本野一郎公使は、ノルウェー人スパイのベルグに対して、二か月半ほどマダガスカルに派遣した経費だけで二万五〇〇〇フランも支払った。[12]当時の日本円に換算すると一万円程度である。[13]今日で約一億円ほどであろうか。ヨーロッパは日本から比べると物価が高く、諜報活動の経費もかさんだことが推測される。それにしてもアジアでの活動からすればあまりに高額であろう。欧米人に対する劣等感が支払金額の高騰を招いたのかもしれない。

ヨーロッパでは、イギリス、フランス、ドイツ、オーストリア、オランダ、ベルギー、スペイン、イタリアに公使館が存在した。駐仏、駐独、駐墺、駐蘭公使は何名かのスパイを雇い、ロシア海軍情報の収集に尽力している。ベルグは特別だとしても、アジア以上の諜報経費がかかったのは間違いない。別途、海軍武官やスエズ運河・シンガポール・香港・上海に潜入した海軍武官も、かなりの経費を使ったことだろう。その経費がどうなったかもわからない。

その他に日本近海における望楼の設置、有線および無線通信施設の配備、「碁盤の目」の索敵網の構築などの経費がかかっている。情報収集のため数十万円、現在の数十億円の費用を費やしたことになる。

本当に必要な情報を集めるには、言うまでもなく莫大な費用がかかる。それでも海戦に敗れて艦船が沈み、多くの人命が失われるのに比べればはるかに安価であろう。軍令部第三班の活動は無駄ではなかった。

5　ロシアの敗因

それにしても、日本が一方的な勝利を手に入れた理由として、第二節で挙げた日本側の勝因とロシア側の敗因だけでは、筆者には十分に納得ができない。というのも連合艦隊とバルチック艦隊は、新鋭艦に限れば、ほとんど同等の戦力だったからである。なにかしら別の本質的な原因が存在する。

マダガスカルのノシ・ベ島を訪れて感じたのは、熱帯の暑さと湿気が想像以上に厳しいことである。一年で最も暑い雨季の一月から三月にかけて、その場所でロシア人たちは十分な補給もなく、クーラーも扇風機もない戦艦という鉄の箱の中に二か月以上も停泊した。まさにサウナかオーブンの中に入っていたような状況だったろう。彼らは消耗し、心身が病気で蝕まれ、数十名も亡くなった。もし現地のスタイルで、木と竹の風通しのよい家で生活していれば、これほどの被害は生じなかったはずである。仏領インドシナでも同じことが言えよう。しっかりした停泊地もないまま熱帯の酷暑の中で一か月以上も第三艦隊を待ち受けたため、ロシア艦隊の消耗は進んだ。

当初の目的であった旅順のロシア太平洋艦隊の救出は間に合わず、ウラジオストクにたどり着くことに目標が変化する。ロシアは長大な航路上に、自国の港湾施設を一つも有しておらず、頼みのフランスが中立を宣言したため、同国植民地の港湾施設の利用に制限が設けられた。ドックを備えた港湾施設で修理できず、将兵が陸にあがって休養することもできなかった。そのため本来の航行・戦闘能力を充分に発揮できない艦船が目立つ。マダガスカルでもカムラン湾でも、ロジェーストヴェンスキーはツァーリに帰国を願い出るが、聞き入れられずに、増援部隊を待つだけのために無為な時間を過ごさざるをえなかった。そうした状態のままで対馬海峡に突入していったのである。将兵が余裕を持って訓練に励み、艦船の修理もできた万全な日本海軍の主力と正面からぶつかれば、結果は歴然としている。バルチック艦隊の遠大な航海自体が無理な計画だったことになる。

ロジェーストヴェンスキーは、四隻の仮装巡洋艦に太平洋側と黄海を航行させ、自らもあえてゆっくりと北上することで、対馬海峡から敵兵力を分散させようと試みる。しかしロシア輸送船と義勇艦隊の艦船を敵の攻撃から守るため上海に避難させたことで、上手の手から水が漏れた。対馬海峡という自らの航路を日本側に悟られてしまう。強力な出力の無線装置を有していたにもかかわらず、航行位置を秘匿するという理由で無線利用を禁止したため、敵の無線を混乱させるジャミングを行わなかった。航路の発覚と敵兵力分散の失敗、それに無線封鎖が大敗北という形に現れてしまった。

射程50kmを誇るクイヴァサーリ島の大砲台。一度も実戦で使われることなく、ミサイルに取って代わられた

ロシア側の払った代償は大きい。五千名弱の海軍将兵が命を落とし、六千名以上が捕虜となった。主要戦艦のほとんどが失われたため、首都ペテルブルクとバルト海沿岸を防備する艦船が残っていなかった。一九〇五年のロシア第一革命でストライキが頻発し、新造艦船の造船計画も遅延した。首都防衛のため、フィンランド湾南岸のエストニアと北岸のフィンランドに巨大な砲台を設置して、急場をしのごうと計画する。その計画も遅れて、ヘルシンキ南端のクイヴァサーリ島の砲台が完成したのはロシア革命後になった[14]。

6　情報と勝利の因果関係

本書を通読し、今日の視点から日露戦争当時の日本の情報収集を分析すると、「その程度の情報しか手に入らず、よく勝てたな」という印象を抱く読者も少なくなかろう。〇四年一〇月半ばにバルチック艦隊が出航してから、一か月以上たっても艦隊の全容がはっきりしない。潜水艇を搭載しているのか、乗組員の状態がどうなっているのか、まったくわからない。イスタンブール在住の日本人が集めたロシア義勇艦隊情報は、東京で無視される。軍令部がスエズ運河に派遣した外波中佐は、フェリケルザーム支隊の運河通過に間に合わなかった。マダガスカルにもスパイを派遣し、情報提供者の確保に尽力するが、日本に届いた情報は皆無に等しい。はじめて艦隊を目撃した海軍士官は、シンガポール海峡に小船を浮かべていた森義太郎大佐である。しかし森が、短時間で目の前を通過した艦隊を詳細に分析できたとは到底思えない。仏領インドシナでもロジェーストヴェンスキーが停泊地を転々としたため、東京では艦隊の正確な位置を把握できなかった。艦隊は仏領インドシナを出航した後、最短の台湾海峡を通らずあえてルソン海峡を通過して台湾の東側を北上したため、軍令部はその行方を見失ってしまう。艦隊の航行スピードが遅く、目撃情報がなかったことも相まって、対馬海峡で待ち受ける連合艦隊司令部は、不安感がピークに達してパニックに陥った。敵は対馬海峡ではなく津軽海峡の突破を狙っているのかもしれない。連合艦隊主力の待機地点を津軽海峡の日本海側の出口に移動させる寸前に、上海からバルチック艦隊発見の一報が入って事なきを得た。日本海海戦は情報の欠如による薄氷を踏むような勝利だったと解釈してもおかしくない。もし上海からの一報が遅れたならば、海戦自体が存在せず、無事ロジェーストヴェンスキーはウラジオストクに到達できていたかもしれないからである。

これこそは、まさに現代的なとらえ方であろう。ところが二〇世紀初頭の日本人の中で、イスタンブールやマダガスカルを知る人物などほとんどいない。故障の頻発する蒸気船を使った、出航日の不明な客船を乗り継ぎ、東アジアからスエズ運河まで何日で着けるかなど、計算するのは不可能だった。大海原を自由に航行する艦隊を、衛星写真も飛行機もレーダーもない時代に、どうやって見つけ出せというのだろうか。当時であれば、一つでも有用な情報が手に入れば、それは成功だとみなさなければならなかった。それほど情報の入手が困難な時代だったのである。

それにしても海軍軍令部による情報収集のスケールは大きい。ロシア海軍情報を集めるための独自の組織は、欧米の公使館付海軍武官と、スエズ運河、シンガポール、香港、上海に送り込んだ海軍士官だけである。それだけではまかないきれないため、外務省に情報網の構築を依頼し、英海軍情報部から情報を入手した。情報に関しては陸軍と共有していたからであろうか、参謀本部の集めた情報まで利用している。さらに日本郵船会社・大阪商船会社といった船会社、三井物産などの商社にも情報収集への協力を要請した。

情報を収集した範囲も広大である。果てしない大海原を自由に航海できるという海軍艦船の特性に応じて、構築された諜報網は実際のバルチック艦隊の航路よりもはるかに拡大してしまった。アフリカ沿岸は英海軍省からの情報や通信社の記事に依存していた。自前で調査した地域は、インド洋中央部から蘭領インドシナ（インドネシア）東部まで、そしてシャム湾やトンキン湾も含めた南シナ海沿岸全域、台湾海峡・ルソン海峡・東シナ海沿岸など、どんどん調査地域が広がる。ジャワ島・ボルネオ島・セレベス島の主要港湾に情報提供者を配置し、船を雇って台湾海峡の間を何度も往復させ、東シナ海にも監視船を派遣した。日本支配下の朝鮮半島や台湾を含めた日本領の沿岸全域に望楼を建設し、バルチック艦隊の来航に備える。対馬海峡の入り口には「碁盤の目」の索敵網を構築して、何隻もの艦船を配備した。津軽海峡や宗谷海峡にまで目を光らせ、対応策を練っている。膨大な労力と莫大な経費をかけ、バルチック艦隊来航に対する備えを整えた。その諜報網をロシア艦隊がすり抜けることはできなかった。

外務省の活躍も高く評価できる。政務局は海軍からの依頼に応じる形で在外公館に命じて諜報活動を始めた。各国駐箚の特命全権公使や各地に駐在する総領事・領事たちは、海外で力を発揮できる唯一の組織という自負からであろうか、情報の収集を単なる新聞の翻訳だとはみなしていない。さまざまなツテを頼って情報提供者を捜し、目的地に派遣して情報を入手させた。表面的には通常の業務をこなしているに過ぎないものの、裏では見えざる努力を重ねていた。特に日露戦争中の外務省の活動で評価できるのは、「物言わぬ組織」という一面ではなかろうか。莫大な機密費を使い、スパイを雇って情報収集を行っていたにもかかわらず、外交官たちは後世でも自らの功績を語っていない。陸海軍の将軍・提督たちが晩年に自らの機密工作を自慢げに語り、回顧録に残すなどという愚を、外交官は犯さなかった。機密解除という考え方の存在しない時代、自らの行った秘密活動を誰にも語らず「墓場まで持っていく」姿勢こそが、それを扱う担当者の最大の良心とみなされた。それを無言で実行していった当時の外交官たちの気概には頭の下がる思いである。

日露戦争では外交官も闘っていた。戦争勃発直後に欧米諸国は中立を宣言し、当時の国際法でいう中立国となった。中立国となれば、戦争に巻き込まれずに経済活動を続けることができる。戦争特需で商機をつかめばメリットは少なくない。ただし中立の義務も生じる。自国だけでなく植民地においても、一方の交戦国にだけ有利になるような支援をしてはならない。ところがフランスは、自らの港を持たないロシア海軍艦船に対して、ノシ・ベ島やカムラン湾のような植民地での長期にわたる寄港を認めていた。それを日本は看過できない。猛然とフランスに抗議し、バルチック艦隊の仏領インドシナでの停泊を妨害した。当時のフランスの植民地防衛体制は脆弱であり、もし日本がイギリスと協力して侵攻してくれば、仏領インドシナを守りきれない。日本が最後通牒を突きつけて来ないよう、中立義務を遵守しているよう見せかけた。だがヴェトナム沖は東アジアを航行する貨物船の航路になっており、ロシア艦隊の動向は容易に判明する。日本もスパイをサイゴンやカムラン湾まで潜入させていた。停泊の事実がイギリスの新聞ですっぱ抜かれると、駐仏本野一郎公使は仏外務省に対して攻勢を強める。イギリスの協力も得ながら繰り返し抗議して、ロジェーストヴェンスキーに艦隊の停泊地を何度か変更させた。こうした外交圧力がロシア艦隊の乗組員たちを消耗させたのは疑いない。

現地の総領事や領事たちの裁量権も大きかった。今日ならば、何をするにも本省の指示を仰ぐところだろうが、当時は現地での活動に関するあらゆる権限を東京から委任されていた。逆に言うと本省にお伺いをたてないため、情報収集の詳細がわからない。唯一、海軍に機密費を請求する際に必要な領収書から、活動の一部を垣間見ることができる。シンガポール、香港、上海などでは、船舶の借り入れなど手続きが煩雑な場合には、領事たちが自分で動くのではなく、三井物産の現地支店長に依頼していた。諜報経費が物産宛に支払われている。

海外で情報を収集する際に日本商社の役割も注目に値する。経費の支払いの背景にある秘密交渉や値下げの駆け引きなどを想像すると、商社がロシア海軍情報を収集するために、多大な助力を惜しまなかったことは明らかである。とくにバルチック艦隊の停泊地との関連で、石炭や軍事物資を積んだ輸送船の行先が焦点となった際に力を発揮した。日本商社にとって海外での幅広い情報収集こそが商売の糧であったことも、幸いしたのかもしれない。それにしても公金の授受には非常な苦労を強いられたことだろう。秘密の商談の裏側に、いくつもの隠れたドラマが埋もれているはずである。

日英同盟の情報協力という視点も忘れてはならない。日英海軍協力の一環として、駐英海軍武官の鏑木誠海軍大佐は足しげく英海軍情報部に通い、同部の機密情報を手に入れた。特に日本の情報網がまったく行き渡らないアフリカ沿岸やインド洋では、英海軍情報がもっとも信頼できるものだったようである。駐英日本公使館も英外務省から、貴重な情報を提供されている。しかしイギリス政府は日本に冷たい。日本の戦時公債発行にも当初は前向きな姿勢を示さず、バルチック艦隊のスエズ運河通過に関しても、同盟よりも中立を重視した。イギリスは台頭するドイツと対抗するため、ロシアとの摩擦を最低限に留めておきたかったのであろう。大英帝国との同盟に舞い上がり、「兄貴分」からの多大な支援を期待した日本とはちがう。香港に潜入した東條明次海軍大尉も帰国復命書の中で、英国は同盟国にもかかわらず中立を重んじて一見すると冷淡に感じる、と漏らしている[15]。

日本が情報収集をする際の情報源となったのは、数日遅れで手に入るロシア紙を除けば、『ザ・タイムズ』『ル・タン』『ベルリーナー・ターゲブラット』など主要列強の日刊紙だった。新聞も海外情報に関してはロイター、アヴァス、ヴォルフなどの通信社に依存していた。日本の在外公館では、そうした通信社記事の「横を縦に直す」翻訳作業が重要だった。

新聞情報だけでは十分でないため、日本の外交官や海軍武官は、特別な情報を求めてスパイを雇い、目的地に派遣する。ロシアの首都ペテルブルクやラトヴィアの海軍基地リバーヴァ、ギリシアのクレタ島、マダガスカル、仏領インドシナのカムラン湾などである。雇われたのは多くの場合欧米人の新聞記者だった。特にイギリス人が多い。これは日本が同盟国イギリスの記者を無条件に信頼していたからだろう。さらに日本の外交官や海軍武官の多くが、英語しかできなかったからでもある。イギリス人たちの対応もおもしろい。本書にでてくる英国人スパイは比較的誠実である。イギリスから遠く離れた地で契約特派員として働く記者たちは、果敢に現地に飛び込み情報収集を行った。彼らの身分では自らの筆のみが頼りであり、今日のような新聞記者の倫理規定などはなく、情報を他紙や第三者に売り渡してもとがめられない。またインターネットを介して即時に世界中から情報が入手できる時代ではないため、契約しているいくつかの新聞社から同時に掲載料を得ることも可能だった。同盟国日本のために働くという気持ちがあったかどうかはともかく、彼らは日本に対してマイナスのイメージを抱いておらず、忠実に仕事をこなした。イギリス政府の態度とは裏腹に、彼らは同盟国日本のために汗を流したことになる。日本が結果として日英同盟を高く評価したのは、同盟締結を素直に喜んで日本への支援を厭わなかった在外のイギリス人たちに依るところが大きい。

しかしこの欧米人重視の姿勢は、東南アジアや東アジアにおける情報収集に際して、十分に機能したのか疑問である。カムラン湾では、カニンガムの派遣が好結果をもたらしたが、艦隊がどこを航行しているかなどの情報を入手できたわけではない。ルソン海峡でも東シナ海でも、艦隊情報を集められなかった。海外在住の日本人にも頼っていたが、それも限定的である。周到な準備をしたものの、ほとんど成果があがらなかったと言ってよい。たとえば東南アジアや東アジアに強力なネットワークを有する華僑社会に協力を依頼していれば、違った結果になっていたかもしれない。だが欧米偏重の軍令部参謀や外交官たちの心の奥底に、アジア人蔑視の感情が潜んでいたとしたら、それが情報収集の阻害要因だったのではなかろうか。

それ以外の問題点も挙げなければならない。日本のマスコミには上海を除けばまだ海外にでる余力はなく、唯一海外の通信社からの情報を利用していただけだった。海軍軍令部や外務省政務部は、ほとんど日本のマスコミから情報を入手できていない。唯一の例外は、上海潜入中の宮治民三郎海軍大尉に協力した新聞記者の佐原篤助くらいではなかろうか。佐原は英字新聞『シャンハイ・マーキュリー』に勤めており、同地の記者仲間との交友を深めて、ロシア艦隊への補給物資を運ぶ密航船などの情報を宮治に提供している。[16]〇七年に日本電報通信社（電通）がアメリカのＵＰ通信社と特約を結ぶ。こうした通信社の出現によって、国際ニュースが容易に入手できるようになり、日本のマスコミも国際化を図れる。戦争特派員を別にして、日本のマスコミがロンドン・パリ・ベルリンに特派員を置けるようになるのは、第一次世界大戦前後まで待たねばならない。

労力をかけ資金をふんだんに投入すれば、正確な情報を迅速に集めることができるのだろうか。本書の中でも雇ったスパイに金を払って、偽情報をつかまされたくだりがでてくる。それも雇った担当者の人物を見る目がない、あるいは一定の割合でそういうケースは起こりうるものだと諦めるしかないのだろう。だが、できうれば混乱をもたらすような不正確な情報は手にしたくない。信頼のおける情報提供者および組織を確保する、そういう人物・組織を多数ストックできるような状況を作り出すことが重要である。国家が、そして国家の下で情報収集に携わる人々が、日頃から多方面で友好的な関係を築いておくことは欠かせない。そうした関係の積み重ねこそが、情報戦を生き抜く知恵というものであろう。

軍令部が東アジアに構築した諜報網のほとんどは、まったく利用されずに終わった。莫大な労力と経費の無駄である。軍令部が「諜報」に関する記録を一部しか作らず極秘海戦史にさえ掲載しなかったのは、彼らが無駄だと認めて隠ぺい工作を図ったからだろうか。いや違う。情報提供者の秘密を守り、日本海軍の情報収集能力を第三者に覚らせないために、あえて記録を極秘の上のランクに格上げしたにちがいない。軍令部第三班は万が一に備え、あらゆる可能性を考慮して、広大で緻密な諜報網を事前に作り上げた。こうして日本海軍が待ち構えているとき、バルチック艦隊は張り巡らされた網にかかり、予想にたがわず対馬海峡ルートに現れた。一つのシステムとしての海軍諜報網に、敵は首尾よく飛び込んできたのである。軍令部の情報収集策は総体として成功した。

莫大な労力と経費をかけて諜報網を構築していたからこそ、東郷は安心して待つことができた。日本海海戦の二日前に、連合艦隊司令部内に混乱が生じていたことは確かである。日露両国の海軍が決戦する前夜、現場の担当者である秋山真之以下の連合艦隊参謀たちが、敵艦影を発見できずに動揺を隠せなかったのは仕方がない。しかし、最終的には「碁盤の目」の索敵網でバルチック艦隊を発見し、対馬海峡で撃破できた。

情報を収集するのは容易ではない。とくに素早く正確に情報を収集するためには、相当の準備を事前にしておかねばならない。膨大な労力とコストがかかる。しかしバルチック艦隊の来航というどうしても手に入れたい情報ならば、日本海軍のようにコストを度外視して準備をしておくべきだ。情報収集に関しては、時代が変わり収集のツールが変わろうとも、労力とコストをかけた周到な準備が必要だという事実は変わらない。情報戦とはそういうものである。日露戦争中の海軍の情報収集の中核となった軍令部第三班の活躍を忘れてはならない。

注

序章

1 軍令部編纂『明治三十七八年海戦史』（内閣印刷局朝陽会、一九三四年）下巻、一〇八―一一ページ。伊藤和雄『まさにNCWであった日本海海戦』（光人社、二〇一一年）七五―七八ページ。

2 海軍軍令部『極秘、明治三十七八年海戦史』[392.15.G]（以下『極秘海戦史』と略）防衛省防衛研究所戦史研究センター蔵（以下、防研と略）。アジア歴史資料センターのホームページでも閲覧可能。

3 軍令部編『明治三十七八年海戦史』上下（春陽堂、一九〇九―一〇年）。

4 外山三郎『日露海戦史の研究――戦記的考察を中心として』上下（教育出版センター、一九八五年）、野村實『日本海海戦の真実』（講談社新書、一九九九年）など。

5 『極秘海戦史』第五部第一編第二章、六〇ページ。

6 『大海情』全一一巻 [⑨、千代田、156-166] 防研。

7 『明治三十七・八年戦時書類』[⑪、日露戦書、M37-38-1~223] 防研。

8 『日露戦役行賞一件』[6.2.1.22] 外務省外交史料館蔵（以下、外史と略）。

9 司馬遼太郎「バルチック艦隊来たる」『歴史への招待』第一七号（一九八一年）一三―三六ページ。

10 外務省編『日本外交文書』明治三十七八年、別冊日露戦争I―V（日本国際連合協会、一九五八―六〇年）。

11 コンスタンティン・プレシャコフ『日本海海戦　悲劇への航海――バルチック艦隊の最期』稲葉千晴訳、上下巻（二〇一〇年、NHK出版）。

第1章

1 『東京帝国大学五十年史』下巻（東京帝国大学、一九三二年）、一〇九五―一一二八ページ。『国立国会図書館三十年史』（国立国会図書館、一九七九年）二―二八ページ。小川徹・奥泉和久・小黒浩司『公共図書館サービス・運動の歴史1、そのルーツから戦後にかけて』（日本図書館協会、二〇〇六年）一三六―四三ページ。

2 Hugh Barty-King, *Girdle Round the Earth: the Story of Cable and Wireless and Its Predecessors to Mark the Group's Jubilee 1929-1979*, (London: Heinemann, 1979), pp.3-41. 邦訳『地球を取り巻く帯―― Cable & Wireless 社並びに同社の前身の物語』（国際電信電話株式会社、一九八二年）三―三四ページ。岡忠雄『英國中心に觀たる電氣通信發達史』（通信調査會、一九四一年）一二六―二三三ページ。

3 中島武編述『國際通信會議の史的発展と米國の立場』（通信調査會、一九四一年）、七二―七五ページ。逓信省電務局外國電信課編『萬國電信發達沿革史』（未公刊、一九三六年）二五―一〇八ページ。

4 村本脩三編『国際電気通信発達史（日本編）』（国際電信電話株式会社、一九八一年）四三―四六ページ。

5 村本脩三編『国際電気通信発達史（世界編）』（国際電信電話株式会社、一九八一年）三七―三九ページ。花岡薫『海底電線と太平洋の百年』（日東書房、一九六三年）、二二―七九ページ。日本電信電話公社海底線施設事務所編『海底線百年の歩み』（電気通信協会、一九七一年）、六三―六七ページ。Jorma Ahvenainen, *The Far Eastern Telegraphs: the history of telegraphic communications between the Far East, Europe, and America before the First World War*, (Helsinki: Suomalainen tiedeakatemia,1981), pp.89-179.

6 大野哲弥『国際通信史でみる明治日本』（成文社、二〇一二年）一五三―五九ページ。

7 「無線通信」『ブリタニカ国際百科事典』（TBSブリタニカ、一九七五年）第一九巻、二〇四―二一ページ。キース・ゲッデス『グリエルモ・マルコーニ』岩間尚義訳（開発社、二〇〇二年）二五―四七ページ。デーニャ・マルコーニ＝パレーシュ『父マルコーニ』御舩佳子訳（東京電機大学出版局、二〇〇七年）。

8 W.J.Baker, *A History of the Marconi Company*, (London: Methuen, 1970), pp.35-105.

9 『無線百話――マルコーニから携帯電話まで』（クリエイト・クルーズ、1998年）一一五―一一九ページ。

10 Mike Adams, *Lee de Forest: King of Radio, Television, and Film*, (New York: Springer, 2012), pp.41-84. Helen Fessenden, *Fessenden: Builder of tomorrows*, (New York: Coward-McCann, 1940), pp.73-156. A. Frederick Collins, *Wireless Telegraphy: Its History, Theory and Practice*, (New York: McGraw, 1905), pp.145-209.

11 冨澤一郎「海戦をめぐる情報通信環境とA・S・ポポフ」『太平洋学会誌』第九四号（二〇〇五年）二一―三三ページ。

12 大野貫二『わが国対外無線通信の黎明期』（国際電信電話株式会社、一九七六年）四四―五一ページ。

13 『汽車汽船旅行案内、壹百号』（庚寅新誌社、一九〇三年一月）一五二ページ［三宅俊彦編『復刻版明治大正時刻表』（新人物往来社、一九九八年）］。

14 日本郵船株式会社編『七十年史』（日本郵船、一九五六年）五八―六五ページ。日本郵船株式会社『渡欧案内』（一九一一年）、日本郵船歴史博物館所蔵。

15 ハーモン・タッパー『大いなる海へ――シベリヤ鉄道建設史』鈴木主税訳（フジ出版、一九七一年）一七七―三二〇ページ。

第2章

1 『海軍職員表、其の二』［②、日露戦争、40］防研。

2 『海軍軍令部ノ起源及沿革』（書写資料、浅井将秀稿）早稲田大学図書館所蔵。秦郁彦編『日本陸海軍総合辞典』（東京大学出版会、一九九一年）一七二頁、四九二―九四ページ。有賀傳『日本陸海軍の情報機構とその活動』（近代文藝社、一九九四年）二三六―三九ページ。稲葉千晴「日露戦争中の日本の諜報システム」『研究紀要（東洋英和女学院大学短大部）』第三五号（一九九七年）四～五ページ。

3 海軍軍令部第三局『諜報』第一九―九九号、一〇〇―三一号、一三一―五三号、一五七―七五号、一七六―九〇号

〔⑨、千代田、172-76〕防研。

4 稲葉千晴「日露戦争の準備」『都市情報学研究』第七号（二〇〇一年）、四一―五二ページ。

5 海軍軍令部第三局『秘情報』第二―一〇〇号、二九―一五四号、一〇一―二〇〇号、二〇一―三〇〇号、三〇一―一七号〔⑨、千代田、167-171〕防研。

6 Jane's Fighting Ships,(London: Sampson Low, 1899-).

7 筆者による浅井勇へのインタビュー、一九九二年一〇月。

8 島田謹二『ロシヤにおける広瀬武夫』（朝日新聞社、一九七〇年）二三三―二九三ページ。『広瀬武夫全集』上巻（講談社、一九八三年）二五三―四一〇ページ。

9 海軍歴史保存会『日本海軍史』第九巻（第一法規、一九九五年）一九四―九五、二八九―九〇ページ。稲葉千晴「日露戦争前夜のウラジヴォストーク対ロシア諜報活動」『都市情報学研究』第五号（一九九九年）三―八ページ。

10 河原より伊集院次長宛諸電報『極秘明治三十七八年戦史原稿、英國鏑木大佐米國竹下少佐獨國瀧川大佐河原少佐報告』〔⑪、日露、M37-320〕防研（以下、『戦史原稿鏑木』と略）。

11 坂野潤次『近代日本の出発』（新人物文庫、二〇一〇）三四八―五三ページ。和田春樹『日露戦争――起源と開戦』下巻（岩波書店、二〇一〇）三八二―八三ページ。

12 稲葉千晴「日露戦争の準備――軍事的視点から」『都市情報学研究』第七号（二〇〇二年）四五―四九ページ。千葉功『旧外交の形成――日本外交一九〇〇～一九一九』（勁草書房、二〇〇八年）一一九―四六ページ。

13 『極秘海戦史』第一部巻一三三―三四ページ。

14 稲葉千晴『明石工作――謀略の日露戦争』（丸善ライブラリー、一九九五年）一九―二二ページ。

15 小村より飯島宛〇四年一月一二日付公電第一三号、一五日付無号、一九日無号、二月二日付無号、飯島より小村宛一月一四日付第三六号、一七日無号、二二日無号、二月一〇日付無号、牧野より桂太郎外相宛〇五年一二月一日付機密五六号『日露戦役関係帝国ニ於テ密偵者使用雑件』第一巻〔5.2.7.3〕、牧野より桂外相宛〇五年一〇月一〇日付機

密第四六号『日露戦役行賞一件、伊、墺、蘭、白、瑞諾、羅、丁雑件』〔6.2.1.22-4〕外史。*Scoop*（「スクープ」二万四千人ものイギリス人およびアイルランド人ジャーナリストのデータベース http://www.scoop-database.com). 牧野公使より小村外相宛〇四年一一月二日付機密第九六号『明治三七八年戦時書類巻一三、情報報告（四）』〔⑪、戦時書類、M37/38-13〕防研。

16 Moberly Bell to T.J.P. McKenna on 27.04.1904, *Manager Letter Book: Second Series*, Vol.36, The Times Newspapers Ltd. Archives, London.

17 在イタリア飯島より桂外相宛〇五年一二月二三日付機密号外『日露戦役行賞一件、英国人之部』〔6.2.1.22-1〕外史。

18 『外務省職員録（明治三十七年八月調）』外史。

19 稲葉「日露戦争中の日本の諜報システム」五—六ページ。

20 プレシャコフ、前掲書、上巻一二五—四三ページ。

21 Д.Б.Павлов, На пути к Цусиме, (Москва: Вече, 2011), С.26-28.

22 『極秘海戦史』第一部巻一、三四ページ。『森中佐（後ニ大佐）報告』〔⑪、日露、M37-322〕防研。

23 プレシャコフ、前掲書、上巻一四三〜四六ページ。

24 立作太郎『戦時国際法論』（日本評論社、一九三一年）四五七—七三ページ。入江啓四郎・大畑篤四郎『重訂外交史提要』（成文堂、一九六四年）一四〇—四三ページ。

25 瀧川より伊集院次長宛諸電報『戦史原稿鏑木』。

26 プレシャコフ、前掲書、上巻一三五—四六、一五七—六二ページ。

27 『大海情』〇四年六月二八日付第二三七号。

28 七月一六日付本野より小村宛公電第一六八号『日露戦役関係露国波羅的艦隊東航関係一件』第一巻〔5.2.2.20〕外史（以下『東航一件』と略）。

29 九月一二日付井上より小村寿太郎外相宛公電第三七〇号『外務省報告、露國太平洋第二第三第四艦隊ノ動静』〔⑪、日露、M37-526〕防研（以下『外務省報告』と略）。

30　『日本海軍史』第一〇巻、二〇四ページ。

31　Inoue to Komura, Tel. No.373 on 13.09.1904『獨公使来、自明治三十七年七月至十二月』〔来往電綴、165〕外史。井上より小村宛九月二四日付機密第六一号『外務省報告』。

第3章

1　Ian H.Nish, *Anglo-Japanese Alliance: The Diplomacy of Two Island Empires 1894-1907*, (London: Athlone Press, 1966), pp.99-244. デイヴィッド・スティーズ「相互の便宜による帝国主義の結婚――一九〇二―一九二二年の日英関係」『日英関係史』第一巻政治・外交I（東京大学出版会、二〇〇〇年）一八三―二一五ページ。イアン・ニッシュ「イギリスのアジア政策」『東アジア近現代通史』第二巻日露戦争と韓国併合（岩波書店、二〇一〇年）九四―一〇九ページ。

2　稲葉千晴「第一次日英同盟の軍事協力――一九〇二―〇五年」『名城大学総合研究所紀要』第八号（二〇〇三年）一六三―六四ページ。Chiharu Inaba, "Military Cooperation under the First Anglo-Japanese Alliance, 1902-1905", *Anglo-Japanese Alliance, 1902-1922*, ed.P.P.O'Brien, (London, Routledge Curzon, 2004), pp.64-81.

3　Ian Nish, "Could the Russo-Japanese War have been prevented by British Diplomacy?", Re-examining the Decision-Making Process in the Russo-Japanese War, 日本国際政治学会二〇〇六年度研究大会政策決定分科会発表、二〇〇六年一〇月一四日、かずさアカデミアホール、千葉。

4　Keith Nielson, "'A Dangerous Game of American Poker': The Russo-Japanese War and British Policy", *The Journal of Strategic Studies*, No.12, (1989), pp.63-87. Keith Nielson, *Britain and the Last Tsar: British Policy and Russia 1894-1917*, (Oxford: Clarendon Press, 1995), pp.238-64. 稲葉千晴「欧米における日露戦争研究の動向」日露戦争研究会編『日露戦争研究の新視点』（成文社、二〇〇五年）四五〇―六〇ページ。

5　稲葉「第一次日英同盟の軍事協力」一六六―六七ページ。佐藤守男「情報戦争としての日露戦争（一）」『北大法学論集』第五〇巻六号（二〇〇〇年）七五―一二七ページ。同（二）第五一巻一号一四九―九一ページ。ジョン・チャップマン「戦略的情報活動と日英関係――一九〇〇―一八年」『日英交流史一六〇〇―二〇〇〇』第三巻（東京大学出版会、二〇〇一年）七八―七九ページ。

6 稲葉「第一次日英同盟の軍事協力」一六八ページ。

7 「明治三十七八年戦時書類巻一一、情報報告（二）」〔⑪、日露戦書、M37/38-11〕防研。

8 鏑木より次官宛〇五年一〇月一六日付電報、『明治三十七八年戦時書類巻一三、情報報告（四）』〔⑪、日露戦書、M37/38-13〕防研。

9 長田順行より筆者宛一九九一年九月二四日付書簡、および暗号分析資料。

10 Komura to Koshi Paris (Legation Japon), telegram on 8 March 1904, Iguchishosho to Hisamatsu Légation Japon Paris, on 7/3/04, «Télégrammes chiffrés, 19 Fevrier - 27 Mars 1904», *Chiffre secret* No.6, Archives Nationales, Paris, D.F712829. 1.173-74, 9 novemb. 1904, Komura Ministre japonais à Ambassadeur Paris, 1.175, 10 novemb. 1904, Motono (Ambassadeur à Paris) au Ministre Komura, télégramme, «France - Russie, 1898 - 1914», *Papiers Delcassé* Vol.11, Archives Diplomatiques, Paris.

11 Motono to Komura, Telegram No.221 on 28.10.1904, TEL No.4008,『来電明治三十七年七～十二月』, *TEL 63, Checklist of Archives in the Japanese Ministry of Foreign Affairs*, Tokyo, Japan, 1868-1945, Microfilmed for the Library of Congress.

12 Motono to Komura, Coded Telegram No.221 on 28.10.1904, «*Разные сведения касающиеся русско-японской войны:* по переписке с чиновником *особых поручений Мануйловым*», Государственный Архив Российской Федерации (ГАРФ, Москва), Ф.102, ДПОО, Опись 316, 1904- II, Дело 1, част 4, л.109.

13 Motono to Komura, Decoded Telegram No.221 on 28.10.1904, ГАРФ, Ф.102, ДПОО, Оп.316, 1904-II, Д.1, ч.4, л.108.

14 稲葉千晴「日露戦争中の露仏諜報協力：対日情報収集をめぐって」『外交時報』第一三三五号（一九九七年）六二―八三ページ。稲葉千晴「日露戦争中の日本の暗号」『都市情報学研究』第一六号（二〇一一年）、一七―二四ページ。

15 稲葉「第一次日英同盟の軍事協力」一六四―六五ページ。

16 伊集院五郎「明治三五年遣英艦隊報告第五回」一九〇二年六月一〇日『明治三十五年遣英艦隊関係書類、報告一』〔⑩、遣英遺米、M35-1〕防研。

17 稲葉「第一次日英同盟の軍事協力」一六五―六六ページ。

18 長田順行『暗号』（社会思想社、一九八五年）一八三―九〇ページ。伊藤和雄、前掲書、六九―七四ページ。

19 大野哲弥「空白の三五年、日米海底ケーブル敷設交渉小史」『情報社会・メディア研究』第四号（二〇〇七年）二五―三二ページ。英国日本公使館付武官への〇三年一〇月二〇日付照會案『明治三十七年軍事機密大日記四ノ一』〔陸軍省、軍事機密大日記、M37-1〕防研。

20 小田切より小村寿太郎外相宛〇四年四月二八日付機密送第三〇号、小田切より小村宛六月九日付機密九三号、八月四日付機密一二五号『本省電信事務関係雑件』第一巻〔7.1.4-18〕外史。後藤新平台湾総督府民政長官より長岡外史参謀次長宛「特約電報取扱日誌、甲ノ部」『明治三十八年秘密日記』〔参謀本部、日露戦役、M38-2〕防研。稲葉千晴「日露戦争と国際通信――欧日間の電信の発達とロシアの日本電報傍受」『戦略研究情報』第一七五号（一九九二年）、一―一四ページ。

21 W.Laird Clower, *The Royal Navy: A History from the Earliest Times to the Death of Queen Victoria, Vol.VII, 1857-1900*, (London: Sampson Low, Marston & Co., 1903),p.78. Anthony R. Wells, "Studies in British Naval Intelligence 1880-1945", PhD Thesis, King's College, University of London, 1972 (Electric Theses Online Service, British Library). *The Royal Navy List*, No.105, (London: Witherby & Co., 1904), p.242.

22 立、前掲書、四五七―七三ページ。入江・大畑、前掲書、一四〇―四三ページ。

23 プレシャコフ、上巻、一三一―一三三ページ。

24 外務大臣官房人事課『外務省年鑑』自明治四二年至四四年、外史。

25 三田商業研究会編『慶応義塾出身名流列伝』（実業之世界社、一九〇九年）三一五―一六ページ。『日本海軍史』第九巻（第一法規、一九九五年）八〇七―八ページ。

26 "Admiral Stuart Nicholson: Officer of Exceptional Talent", *The Times*, 11.09.1936. "Death of Admiral Stuart Nicholson: Great Loss to Bude", *Cornish & Devon Post*, 12.09.1936. Joan Dood's (Stuart Nicholson's grand daughter) letter, 05.10. 2000. John Winton, "Life and Education in a Technically Evolving Navy, 1815-1925", *Oxford Illustrated History of the Royal Navy*, ed. J.R. Hill, (Oxford: Oxford UP, 1995), pp.268-69.

27 鏑木より伊東祐亨軍令部長宛〇四年六月八日付「英国最新魚型水雷図面譲受ケニ関スル件」『戦史原稿鏑木』。

28 海軍大臣代ニデル・ミレルより黒海艦隊司令長官宛〇四年四月二一日付五七三二号、ロジイストウェンスキーより黒海艦隊艤装部長宛四月二五日付四〇二〇号『戦史原稿鏑木』。

29 『戦史原稿鏑木』中の電報・報告書類。吉澤雪「明治三七八年戦役に於ける日本海軍の諜報活動――英国公使館付鏑木誠大佐を中心に」『聖心女子大学大学院論集』第三四号（二〇〇八年）三〇―四九ページ。

30 外務省編『日本外交文書』明治三七・八年別冊日露戦争Ⅳ、一〇二六ページ。宇都宮より参謀総長宛三月三〇日付特第三号『特電報』（参謀総長宛極秘電報）［文庫、千代田史料、384］防研。ニコライより明石宛四月一九日付ドイツ語書簡［73-8］、ニコライよりカルロフ宛五月四日付ドイツ語書簡［89-7］『明石元二郎文書』国会図書館憲政資料室蔵。稲葉千晴「『明石元二郎文書』欧文書簡――日露戦争中のスパイからの手紙を中心に」『社会科学討究』第一一六号（一九九四年）三三五―八ページ。

31 The Holland Submarine Boat, for Private Circulation Only, (1898), p.1.（ホーランド社の潜水艦宣伝用パンフレット）、在米華府留学生井出謙治海軍大尉より海軍軍務局長諸岡頼之宛一九〇〇年五月三日付報告第一四号、五月四日付報告第一四号追加、米国駐在海軍少佐井出謙治提出『明治三十三年外國駐在員報告』巻二［海、外駐報、M30-4］防研。『日本海軍潜水艦史』（日本海軍潜水艦史刊行会、一九七九年）四―五ページ、一七―二三ページ。

32 В.А. Кучер, Ю.В. Мануйлов, В.П. Семенов. Русские подводные лодки. История создания и использования. 1834-1923 гг. Научно-исторический справочник. Том *I*, *часть 1*. (СПб.: ЦКБ МТ «Рубин», 1994). с.47-92.

33 軍令部次長より鏑木大佐宛五月五日付、鏑木より部長宛五月九日付電報『戦史原稿鏑木』。

34　五月二一日付第一六五号「旅順ノ潜航艇」『大海情』第一〇一―二〇〇号。
35　六月九日付第二〇五号「旅順口ニ在ル露国潜水艇ニ関スル件」、『大海情』第二〇一―三〇〇号。
36　伊集院軍令部次長より陳田捨巳外務次官宛一〇月二六日付大海機密第二六一号『東航一件』第一巻。
37　稲葉千晴「水面下の諜報戦――日露戦争中の潜水艇情報をめぐって」『国際安全保障』第三一巻第三号（二〇〇三年）三九―五二ページ。
38　一九〇六年八月付末松謙澄より林董外相宛推薦書、Komura to Hayashi, telegram No.95 on 12.06.07,『日露戦役行賞一件、英国人之部』[6.2.1.22-1] 外史。松村正義『ポーツマスへの道――黄禍論とヨーロッパの末松謙澄』（原書房、一九八七年）七一―九〇ページ。
39　Moberly Bell to Hayashi, Letter on 27.03.1904, *Manager Letter Book*, Second Series, Vol.36, The Times Archives.
40　林より小村宛〇四年一二月一二日付公電第四一六号『外務省報告』。倉田保雄『ニュースの商人ロイター』（新潮選書、一九七九年）。
41　一二月一四日付林より小村宛公電第四二〇号『外務省報告』。
42　加藤由作『ロイド保険証券の生成』（春秋社、一九六三年）三―一六ページ。

第4章

1　プレシャコフ、前掲書、上巻、一三五―五六頁。露國海軍軍令部編纂『一九〇四、五年露日海戦史』海軍軍令部訳第六巻、防研、一七ページ。
2　本野より小村宛一〇月七日付公電第二〇八号、小村より本野宛一〇日付公電第二四四号『東航一件』第五巻。本野より小村宛一〇月二九日付機密第三七号『明治三十七八年戦時書類巻一二、情報報告（三）』[⑪、日露選書、M37/38-12、570] 防研。
3　『極秘明治三十七八年海戦史』第二部巻一、一―二ページ。

4 プレシャコフ、前掲書、上巻、一六一―六二頁。『露日海戦史』第六巻、一七ページ。

5 井上より小村宛九月二四日付機密第六一号『外務省報告』、三橋信方より林董外相宛一九〇五年一〇月八日付機密第一三号『日露戦役行賞一件、伊、墺、蘭、白、瑞諾、羅、丁雑件』［6.2.1.22-4］外史。

6 瀧川より井上勝之助公使宛一九〇五年八月三〇日付稟申『日露戦役行賞一件、独國人之部』［6.2.1.22-3］外史。志村哲也「ヘルマン・プラウト『日本語読本』」『上智大学ドイツ文学論集』第四三号（二〇〇六）一九七―二一六ページ。"Wilhelm Kunstmann", in *Neue Deutsche Biographie* 13 (1982), S.302-303.

7 一〇月一七日付第三七三号、一八日付第三七六号『大海情』。

8 Mitsuhashi to Komura Tel. No.24 on 17.10., No.25 on 18.10., No.26 on 19.10., No.27 on 20.10.『来電綴明治三七年十月』［来往電綴、216］外史。

9 田嶋信雄「ナチ時代のベルリン駐在日本大使館――人と政策」『成城法学』第四八号（一九九五年）四一七ページ。

10 小村より林董駐英公使宛一〇月二〇日付公電第四七三号『往電綴、明治三十七年九月十月』［来往電綴、225］外史。

11 Komura to Makino, Telegram No.63 on 29.10.『往電綴明治三七年九月十月』。『極秘海戦史』第二部巻一、二ページ。

12 大山より小村宛一一月二六日付公電第五八号『外務省報告』。

13 プレシャコフ、上巻一六三―八五ページ。

14 林より小村宛一〇月二四日付公電第三三一号、二五日付三三三号、二七日付三三八号、二八日付三四〇号『外務省報告』。Hayashi to Komura, Tel. No.331 on 24.10.04,『来電綴、明治三十七年十月』［往来電綴、216］外史。

15 赤羽より加藤高明外相宛一九〇六年一月八日付機密第八号『日露戦役行賞一件、在外公館ヨリ功績申立』［6.2.1.22-14-5］外史。

16 一一月七日付第四二二号『大海情』。

17 一一月二日付け第四一四号『大海情』。

18 プレシャコフ、前掲書、上巻一八六―九一ページ。

19 一〇月三〇日付第四〇四号、一一月一日付第四一〇号『大海情』。

20 Coleman Phillipson & Noel Buxton, *The Question of the Bosphorus and Dardanelles*, (London: Stevens and Haynes, 1917), pp.70-149. 高橋昭一『トルコ・ロシア外交史』（シルクロード、一九八八年）一七二―二二六ページ。

21 John Chapman, "Britain, Japan and the 'Higher Realms of Intelligence' 1900-1918", *The History of Anglo-Japanese Relations 1600-2000*, Vol.3, *The Military Dimensions*, (Basingtoke: Macmillan, 2003), pp.124-38.

22 Makino to Komura Telegrams No.25-133 on 13.02.04-26.07.04, Komura to MakinoTels No.16-23 on 13.02.-26.02.『日露開戦ノ際ニ於ル露國ノ動静竝ニバルカン半島ノ状況視察ノ為メ飯島領事及松本書記生土耳古へ出張一件』[6.1.6.52] 外史。

23 稲葉千晴「日露戦争中のトルコ海峡問題――ロシア義勇艦隊通過をめぐる日露の争い」『都市情報学研究』第四号（一九九九年）一七―二四ページ。Chiharu Inaba, "The Question of the Bosphorus and the Dardanelles during the Russo-Japanese War", *The Rising Sun and the Turkish Crescent: New Perspectives of the History of Japanese- Turkish Relations 1868-1945*, ed.S. Esenbel & C. Inaba, (Istanbul: Bogazici UP, 2003), pp.122-144.

24 松谷浩尚『イスタンブールを愛した人々――エピソードで綴る激動のトルコ』（中公新書、一九九八年）一四〇―一四三ページ。

25 牧野より小村宛一一月七日付公電第二一八号、九日付第二二四号、一二日付第二三〇号、Makino to Komura Tel. No.228 on 10.11., No.233 on 14.11.『来電綴、墺公使明治三十七年』Telegram 1904, *Checklist*.

26 一一月一〇日付第四三一号、一一月一二日付第四三四号、一一月一三日付第四三九号『大海情』。

27 プレシャコフ、前掲書、上巻二四三―四九ページ。

28 一一月七日付小村より牧野宛公電第六七号『墺、往電明治三十七年自一月至十二月』[来往電綴、166] 外史。一九〇五年一〇月一〇日付牧野より桂宛公第八一号『日露戦役行賞一件、伊、墺、蘭、白、瑞諾、羅、丁雑件』。Reginald WYON & Gerald PRANCE, The Land of the Black Mountain: the adventures of two Englishmen in Montenegro,(London:

Methuen, 1903). Reginald WYON, The Balkans from within, (London: James Finch, 1904).

29 一一月一一日付第四三〇号。一二日付四三二号『大海情』。

30 一一月二〇日付第四五四号、二二日付第四五七号、二三日付第四五八号、二四日付第四五九号・四六一号『大海情』。

31 プレシャコフ、前掲書、上巻二四九―五五ページ。

32 安藤仁介「スエズ運河自由航行の保障――コンスタンチノープル条約の規定と実践」『京都大学教養部政法論集』第二号（一九六八年）一四一―六八ページ。小村より林宛公電第四八六号、Hayashi to Komura, Tel. No.354 on 04.11.04.『東航一件』第四巻。

33 『日本海軍史』第一〇巻、二四四―四五ページ。

34 外波と斎藤実海軍次官との間の諸電報『明治三十八年外波中佐出張報告』〔⑩、外駐員報、M30-12〕防研。

35 〇五年一月五日―二月二八日付第五六五号、五七六号、五七九号、五八八号、五八九号、五九五号、六一七、六一八号、六二三号、六四二号、六六八号、六七八号、六八四号、六八六号、六九〇号『大海情』。

36 一月一四日付第五八九号、一九日付五九五号『大海情』。

37 『露日海戦史』第六巻、一五八―七〇ページ。

38 〇四年一二月三日付第四八七号『大海情』。

39 三橋より小村宛〇四年一二月一五日付公電第五三号、小村より三橋宛〇五年一月九日付公電第九号『日露戦役関係帝国ニ於テ密偵者使用雑件』（以下『密偵者使用雑件』と略）〔5.2.7.3〕外史。

40 二月一七日付第六六三号、一八日付第六六七号、一九日付第六七〇号、二一日付第六七二号『大海情』。

41 三橋より小村宛二月一九日付公電第一三号『外務省報告』

42 二月一一日付第六四七号『大海情』。三橋より小村宛四月一六日付公電第三七号『密偵者使用雑件』。

43 外波より海軍次官宛四月二四日付電報『明治三十八年外波中佐出張報告』。三月二五日付第七六二号『大海情』。

第5章

1 プレシャコフ、前掲書、上巻一九三―二四〇ページ。

2 小村より本野宛〇四年七月二日付公電第一五三号、一〇月二七日付二六三号、一一月二日付二六七号、六日二七一号、Motono to Komura Tel. No.165 on 04.07.04., 本野より小村宛一一月五日付公電第二三三号、一二日付二四二号『日本外交文書』別冊日露戦争I、四五七―六六ページ。

3 Hayashi to Komura Tel. No.370, Motono to Komura, Tel. No.244, Inoue to Komura, Tel. No.444, on 13.11.04,『東航一件』第一巻。

4 一二月一三日付第五一四号『大海情』。

5 "Arrêté: ouvrant le bureau de post de Nosy-Bé à la télégraphie privée", *Journal officiel de Madagascar et Dépendences*, 07.01.1905, Archives nationales, Antananarivo, Madagascar.

6 プレシャコフ、前掲書、上巻二六七―三一五ページ。『露日海戦史』第六巻、七五―九五、一〇七―一二ページ。

7 Cassam Aly Ndandahizara, *Histoire de la ville d'Antsiranana par des images*, (Faire connaitre le Nord de Madagascar), p.40.

8 司馬遼太郎「バルチック艦隊来たる」『歴史への招待』第一七号（一九八一年）一三―三六ページ。『新・熊本の歴史』第七巻（熊本日日新聞、一九八一年）一五六―五八ページ。北野典夫『天草海外発展史』上巻（葦書房、一九八五年）三五七―八四ページ。

9 三月一二日付第七二七号『大海情』。

10 本野より小村宛一二月二日付公電第二六五号、小村より本野宛一二月三日付公電第二九四号『東航一件』第五巻。

11 本野より小村宛〇五年一月一日付公電第一号、小村より本野宛一月二日付公電第五号『東航一件』第二巻。

12 本野より小村宛三月二〇日付機密第五号『東航一件』第三巻。

13 ・二月三〇日付第五五一号『大海情』。

14 伊集院五郎海軍次官より珍田捨巳外務次官宛一二月三〇日付大海機密第三三一号、一二月三〇日付各公使館付武官へ電訓『東航一件』第二巻。

15 "Carl Kaijser †", Krigsarkivet, Stockholm.
16 秋月左都夫より林外相宛一九〇六年七月二九日付機密第三号『日露戦役行賞一件、伊、墺、蘭、白、瑞、諾、羅、丁雑件』。
17 外波より斎藤実海軍次官宛〇五年一月二二日付電報『明治三十八年外波中佐出張報告』。
18 野間より小村宛一月一八日付機密第一号「香港」『東航一件』第五巻。
19 小村外相より田中都吉宛二月一八日付公電第四号、田中より小村宛三月二日付公電第三二号、九日付第三五号、一〇日付第三六号「新嘉坡」『東航一件』第五巻。
20 *Journal officiel de Madagascar et Dépendences*, 29.12.1904-17.03.1905.
21 本野より小村宛三月二一日付機密第六号および仏文の付属文書『日本外交文書』別冊日露戦争I、五二四—三三ページ。
22 三月一九日付第七四五号、二一日付第七五三号『大海情』。
23 Komura to Ohga, Tel. on 17.02.04, Ohga to Komura, Tel. On 18.02.04,「香港」『東航一件』第五巻。
24 津田弘隆『父の思ひ出』（私家版、一九四三年）、一〜二ページ。
25 小村より田中宛、田中より小村宛〇四年一〇月〜〇五年二月付諸公電「新嘉坡」『東航一件』第五巻。
26 一九〇七年九月一一日付田中都吉の叙勲申立書『日露戦役行賞一件、英国人之部』。"William Graeme St Clair", *Who's Who 1897-1998*, (Oxford: Oxford U.P., CD-Rom, 1998).
27 『極秘海戦史』第二部巻一、四ページ。
28 『日本海軍史』第九巻、四三一—二ページ。
29 森より伊東軍令部長宛、伊集院次長宛、江頭副官宛〇四年一二月三〇日〜〇五年四月九日付諸電報『極秘、森中佐（後に大佐）報告』〔⑪、日露、M37-322〕防研。
30 『極秘海戦史』第二部巻一、二九二—九三ページ。
31 プレシャコフ、前掲書、下巻、三二一—三四ページ。

32 『極秘海戦史』第二部巻一、二九二―三一五ページ。

33 プレシャコフ、前掲書、下巻、三九ページ。

34 プレシャコフ、前掲書、下巻、三一―三九ページ。

35 四月八日付第七九八号、七九九号、八〇〇号『大海情』。

36 司馬遼太郎「バルチック艦隊来たる」『歴史への招待』第一七号（一九八一年）一三一―三六ページ。

37 Tanaka to Komura, Tel.No.48 on 08.04.1905.『東航一件』第三巻。四月九日付第八〇一号『大海情』。

第6章

1 プレシャコフ、前掲書、下巻四二―五〇ページ。

2 プレシャコフ、前掲書、下巻四七―六四ページ。『露日海戦史』第六巻、一四五―五一ページ。

3 小村より田中宛四月八日付公電第一二号、田中より小村宛四月一〇日付公電第五五号『東航一件』第三巻。

4 斎藤海軍次官より珍田外務次官宛四月九日付官房機密四一六号『東航一件』第三巻、小村より田中宛四月九日付公電第一三号、田中より小村宛四月一〇日付公電第五四号「新嘉坡」『東航一件』第五巻。

5 山本海相より小村外相宛四月一一日付官房機密「新嘉坡」『東航一件』第五巻。

6 Tanaka to Komura, tel. No.53 on 10.04.05, No.57 on 13.04.05. 稲垣より小村宛四月一三日付公電第一一号『外務省報告』。

7 野間より小村宛四月一三日付公電第一三号、一四日付一八号、一五日付一九号『外務省報告』。

8 野間より小村宛四月一六日付公電第三三号、Hayashi to Komura, tel. on 16.04.05. Inagaki to Komura tel.No.12 & 13 on 17.04.05. 本野より小村宛四月一七日付公電第九九号『東航一件』第三巻。

9 小村より田中宛四月一九日付公電第二四号、野間宛公電第七六号「新嘉坡」『東航一件』第五巻。

10 野間より小村宛四月一二日付公電第二一号「香港」『東航一件』第五巻、野間より小村宛四月一六日付公電第三三号『外務省報告』。

11 本山より軍令部長宛四月一六日付電報『東航一件』第三巻。

12 伊集院軍令部次長より珍田外務次官宛四月一七日付大海機密第一三〇号『東航一件』第三巻。

13 Robin Hutcheon, *SCMP: the First Eighty Years*, (Hongkong, South China Morning Post, 1983), pp.11-26. 野間より林外相宛〇六年二月一九日付機密号外、〇九年二月二六日付小村外相より在英加藤高明大使宛送第三九号『日露戦役行賞一件、英国人之部』。"Alfred Cunningham", *Who's Who 1897-1998*, (Oxford U.P., CD-Rom, 1998).

14 野間より小村宛四月二三日付公電第四七号、二四日付第四九号、二五日付第五〇号『外務省報告』。"Baltic Fleet: Rodjestvensky leaves Kamranh, Third Squadron Following Up", *South China Morning Post* on 25.04.1905, "With the Balticans in Indo-China: At Phanrang and Camrang", on 15.05.1905.

15 ロンドン林公使より小村宛四月二五日付公電第一七三号『外務省報告』。

16 野間より小村宛四月二七日付公電第五四号、五五号『外務省報告』。

17 野間より小村宛五月一日付公電第六六号『来電、明治三十八年五月』［来往電綴、231］外史。"At Saigon: Censuring of Despatches", *The South China Morning Post*, on 17.05.1905.

18 『日本外交文書、明治三七・八年、別冊日露戦争』I、五三四ページ。

19 「交戦國軍艦ノ中立國港湾滞在ニ関スル取調」『日露戦役関係各国中立雑件（韓、米、伯、墨、亜爾然丁、雑ノ部）』［5.2.14.8-2］外史。

20 Komura to Motono, Tel. No.104 on 18.04.05, Komura to Hayashi London, Tel.No.129on 19.04,『日本外交文書、明治三七・八年、別冊日露戦争』I、五三三—三五ページ。

21 『日本外交史辞典』（山川出版、一九九二年）一〇〇三ページ。『読売新聞百年史』（読売新聞社、一九七六年）二四〇—六六ページ。

22 Motono to Komura Tel. No.101 on 19.04, No.103 on 22.04,『日本外交文書、明治三七・八年、別冊日露戦争』I、五三五—三六、四〇—四一ページ。

23 小村より本野宛四月二六日付公電第一二一号『日露戦役関係各国ノ中立雑件、仏国ノ部』〔5.2.14.8-4〕外史。

24 Motono to Komura Tel. No.112 on 26.04, No.113 on 27.04,『日本外交文書、明治三七・八年、別冊日露戦争』I、五五五、六七ページ。

25 本野より小村宛四月二六日付機密第四四号『日本外交文書、明治三七・八年、別冊日露戦争』I、五五五—六六ページ。

23 Ohto Manninen, *The Second Russian Pacific Fleet and French Neutrality: Problems during the Russo-Japanese War 1904-1905*, (Forssa: Forssan Kirjapaino, 1975), pp.156-79.

27 『露日海戦史』第六巻、一五一—五七ページ。

28 W.H.Donald to Minister for Foreign Affairs, letter on 28.05.1908.『日露戦役行賞一件、英国人之部』。Donald to Noma, receipt on 02.06.05.「香港」『東航一件』第五巻。"W.H. Donald", in *Australian Dictionary of Biography* (http://adb.anu.edu.au/biography/donald-william-henry-5992). E.A.Selle, *Donald of China*, (New York: Harper & Brothers, 1948), pp.1-31.

29 野間より小村宛四月二七日付公電第五六号、五月八日付八七号および九三号『外務省報告』。

30 "The Baltic Fleets: Third Squadron Passes Saigon", *The China Mail* on 08.05.1905.

31 野間より小村宛五月一〇日付公電第九六号『外務省報告』。

32 野間より小村宛四月三〇日付公電第六四号、五月二日付七二号、三日付七七号、四日付七八号『外務省報告』。

33 野間より小村宛五月五日付公電第八二号、八日付八七号『外務省報告』。

34 野間より小村宛五月八日付公電第八九号、九日付九一号九二号『外務省報告』。

35 小村より本野宛五月一日付公電第一二九号『東航一件』第三巻。Motono to Komura Tel. No.116 on 01.05,『日本外交文書』別冊日露戦争I、五六八—六九ページ。

36 小村より本野宛五月四日付公電第一三五号、Motono to Komura Tel. No.121 on 05.05,『日本外交文書』別冊日露戦争I、五六九—七一ページ。

37 小村より本野宛五月六日付公電第一三九号、Motono to Komura Tel.No.123 on 07.05,『日本外交文書』別冊日露戦争Ⅰ、五七一―七五ページ。

38 Motono to Komura, Tel.No.102 on 20.04, Hayashi to Komura, Tel. on 20.04,『日本外交文書』別冊日露戦争Ⅰ、五三九―四〇、四二―四四ページ。

39 MacDonald to Lansdowne, Tel. No.98 on 21.04.05, "The Russo-Japanese War: Breach of French Nationality by Russian Fleet at Kamranh Bay" (Microfilm), FO/46/668, National Archives, Kew, Richmond, Surry, UK.

40 Lansdowne to Bertie, Tel. on 21.04, and Bertie to Lansdowne, Confidential No.155 on 22.04.05, FO/46/668.

41 MacDonald to Lansdowne, Telegrams on 24-27.04.05, FO/46/668.

42 MacDonald to Lansdowne, Tel. on 05.05.05, FO/46/668.

43 在英林公使より小村宛〇五年五月八日付公電第一八四号、一〇日付第一八六号、在仏本野公使より小村宛五月一〇日付公電第一二五号『明治三十七八年日露事件ニ対スル列国ノ態度』〔⑪、日露、M371-341〕防研。"French Neutrality in the Far East", *The Times* on 09.05.05.

44 『露日海戦史』第六巻、一五七―五八ページ。

45 Patrick Beillevaire, "Preparing for the Next War: French Diplomacy and the Russo-Japanese War", *Rethinking the Russo-Japanese War, Vol. II, The Nichinan Papers*, eds. J. Chapman & C. Inaba, (Kent: Global Oriental, 2007), pp.127-46.

46 駐仏落合臨時代理公使より小村宛五月一六日付公電第一三三号『外務省報告』。

47 野間より小村宛一七日付公電第一一三号『外務省報告』。

48 "The Neutrality Crisis", *The China Mail* on 12.05.'05. "The Baltic Fleet: Scouring the coast, Nhatrang Bay deserted", "Japanese Boycott French Goods" on 15.05.'05, "Ordered to leave French waters: Rozhdestvensky Expected to Comply" on 17.05.'05, "The Fleet Departs: Seventy-three vessels leave for the north" on 18.05.'05.

第7章

1 山本海相より小村外相宛四月一〇日付官房機密第四二二号「汕頭」『東航一件』第五巻。
2 斎藤海軍次官より珍田外務次官宛四月一三日付官房機密第四三二号、小村より野間宛四月一六日付公電第七一号「香港」『東航一件』第五巻。
3 野間より小村宛四月一八日付公電第三六号「香港」『東航一件』第五巻。
4 小村より野間宛四月二四日付公電第八一号、野間より小村宛五月一四日付公電第一〇二号「香港」『東航一件』第五巻。
5 東條明次より伊集院軍令部次長宛六月一四日付復命書『明治三十七八年戦史原稿、玉利、西、吉田、東條、各艦長報告』[⑪、日露、M37-321] 防研。
6 野間より小村宛四月一三日付公電第二七号『東航一件』第三巻。
7 冨田より伊集院軍令部次長宛五月七日付報告書『明治三十七八年戦史原稿、玉利、西、吉田、東條、各艦長報告』。
8 稲垣より小村宛〇五年一〇月二八日付機密信第三一号「暹國」『東航一件』第五巻。
9 『村岡伊平治自伝』(南方社、一九六〇年) 一五一ページ。
10 成田より小村宛四月二六日付機密信第三号。The Bulletin Publishing Co.'s Receipt on 03.05.05. Mickael Casper & Co.'s Receipt on 22.04.05.「馬尼刺」『東航一件』第五巻。
11 大賀より小村宛五月一三日付機密第一三号「汕頭」『東航一件』第五巻。
12 上野より小村宛五月一日付公電第二三号、七月七日付機密第一八号「厦門」『東航一件』第五巻。
13 中村より小村宛四月一七日付機密第一〇号、二〇日付公電第一七号、二四日付機密第一六号「福州」『東航一件』第五巻。
14 中村より小村宛五月二日付機密第二四号「福州」『東航一件』第五巻。
15 台湾総督府海軍参謀長より軍令部長宛四月一二日、一四日付、部長より参謀長宛四月一三日、一五日付、参謀長より海軍次官宛四月一四日付、馬公要港部参謀長より次官宛四月一七日付電報『明治三十七八年戦時書類巻二五、露国東

航艦隊監視ノ為メ対岸ヘ人員派遣等ニ関スル件』〔⑪、日露戦書、M37/38-25、583〕防研。

16 Д.Б.Павлов, Русско-японская война, 1904-1905 гг.: секретные операции на суше и на море, (Москва : Материк, 2004).

17 松村正義『日露戦争と日本在外公館の〝外国新聞操縦〟』（成文社、二〇一〇年）二二一―三八ページ。

18 Inaba Chiharu, "International Telecommunications during the Russo-Japanese War: The Developments of the Telegraph Service between Europe and Japan and the Russian Interception of Japanese Telegrams", *The Studies* (Toyo Eiwa College) No.32, (1993) pp.25-41.

19 Komura to Odagiri, Shanghai, telegram No.108 on 26.12.1903、小田切より小村宛〇三年一二月三〇日付機密第一七七号『日露戦役関係帝国ニ於テ密偵者使用雑件、上海ノ部』〔5.2.7.3〕外史。

20 小田切より小村宛〇五年七月一日付「叙勲申請ノ件」（私信）『日露戦役行賞一件、英国人之部』。

21 P.Q.R. to XYZ, Report 50, Shanghai on Feb. 10, 1905など多数『日露戦役ニ関スル軍事諜報者報告』〔5.2.2.35〕外史。

22 在清大使内田康哉より林董外相宛〇七年四月二八日付「ドクトル・モリソン叙勲相成度件」機密号外『日露戦役行賞一件：英国人』。

23 小田切より小村宛〇四年一一月二四日付公電四九五号「上海」『東航一件』第五巻。

24 松村、前掲書、二二一―三八ページ。

25 宮治より伊集院軍令部次長宛五月二日付第二号、五月六日付第三号、九日付第四号、一〇日付第五号、一一日付第六号、一二日付第七号、一四日付第八号報告、宮治より江頭軍令部副官宛五月一六日付書簡「報告綴」『極秘、戦史原稿明治三十八年四月以降、宮治大尉報告』〔⑪、日露、M37-323〕防研（以下『宮治大尉報告』と略）。

26 『山本条太郎伝記』（山本条太郎翁伝記編纂会、一九四二年）一九九―二〇四ページ。森恪伝記編纂会編『森恪』（高山書院、一九四一年）一二一―二五ページ。

27 三村より伊集院次長宛五月一八日付電報第七四号『宮治大尉報告』。

28 宮治より江頭班長宛五月一六日付報告書、三村より次長宛五月二〇日付、二三日付電報、『宮治大尉報告』。

29 橋公一「日本海海戦前における対露情報収集活動——上海日本総領事館と宮地海軍大尉を中心に」『軍事史学』第五〇号第二号（二〇一四年）、七六—九〇ページ。

30 〇四年一一月八日、一五日、二二日、二九日、一二月六日、一三日、二〇日、三〇日、〇五年一月三一日、二月二八日、三月三一日に付「東航露國太平洋第二艦隊所在表」『大海情』。

31 扇達治「明治三拾八年七月、日露戦争情報録」扇ルイ（上対馬町）個人所有。

32 「露国太平洋第二艦隊」「露国太平洋増援艦隊」「第四敵艦隊」『東京朝日新聞』一九〇五年四月一〇日、二四日、五月一八日。

33 原剛『明治期国土防衛史』（金星社、二〇〇二年）、四一七—二〇ページ。『極秘海戦史』第四部巻四、二一八—七七ページ。

34 『極秘海戦史』第二部巻一、六六—一四二ページ。

35 「北海警備艦艇行動の大要」『極秘海戦史』第二部巻一、二三九—五七ページ。

36 「望楼」『極秘海戦史』第四部巻四、二一八—七七ページ。

37 プレシャコフ、前掲書、下巻、七三—八九ページ。『露日海戦史』第六巻、一九七—二〇八ページ。

38 野村實『日本海海戦の真実』（講談社現代新書、一九九九年）、六三—一二四ページ。

39 松岡志郎（洋右の四男、故人）への一九九五年一〇月二〇日の電話インタビュー。

40 『露日海戦史』第六巻、二〇七—〇八ページ。

41 三村より軍令部次長宛五月二五日付第九七号電報『宮治大尉報告』。

42 永瀧久吉上海総領事より林外相宛〇七年六月一五日付機密第三二号『日露戦役行賞一件、英国人之部』。

43 三村より軍令部次長宛五月二五日付第九六号電報『宮治大尉報告』、小田切より小村宛五月二五日付公電第二三四号『在上海総領事来電明治三十八年自一月至六月』*Checklist of Archives: In the Japanese Ministry of Foreign Affairs, Tokyo, Japan, 1868-1945*, Microfilmed for the Library of Congress, 1949-1951, (Washington: Photo-duplication Service, Library of

44 Congress, 1954), p.155. "Telegrams, 1905 No.4290-5229 (TEL 64), No.5230-6023 (TEL 65)".
三村より軍令部次長宛五月二六・二七日付電報第九八―一〇八号『宮治大尉報告』、小田切より小村宛五月二六・二七日付公電第二三五―五七号『在上海総領事来電明治三十八年自一月至六月』。

終章

1 プレシャコフ、前掲書、下巻、八二～八九ページ。
2 軍令部編纂『明治三十七八年海戦史』（内閣印刷局朝陽會、一九三四年）下巻、二三二―四五ページ。伊藤和雄『まさにＮＣＷであった日本海海戦――勝利を生んだ明治海軍「ネットワーク中心の戦い」』（光人社、二〇一一年）六九―七八ページ。
3 大野『国際通信史でみる明治日本』二〇六―一八ページ。
4 『極秘海戦史』第七部巻五、二二四ページ。
5 反町英一『人間山本五十六』上（光和堂、一九五六年）、一五三―六四ページ。田中宏巳『山本五十六』（吉川弘文館、二〇一〇年）二九―三一ページ。
6 吉田恵吾『創出の航跡、日露海戦の研究』（すずさわ書店、二〇〇〇年）、一八八―二二八ページ。
7 『極秘海戦史』第四部巻四、三六六―七三ページ。
8 『極秘海戦史』第四部巻四、九三―九五ページ。一九〇五年一二月一日付小松満次郎逓信省通信局長より伊集院五郎海軍軍令部次長宛特秘第一四九七号『明治三十七八年電線関係、作戦班』〔⑪、日露、M37-314〕防研。金文子『日露戦争と大韓帝国――日露開戦の「定説」をくつがえす』（高文研、二〇一四年）、三三―一九六ページ。
9 Frank Jones' Receipts「香港」『バルチック艦隊東航一件』第五巻。
10 江頭副官より瀧川大佐宛〇四年七月二五日付電報『戦史原稿鏑木大佐』。
11 外相より斎藤実海相宛〇六年一月二四日付機密送第九号「海軍省へ課報者使用費請求」『東航一件』第五巻。

12 本野より小村宛〇五年三月二〇日付機密第五号『東航一件』第三巻。

13 「巴里宛参着為替相場月別表」『明治大正国勢総覧』（東洋経済新報社、一九二七年）一六五ページ。

14 Ole Enqvist, *Kuivasaari*, (Helsinki: Sotamuseo, 1995), pp.1-24. *Suomen rannikotykstö 1918-1958*, Keijo Mikola et al, (Helsinki: Rannikkotykistön upseeriyhdistys, 1959), pp.1-37.

15 東條より伊集院軍令部次長宛〇五年六月一四日付報告書『明治三十七八年戦史原稿、玉利、西、吉田、東條、各艦長報告』［⑪、日露、M37-321］防研。

16 宮治より伊集院次長宛五月二日付第二号報告、五月九日付第四号報告『宮治大尉報告』。

参考文献

一次史料

防衛省防衛研究所戦史研究センター図書館

海軍軍令部『極秘、明治三十七八年海戦史』〔392.15.G〕
露國海軍軍令部編纂『一九〇四、五年露日海戦史』海軍軍令部訳第六巻
『海軍職員表、其の二』〔②、日露戦争、40〕
海軍軍令部第三局『諜報』〔⑨、千代田、172-76〕
大本営海軍幕僚『大海情』全一一巻〔⑨、千代田、156-166〕
海軍軍令部第三局『秘情報』〔⑨、千代田、167-171〕
『明治三十五年遣英艦隊関係書類、報告一』〔⑩、遣英遣米、M35-1〕
『明治三十三年外國駐在員報告』巻二〔⑩、外駐員報、M30-4〕
『明治三十八年外波中佐出張報告』〔⑩、外駐員報、M30-12〕
『明治三十七八年電線関係、作戦班』〔⑪、日露、M37-314〕防研
『極秘、明治三十七八年戦史原稿、英國鏑木大佐米國竹下少佐獨國瀧川大佐河原少佐報告』〔⑪、日露、M37-320〕
『極秘、明治三十七八年戦史原稿、玉利、西、吉田、東條、各艦長報告』〔⑪、日露、M37-321〕
『極秘、森中佐（後ニ大佐）報告』〔⑪、日露、M37-322〕
『極秘、戦史原稿明治三十八年四月以降、宮治大尉報告』〔⑪、日露、M37-323〕

『明治三十七八年日露事件ニ対スル列国ノ態度』〔⑪、日露、M371-341〕
『外務省報告、露國太平洋第二第三第四艦隊ノ動静』〔⑪、日露、M37-526〕
『明治三十七八年戦時書類巻一一、情報報告（二）』〔⑪、日露戦書、M37/38-11〕
『明治三十七八年戦時書類巻一二、情報報告（三）』〔⑪、日露選書、M37/38-12〕
『明治三十七八年戦時書類巻一三、情報報告（四）』〔⑪、戦時書類、M37/38-13〕
『明治三十七八年戦時書類巻二五、露国東航艦隊監視ノ為メ対岸へ人員派遣等ニ関スル件』〔⑪、日露戦書、M37/38-25〕
『明治三十七年軍事機密大日記四ノ一』〔陸軍省、軍事機密大日記、M37-1〕
『明治三十八年秘密日記』〔参謀本部、日露戦役、M38-2〕
『特電報』（参謀総長宛極秘電報）〔文庫、千代田史料、384〕

外務省外交史料館

『日露戦役関係露国波羅的艦隊東航関係一件』五巻〔5.2.2.20〕
『日露戦役ニ関スル軍事諜報者報告』〔5.2.2.35〕
『日露戦役関係帝国ニ於テ密偵者使用雑件』二巻〔5.2.7.3〕
『日露戦役関係各国ノ中立雑件、仏国ノ部』〔5.2.14.8-4〕
『日露戦役関係各国中立雑件（韓、米、伯、墨、亜爾然丁、雑ノ部）』〔5.2.14.8-2〕
『日露開戦ノ際ニ於ル露國ノ動静竝ニバルカン半島ノ状況視察ノ為メ飯島領事及松本書記生土耳古へ出張一件』〔6.1.6.52〕
『日露戦役行賞一件、英国人之部』〔6.2.1.22-1〕
『日露戦役行賞一件、独國人之部』〔6.2.1.22-3〕
『日露戦役行賞一件、伊、墺、蘭、白、瑞諾、羅、丁雑件』〔6.2.1.22-4〕
『日露戦役行賞一件、在外公館ヨリ功績申立』〔6.2.1.22-14-5〕
『本省電信事務関係雑件』第一巻〔7.1.4-18〕

『来電綴、明治三十七年十月』［来往電綴、216］
『来電綴、明治三十八年五月』［来往電綴、231］
『往電綴、明治三十七年九月十月』［来往電綴、225］
『獨公使来電、自明治三十七年七月至十二月』［来往電綴、165］
『墺公使来電、往電明治三十七年自一月至十二月』［来往電綴、166］
『外務省職員録（明治三十七年八月調）』
外務大臣官房人事課『外務省年鑑』自明治四二年至四四年
（防衛研究所と外交史料館の史料のほとんどは「アジア歴史資料センター」ホームページ http://www.jacar.go.jp/ で閲覧可）

国会図書館憲政資料室

『明石元二郎文書』

早稲田大学図書館

『海軍軍令部ノ起源及沿革』（書写資料、浅井将秀稿）

日本郵船歴史博物館

日本郵船株式会社『渡欧案内』（一九一一年）

イギリス国立公文書館（ロンドン）National Archives, Kew, Richmond, Surry, UK.

"The Russo-Japanese War: Breach of French Nationality by Russian Fleet at Kamranh Bay" (Microfilm), FO/46/668,

ザ・タイムズ文書館（ロンドン）The Times Newspapers Ltd. Archives, London.

Manager Letter Book: Second Series, Vol.36.

ケーブル・アンド・ワイヤレス文書館（本文書館は、一九九〇年代初頭にはロンドンのケーブル・アンド・ワイヤレス本社内にあったが、現在はポースカーノ、イングランド最西端のランズ・エンド岬に移転している）Cable & Wireless Archive, Porthcurno, Cornwall, England.

"Via Eastern: the Eastern and Associated Telegraph Companies' Cable System"

フランス国立公文書館（パリ）Archives nationales, Paris

«Télégrammes chiffrés, 19 Fevrier - 27 Mars 1904», *Chiffre secret* No.6, , D.F712829.

フランス外交史料館（パリ）Archives Diplomatiques, Paris.

«France - Russie, 1898 - 1914», *Papiers Delcassé* Vol.11.

スウェーデン軍事文書館（ストックホルム）Krigsarkivet, Stockholm.

"Carl Kaijser †".

マダガスカル国立公文書館（アンタナナリヴ）Archives nationales, Antananarivo, Madagascar.

«Arr été : ouvrant le bureau de post de Nosy-Bé à la télégraphie privée», *Journal officiel de Madagascar et Dépendences*, 07.01.1905.

ロシア連邦国立公文書館（モスクワ）：Государственный Архив Российской Федерации (ГАРФ, Москва)

«*Разные сведения касающиеся русско-японской войны*: по переписке с чиновником *особых поручений Мануйловым*», Ф.102, ДПОО, Опись 316, 1904- II, Дело 1, част 4.

個人所有

扇達治「明治三拾八年七月、日露戦争情報録」扇ルイ（上対馬町）

出版物

軍令部編『明治三十七八年海戦史』（春陽堂、一九〇九—一〇年）上下巻

外務省編『日本外交文書明治三十七八年、別冊日露戦争I—V』（日本国際連合協会、一九五八—六〇年）

『広瀬武夫全集』（講談社、一九八三年）上下巻

Jane's Fighting Ships, (London: Sampson Low, 1899-).

The Royal Navy List, No.105, (London: Witherby & Co., 1904).

新聞

The China Mail (Hong Kong)

The Cornish & Devon Post (Launceston, U.K.)

The South China Morning Post (Hong Kong)

The Times (London)

『東京朝日新聞』

マイクロフィルム

『来電綴、明治三十七年七〜十二月』

『墺公使来電、明治三十七年』

『在上海総領事来電、明治三十八年自一月至六月』, *TEL 63, Checklist of Archives: In the Japanese Ministry of Foreign Affairs, Tokyo, Japan, 1868-1945*, Microfilmed for the Library of Congress, 1949-1951, (Washington: Photo-duplication Service, Library of Congress, 1954)

事典・データベース（電子データ）

秦郁彦編『日本陸海軍総合辞典』（東京大学出版会、一九九一年）

The Australian Dictionary of Biography (http://adb.anu.edu.au).

Neue Deutsche Biographie, Hrsg. von Bayerische Akademie der Wissenschaften. Historische Kommission, Bd.13 (Berlin: Duncker & Humblot, 1982).

Scoop!: The biographical dictionary of British and Irish journalists (http://www.scoop-database.com).

Who's Who 1897-1998, (Oxford: Oxford U.P., CD-Rom, 1998).

「アジア歴史資料センター」(http://www.jacar.go.jp/)

二次史料

書籍

有賀傳『日本陸海軍の情報機構とその活動』（近代文藝社、一九九四年）
伊藤和雄『まさにNCWであった日本海海戦』（光人社、二〇一一年）
稲葉千晴『明石工作――謀略の日露戦争』（丸善ライブラリー、一九九五年）
入江啓四郎・大畑篤四郎『重訂外交史提要』（成文堂、一九六四年）
大野貫二『わが国対外無線通信の黎明期』（国際電信電話株式会社、一九七六年）
大野哲弥『国際通信史でみる明治日本』（成文社、二〇一二年）
岡忠雄『英國中心に觀たる電氣通信發達史』（通信調査會、一九四一年）
小川徹・奥泉和久・小黒浩司『公共図書館サービス・運動の歴史1、そのルーツから戦後にかけて』（日本図書館協会、二〇〇六年）
海軍歴史保存会『日本海軍史』第九巻一〇巻（第一法規、一九九五年）
加藤由作『ロイド保険証券の生成』（春秋社、一九六三年）
『汽車汽船旅行案内、壹百号』（庚寅新誌社、一九〇三年一月）［三宅俊彦編『復刻版明治大正時刻表』（新人物往来社、一九九八年）］
北野典夫『天草海外発展史』上巻（葦書房、一九八五年）
金文子『日露戦争と大韓帝国――日露開戦の「定説」をくつがえす』（高文研、二〇一四年）
倉田保雄『ニュースの商人ロイター』（新潮選書、一九七九年）
キース・ゲッデス『グリエルモ・マルコーニ』岩間尚義訳（開発社、二〇〇二年）
『国立国会図書館三十年史』（国立国会図書館、一九七九年）

島田謹二『ロシヤにおける広瀬武夫』（朝日新聞社、一九七〇年）
反町栄一『人間山本五十六――元帥の生涯』（光和堂、一九六四年）
『新・熊本の歴史』第七巻（熊本日日新聞、一九八一年）
高橋昭一『トルコ・ロシア外交史』（シルクロード、一九八八年）
立作太郎『戦時国際法論』（日本評論社、一九三一年）
ハーモン・タッパー『大いなる海へ――シベリヤ鉄道建設史』鈴木主税訳（フジ出版、一九七一年）
田中宏巳『山本五十六』（吉川弘文館、二〇一〇年）
千葉功『旧外交の形成――日本外交一九〇〇～一九一九』（勁草書房、二〇〇八年）
津田弘隆『父の思ひ出』（私家版、一九四三年）
逓信省電務局外國電信課編『萬國電信發達沿革史』（未公刊、一九三六年）
『東京帝国大学五十年史』下巻（東京帝国大学、一九三二年）
外山三郎『日露海戦史の研究――戦記的考察を中心として』（教育出版センター、一九八五年）上下巻
中島武編述『國際通信會議の史的発展と米國の立場』（通信調査會、一九四一年）
長田順行『暗号』（社会思想社、一九八五年）
日露戦争研究会編『日露戦争研究の新視点』（成文社、二〇〇五年）
『日本海軍潜水艦史』（日本海軍潜水艦史刊行会、一九七九年）
『日本外交史辞典』（山川出版、一九九二年）
日本電信電話公社海底線施設事務所編『海底線百年の歩み』（電気通信協会、一九七一年）
日本郵船株式会社編『七十年史』（日本郵船、一九五六年）
野村實『日本海海戦の真実』（講談社新書、一九九九年）
ヒュー・バーティー＝キング『地球を取り巻く帯――Cable & Wireless 社並びに同社の前身の物語』（国際電信電話株式

会社、一九八二年）
花岡薫『海底電線と太平洋の百年』（日東書房、一九六三年）
原剛『明治期国土防衛史』（金星社、二〇〇二年）
坂野潤次『近代日本の出発』（新人物文庫、二〇一〇年）
コンスタンティン・プレシャコフ『日本海海戦　悲劇への航海――バルチック艦隊の最期』稲葉千晴訳（NHK出版、
二〇一〇年）上下巻
松谷浩尚『イスタンブールを愛した人々――エピソードで綴る激動のトルコ』（中公新書、一九九八年）
松村正義『日露戦争と日本在外公館の〝外国新聞操縦〟』（成文社、二〇一〇年）
松村正義『ポーツマスへの道――黄禍論とヨーロッパの末松謙澄』（原書房、一九八七年）
デーニャ・マルコーニ＝パレーシュ『父マルコーニ』御船佳子訳（東京電機大学出版局、二〇〇七年）
三田商業研究会編『慶応義塾出身名流列伝』（実業之世界社、一九〇九年）
『無線百話――マルコーニから携帯電話まで』（クリエイト・クルーズ、一九九八年）
『村岡伊平治自伝』（南方社、一九六〇年）
村本脩三編『国際電気通信発達史（日本編）』（国際電信電話株式会社、一九八一年）
村本脩三編『国際電気通信発達史（世界編）』（国際電信電話株式会社、一九八一年）
『明治大正国勢総覧』（東洋経済新報社、一九二七年）
森恪伝記編纂会編『森恪』（高山書院、一九四一年）
『山本条太郎伝記』（山本条太郎翁伝記編纂会、一九四二年）
吉田惠吾『創出の航跡、日露海戦の研究』（すずさわ書店、二〇〇〇年）
『読売新聞百年史』（読売新聞社、一九七六年）4
和田春樹『日露戦争――起源と開戦』（岩波書店、二〇一〇年）上下巻

Mike Adams, *Lee de Forest: King of Radio, Television, and Film*, (New York: Springer, 2012).

Jorma Ahvenainen, *The Far Eastern Telegraphs: the history of telegraphic communications between the Far East, Europe, and America before the First World War*, (Helsinki: Suomalainen tiedeakatemia,1981).

W.J.Baker, *A History of the Marconi Company*, (London: Methuen, 1970).

Hugh Barty-King, *Girdle Round the Earth: the Story of Cable and Wireless and Its Predecessors to Mark the Group's Jubilee 1929-1979*, (London: Heinemann, 1979).

W.Laird Clower, *The Royal Navy: A History from the Earliest Times to the Death of Queen Victoria,Vol.VII, 1857-1900*, (London: Sampson Low, Marston & Co., 1903).

A. Frederick Collins, *Wireless Telegraphy: Its History, Theory and Practice*, (New York: McGraw, 1905).

Ole Enqvist, *Kuivasaari*, (Helsinki: Sotamuseo, 1995).

Helen Fessenden, *Fessenden: Builder of tomorrows*, (New York: Coward-McCann, 1940).

Robin Hutcheon, *SCMP: the First Eighty Years*, (Hong Kong, South China Morning Post, 1983).

Ohto Manninen, *The Second Russian Pacific Fleet and French Neutrality: Problems during the Russo-Japanese War 1904-1905*, (Forssa: Forssan Kirjapaino, 1975)

Keith Nielson, *Britain and the Last Tsar: British Policy and Russia 1894-1917*, (Oxford: Clarendon Press, 1995).

Cassam Aly Ndandahizara, *Histoire de la ville d'Antsiranana par des images*, (Faire connaitre le Nord de Madagascar).

Ian H. Nish, *Anglo-Japanese Alliance: The Diplomacy of Two Island Empires 1894-1907*, (London: Athlone Press, 1966).

Geoffrey Penn, *Infighting Admirals: Fisher's Feud with Beresford and the Reactionaries*, (Barnsley: Leo Cooper, 2000).

Coleman Phillipson & Noel Buxton, *The Question of the Bosphorus and Dardanelles,* (London: Stevens and Haynes, 1917).

Constantine Pleshakov, *The Tsar's Last Armada: The Epic Journey to the Battle of Tsushima,* (New York: Basic Books, 2002).

Rethinking the Russo-Japanese War, 1904-5, Vol II: The Nichinan Papers, ed. John Chapman & Chiharu Inaba (Kent: Global

Oriental, 2007).
E.A.Selle, *Donald of China*, (New York: Harper & Brothers, 1948).
Peter Slattery, *Reporting the Russo-Japanese War, 1904-5: Lionel James's first wireless transmissions to The Times*, (Kent: Global Oriental, 2004).
Suomen rannikotykstö 1918-1958, Keijo Mikola et al, (Helsinki: Rannikkotykistön upseeriyhdistys, 1959).
Reginald Wyon & Gerald Prance, *The Land of the Black Mountain: the adventures of two Englishmen in Montenegro*,(London: Methuen, 1903).
Reginald Wyon, *The Balkans from within*, (London: James Finch, 1904).
В.Я. Крестьянинов, Цусимское сражение 14-15 мая 1905 г. (СПб.: Остров, 2003).
В.А. Кучер, Ю.В. Мануйлов, В.П. Семенов. Русские подводные лодки. История создания и использования. 1834-1923 гг. Научно-исторический справочник. Том *I, часть 1*. (СПб.: ЦКБ МТ «Рубин», 1994).
Д.Б.Павлов, Русско-японская война, 1904-1905 гг. : секретные операции на суше и на море, (Москва : Материк, 2004).
Д.Б.Павлов, На пути к Цусиме, (Москва: Вече, 2011).

論文・論説

安藤仁介「スエズ運河自由航行の保障――コンスタンチノープル条約の規定と実践」『京都大学教養部政法論集』第二号（一九六八年）一四一―六八ページ。

稲葉千晴「日露戦争と国際通信――欧日間の電信の発達とロシアの日本電報傍受」『戦略研究情報』第一七五号（一九九二年）、一―一四ページ。

稲葉千晴「『明石元二郎文書』欧文書簡――日露戦争中のスパイからの手紙を中心に」『社会科学討究』第一一六号（一九九四年）三三五―八ページ。

稲葉千晴「日露戦争中の露仏諜報協力――対日情報収集をめぐって」『外交時報』第一三三五号（一九九七年）六二―

八三ページ。

稲葉千晴「日露戦争中の日本の諜報システム」『研究紀要（東洋英和女学院大学短大部）』第三五号（一九九七年）一―一二ページ。

稲葉千晴「日露戦争中のトルコ海峡問題――ロシア義勇艦隊通過をめぐる日露の争い」『都市情報学研究』第四号（一九九九年）一七―二四ページ。

稲葉千晴「日露戦争前夜のウラジヴォストーク対ロシア諜報活動」『都市情報学研究』第五号（二〇〇〇年）三―八ページ。

稲葉千晴「日露戦争の準備――軍事的視点から」『都市情報学研究』第七号（二〇〇二年）四一―五二ページ。

稲葉千晴「水面下の諜報戦――日露戦争中の潜水艇情報をめぐって」『国際安全保障』第三一巻第三号（二〇〇三年）三九―五二ページ。

稲葉千晴「第一次日英同盟の軍事協力――一九〇二―〇五年」『名城大学総合研究所紀要』第八号（二〇〇三年）一六三―六四ページ。

稲葉千晴「欧米における日露戦争研究の動向」日露戦争研究会編『日露戦争研究の新視点』（成文社、二〇〇五年）四五〇―六〇ページ。

稲葉千晴「日露戦争中の日本の暗号」『都市情報学研究』第一六号（二〇一一年）一七―二四ページ。

稲葉千晴「海門号事件――日露戦争期の無線技術の発達と報道規制の相剋」金沢工業大学国際関係学研究所編『科学技術と国際関係』（内外出版、二〇一三年）三五～六五ページ。大野哲弥「空白の三五年、日米海底ケーブル敷設交渉小史」『情報社会・メディア研究』第四号（二〇〇七年）二五―三二ページ。

佐藤守男「情報戦争としての日露戦争（一）、（二）」『北大法学論集』第五〇巻六号、第五一巻一号（二〇〇〇年）

司馬遼太郎「バルチック艦隊来たる」『歴史への招待』第一七号（一九八一年）

デイヴィッド・スティーズ「相互の便宜による帝国主義の結婚――一九〇二―一九二二年の日英関係」『日英関係史』

第一巻政治・外交Ⅰ（東京大学出版会、二〇〇〇年）一八三―二二五ページ。

ジョン・チャップマン「戦略的情報活動と日英関係――一九〇〇―一九一八年」『日英交流史一六〇〇―二〇〇〇』第三巻（東京大学出版会、二〇〇一年）七八―七九ページ。

志村哲也「ヘルマン・プラウト『日本語読本』」『上智大学ドイツ文学論集』第四三号（二〇〇六年）一九七―二一六ページ。

田嶋信雄「ナチ時代のベルリン駐在日本大使館――人と政策」『成城法学』第四八号（一九九五年）四一七ページ。

橘公一「日本海海戦前における対露情報収集活動――上海日本総領事館と宮地海軍大尉を中心に」『軍事史学』第五〇号第二号（二〇一四年）、七六―九〇ページ。

冨澤一郎「海戦をめぐる情報通信環境とA・S・ポポフ」『太平洋学会誌』第九四号（二〇〇五年）二一―三三ページ。

イアン・ニッシュ「イギリスのアジア政策」『東アジア近現代通史』第二巻日露戦争と韓国併合（岩波書店、二〇一〇年）九四―一〇九ページ。

「巴里宛参着為替相場月別表」『明治大正国勢総覧』（東洋経済新報社、一九二七年）

「無線通信」『ブリタニカ国際百科事典』（ＴＢＳブリタニカ、一九七五年）第一九巻

吉澤雪「明治三七八年戦役に於ける日本海軍の諜報活動――英国公使館付鏑木誠大佐を中心に」『聖心女子大学大学院論集』第三四号（二〇〇八年）三〇―四九ページ。

Patrick Beillevaire, “Preparing for the Next War: French Diplomacy and the Russo-Japanese War”, *Rethinking the Russo-Japanese War, Vol. II, The Nichinan Papers*, eds. J. Chapman & C. Inaba, (Kent: Global Oriental, 2007), pp.127-46.

John Chapman, “Britain, Japan and the ‘Higher Realms of Intelligence’ 1900-1918”, *The History of Anglo-Japanese Relations 1600-2000*, Vol.3, *The Military Dimensions*, (Basingtoke: Macmillan, 2003), pp.124-38.

Chiharu Inaba, “International Telecommunications during the Russo-Japanese War: The Developments of the Telegraph Service between Europe and Japan and the Russian Interception of Japanese Telegrams”, *The Studies* (Toyo Eiwa College) No.32, (1993) pp.25-41.

Chiharu Inaba, "The Question of the Bosphorus and the Dardanelles during the Russo-Japanese War", *The Rising Sun and the Turkish Crescent: New Perspectives of the History of Japanese- Turkish Relations 1868-1945*, ed.S. Esenbel & C. Inaba, (Istanbul: Bogazici UP, 2003), pp.122-144.

Chiharu Inaba, "Military Cooperation under the First Anglo-Japanese Alliance, 1902-1905", *The Anglo-Japanese Alliance, 1902-1922,* ed.P.P.O'Brien, (London, Routledge Curzon, 2004), pp.64-81.

Keith Nielson, "'A Dangerous Game of American Poker': The Russo-Japanese War and British Policy", *The Journal of Strategic Studies*, No.12, (1989), pp.63-87.

Ian Nish, "Could the Russo-Japanese War have been prevented by British Diplomacy?", *Re-examining the Decision-Making Process in the Russo-Japanese War*, 日本国際政治学会二〇〇六年度研究大会政策決定分科会発表、二〇〇六年一〇月一四日、かずさアカデミアホール、千葉。

Anthony R. Wells, "Studies in British Naval Intelligence 1880-1945", PhD Thesis, King's College, University of London, 1972 (Electric Theses Online Service, British Library).

John Winton, "Life and Education in a Technically Evolving Navy, 1815-1925", *Oxford Illustrated History of the Royal Navy*, ed. J.R. Hill, (Oxford: Oxford UP, 1995), pp.268-69.

あとがき

本書執筆のきっかけは、『明石工作——謀略の日露戦争』（丸善ライブラリー、一九九五年）である。結論において、駐スウェーデン陸軍武官の明石元二郎陸軍大佐の情報収集活動に関して評価するのは困難だ、と書いた。というのも、他の陸海軍駐在武官たちの諜報活動の実態も、明石の収集した情報を東京の参謀本部がどう評価したかも、ほとんどわからなかったからである。日露戦争中の日本の情報収集活動の全体像を把握しなければ、明石への評価を下せない。ところが陸軍の情報収集は多岐にわたり、参謀本部でさえすべてを統括できていなかった。思ったよりもまとまった史料が少なく、とっかかりが難しい。海軍のほうは、百巻を越える『極秘日露海戦史』もそろっており、一見すると研究しやすいのではないかと思われた。一九九八年には国際交流基金の支援を得てイスタンブールで日本トルコ関係史国際会議を組織し、日露戦争中の日本のトルコ海峡政策について論じた。二〇〇二年にはグラスゴー大学での日英同盟百周年シンポジウムに参加することになり、日英海軍協力に関する研究をすすめた。二〇〇四〜〇五年、日露戦争百周年の国際シンポジウムを企画し、事務局長として日露戦争研究会編『日露戦争研究の新視点』（成文社、二〇〇五年）や *Rethinking the Russo-Japanese War, vol. II, the Nichinan Papers*, ed. John Chapman & Chiharu Inaba, (Kent: Global Oriental, 2007) の出版にかかわった際に、世界各国とのコネクションが増えた。

くわえてプレシャコフ『日本海海戦　悲劇への航海――バルチック艦隊の最期』稲葉千晴訳（NHK出版、二〇一〇）上下巻を発表して、バルチック艦隊に関する知識も深まった。これなら簡単に本をまとめられると即断する。NHKスペシャル・ドラマ「坂の上の雲」第三部の放映（二〇一一年一二月）にも間に合わせようと意気込んだ。ところが書き始めると苦戦を強いられ、怠惰な性格とも相まって大幅に遅れてしまった。慙愧に堪えない。

本書でもっとも苦労したのはイギリスとマダガスカルだった。ロンドンでは日英同盟の泰斗イアン・ニッシュLSE名誉教授から貴重なアドバイスを得る。ただしスチュアート・ニコルソン英海軍情報部次長について調べていても、首都では新聞の死亡記事以上のものがみつからなかった。なにか手がかりはないかと思案し、ニコルソンがイギリス最西端のコーンウォール州ビュードで余生を過ごしたことから、そこを訪れてみようと考えた。ニッシュ先生からは "Inaba san, it is not so a good idea". と言われたものの、イングランド西端のランズ・エンド岬への旅行だと自分に言い聞かせる。手がかりはニコルソンの一番大きな死亡記事を掲載した『コーニッシュ・アンド・デヴォン・ポスト』という地方紙である。無謀とは知りながら、エクセターからレンタカーで走り、途中の町にある新聞社に飛び込む。事情を話すと、地方史家を紹介し、「日本の歴史家が子孫を探している」という記事を掲載してくれた。記事を読んだひ孫が手紙をよこし、ニコルソンの写真を送ってくる。

話は終わらない。同じ記事を読んだコーンウォール出身のカナダ人が連絡してきた。明治天皇から贈られたアドミラル・ニコルソンの勲記を保有している、というのだ。外交史料館のファイル「日露戦役行賞一件」に叙勲記録は含まれていない。メールの添付ファイルで勲記が送られてきた。なんといとこのダグラス・ニコルソンへの勲記だった。ダグラスも海軍中将であり、同じく老後をビュードで過ごしていた。彼は日露戦争後に訓練航海中に日本を訪れ、叙勲されたという。ダメもとで動いても、運よく遺族とぶつかることがある。

なにも見つからなかったら観光だと思いながら、二〇一一年一〇月にバルチック艦隊が長期停泊したマダガスカルに向かう。ディエゴ・スアレスに赤崎伝三郎の足跡は残っているのだろうか。赤崎ゆかりの地である天草の高浜を訪れ、宿泊した白磯旅館で、マダガスカルにあった赤崎のホテルの写真をコピーしてきた。ディエゴ・スアレスの旧市街を訪れると、「キモノ・ホテル」という元ホテルの建物の柱の形が写真と同じだった。確かに赤崎はこの港町に住んでいた。次に「インド洋のタヒチ」と称されるノシ・ベ島に着く。しかし、ノシ・ベにロシア側記録にある「ノシ・ベ湾」は存在しない。どこにバルチック艦隊は停泊したのだろうか。ネットの仏語観光情報には「ロシア湾」という名所があるという。現地の観光案内所で問い合わせると、ガイドを紹介してくれた。ノシ・ベから三〇キロも離れた本土側の湾までボートで連れて行ってもらう。そこでロシア艦隊の痕跡を発見できた。文書資料は残っていないのだろうか。アポイントもなく首都にあるアンタナナリヴ大学歴史学科に突撃し、学科長に事情を話してアドバイスをもらう。マダガスカルにもフランスと同じようなシステムの国立公文書館が存在すると判明した。文書館を訪れると、昔の小学校の木造板張りの図書館のような閲覧室に通された。フランス総督府の公報を手に取り、くまなく目を通しても、バルチック艦隊に関する記録が一切出てこない。確かにフランスはロシア艦隊のノシ・べでの停泊を隠ぺいした。日本でどれほど記録を読んでみても、現地を訪れないとわからないことが多い。歴史学は足で稼がなければならないと実感した。

訪れても「空振り」という事態も起こりうる。上海で日本のスパイを務めたブランドの文書はトロント大学図書館に所蔵されている。しかし同図書館で彼の書簡類をくまなく調べたものの、スパイの痕跡を見つけることはできなかった。ぎゅうぎゅう詰めの乗り合いタクシーで、スエズ運河の入り口ポート・サイードを訪れたときも同様である。同地は中東戦争のために当時の街並みは徹底的に破壊されており、二〇世紀初頭の事物はまったく存在しない。博物館も閉鎖されており、当時の写真を手に入れることもできなかった。ロンドンやパリに行けば確実に写真など手に入れられただろうに。香港でも苦戦した。『サウス・チャイナ・モーニング・ポスト』紙は現在香港のリーディング・ペーパーであるため、昔の史料でも保存しているかもしれないと思って接触を試みた。メールを打ってもなしのつぶてであり、知り合いの新聞記者を経て同紙と連絡を取ってもらうが、かんばしい返事がもらえない。香港を訪れた際に本社を直接訪れてみたが、門前払いを食わされた。それでも調査旅行は楽しい。

写真収集癖があるからだろうか、主要な登場人物や、活動場所の写真にもこだわった。人物写真はできるかぎり遺族と連絡を取って、晩年ではなく現地で活躍していたときの写真を入手しようと試みた。飯島亀太郎は飯島永和（以下敬称略）、牧野伸顕は牧野伸和。明石元二郎は明石元紹、本野一郎は本野盛幸（故人）、森義太郎は会津武家屋敷から写真を借りることができた。タンジールやシンガポールでは、二〇世紀初頭の街並みの写真を手に入れられた。当時の写真がない場合は、街並みや湾内の全景を写しやすい現地の高台を歩き回る。だがサンクト・ペテルブルクやラトヴィアのリバーヴァは、果てしなく平らで高台を見つけることができず、撮ってきた写真も平凡でおもしろくない。腕が悪いのが本質かもしれないが、せっかく訪れたのに掲載を断念した写真も少なくない。

本書を執筆するにあたり本当に多くの方から支援を得た。鏑木誠駐英海軍武官を調べるに際して、ご令孫の鏑木胤昭（元紀伊國屋書店）を世田谷区教育委員会の仲介を得て見つけ出すことに成功した。イスタンブールの中村商店と中村健次郎については、箕面市行政資料室の協力を得て中村の三男である譲と会うチャンスを得て、くわしい話を聞くことができた。三輪公忠上智大名誉教授に紹介してもらった松岡洋右の四男志郎（故人）には、電話で長いインタビューをさせてもらい、洋右の上海時代の写真を手に入れた。外交史料館では内藤和寿、白石仁章、熱田見子、防衛研究所戦史研究センターでは菅野直樹、ロシア海軍文書館ではD・B・パヴロフ、英海軍文書ではジョン・チャップマンのアドバイスを受けた。デンマークについては荒川明久（故人）、吉武信彦、中里巧、ベルリンはゲルハルト・クレープスと田嶋信雄、モロッコはバチール・ライスーニ、イスタンブールはセルチューク・エセンベルと三沢伸生、スエズ運河はモンタセル・サルマーウィ、フランスは加茂省三、ヴェトナムは小高泰、中国全般に関しては山際晃、香港はW・H・ドナルド研究者のフランク・ブレンおよびドナルドの兄弟のひ孫アラン&ナンシー・ドナルド、上海は望月敏弘、朝鮮半島の地名は平山龍水、通信については KDD国際通信資料館、逓信総合博物館と徳久勲、通信社については松島芳彦、艦影図については扇ルイと古場公章（対馬市役所）、ヘルシンキ沖の砲台についてはライモ・ラセホルンから助言を得ている。『しこく8』「バルチック艦隊の真実〜日本海海戦への知られざる航海」（NHK総合、四国ブロック内二〇一一年一二月九日二〇時〜二〇時四三分放送）とディレクターの田原靖士からも貴重な示唆を得た。

本書は、二〇一五年三月に名城大学大学院法学研究科に提出した博士論文「日露戦争中の日本海軍の情報収集——バルチック艦隊情報を中心として」の一部である。審査してくださった肥田進（主査）、網中政機、谷口昭、池井優（外部審査員）および佐藤文彦研究科長へは、感謝の念に堪えない。本書の出版は、山登り仲間でもある成文社の南里功社長に引き受けてもらった。天草への調査旅行や山小屋での励ましがなければ、研究成果として結実できたかどうかおぼつかない。また編集者の石浜哲士からも数々の有用なコメントをいただいた。新米編集者となった息子の努からもすくなからず助言を受けている。ただしせっかくの指摘を本書にしっかりと反映する筆力がないのは嘆かわしい限りである。研究と称して世界中を放浪する筆者を見守ってくれる妻宏子に感謝の言葉を贈る。最後に、二〇一四年一〇月に亡くなった父千秋の墓前に本書を供えたい。

二〇一五年一二月

栃木県小山市の巴波川《うずま》のほとりにて

稲葉千晴

索　引

あ行

か行

さ行

た行

な行

は行

ま行

や行

ら行

年　表

日付	海軍軍令部の情報収集活動	バルチック艦隊の航海
03年		
12月		
28日	海軍、戦時編成を開始	
末	軍令部第三班長、江頭安太郎着任	
	ロシア海軍に関する情報収集の指針策定	
04年		
1月		
1日	河原袈裟太郎駐露駐在員をスエズ運河に派遣	
7日	佐世保・八口浦（韓国）海底ケーブル建設	
12日	御前会議で実質上の対露戦争準備開始を決定	
	飯島亀太郎オデッサ領事にスパイ雇用を要請	
	森義太郎海軍中佐を旅順監視のため芝罘派遣	
19日	河原袈裟太郎、ポート・サイードで活動開始	
2月		
4日	御前会議で対ロシア開戦を決定	
6日	日本、国交断絶をロシア政府に通告	
8日	日本海軍、仁川と旅順を奇襲攻撃	
9日		ロシア、対日宣戦布告
10日	日本、対ロシア宣戦布告	
11日	75の仮設望楼を増設	
18日	三井物産シンガポール支店、露海軍監視を開始	
	一条実輝駐仏武官、エジプトに暗号書送達	
3月		
18日	河原袈裟太郎、エジプトを離任	
4月		
13日		戦艦ペトロパブロフスク旅順沖で沈没
30日		バルチック艦隊極東派遣決定

5月		
15日	戦艦初瀬・八島の触雷・沈没、潜水艇攻撃を懸念	
6月		
初旬	鏑木誠駐英海軍武官、英海軍情報部から露黒海艦隊関連情報を入手	駐香港露領事、日本海軍士官が欧州潜入と報告
中旬		駐上海パヴロフも同様の報告 海軍省、ガルティングに欧州での対日情報収集を依頼
夏期	朝鮮半島の対馬海峡沿岸、北海道沿岸、国後・択捉島、津軽・下北半島に多数の仮設望楼を設置	
8月		
10日	黄海海戦	露太平洋艦隊司令官戦死
14日	蔚山沖海戦	露ウラジオストク艦隊敗北
9月		
12日		バ艦隊レーヴェリ着、訓練開始
13日	瀧川具和駐独海軍武官、デンマーク潜入 瀧川、スカーイェンで事情聴取、ベルリン帰還	
10月		
10日	本野一郎駐仏公使、ベルグをロシアに派遣	
11日		バ艦隊、レーヴェリで出港式
12日	ベルグ、ヴィリニュス着	
13日		バ艦隊、リバーヴァ着
14日	ベルグ、メーメルから小汽船でリバーヴァ沖着	
15日	ベルグ、バ艦隊がリバーヴァ出航とパリに打電	バ艦隊、リバーヴァ発
16日	一条駐仏海軍武官、バ艦隊ロシア出航の第一報	
17日	瀧川駐独海軍武官、バ艦隊デンマーク着の一報 三橋信方駐蘭公使、同右を東京に打電	バ艦隊、ストーア海峡南着
20日	外務省政務部、駐英独仏墺伊西の6公使にバ艦隊の寄港情報収集を命令 田中都吉シンガポール領事にスパイ雇用を命令	バ艦隊、スカーイェン発
22日		ドッガー・バンク事件（バ艦隊が英漁船砲撃、救助せず出立）

24日	英マスコミが露の暴挙批判、英海軍が戦闘配備 林董駐英公使、ドッガー・バンク事件の第一報 赤羽四郎駐西公使、荒井書記生をヴィーゴに派遣	
26日	軍令部、駐英独仏米海軍武官にバ艦隊に関する詳細な情報収集を命令 林公使、英外相に事件の推移通報を要請	バ艦隊、ヴィーゴ着 露政府、英政府へ謝罪、事件を仲裁裁判所に付託すると決定
11月		
1日	赤羽公使、バ艦隊ヴィーゴ発を打電	バ艦隊、ヴィーゴ発
3日		バ艦隊、タンジール着 フェリケルザーム支隊、タンジール発、地中海へ
5日		本隊、タンジール発、喜望峰へ
6日		義勇艦隊、ボスポラス海峡着
7日	牧野伸顕駐墺公使、義勇艦隊の海峡着の第一報	
10日		支隊、クレタ島スダ湾着
11日		義勇艦隊、7艦すべて海峡通過
12日		本隊、ダカール着
13日	駐英独仏公使、本隊ダカール着の第一報	
14日		義勇艦隊、スダ湾着
18日	牧野が派遣したヴァイオン、クレタ島から第一報	
21日		支隊、義勇艦隊、スダ湾発
22日	ヴァイオン、支隊のスダ湾発を牧野に打電	
24日		支隊、ポート・サイード着
25日	一条武官、支隊のポート・サイード着の第一報	
26日		本隊、リーブルヴィル着
27日	第三回旅順総攻撃	支隊、スエズ運河通過スエズ発
12月		
2日	本野公使、ベルグのマダガスカル派遣を提案	
11日		本隊、アングラ・ペケナ着
13日	日本丸・香港丸、待ち伏せ偽装工作の開始	
15日	外波内蔵吉中佐、ポート・サイード着 巡洋艦新高、台湾海峡・ルソン島視察航海出立	

22日	日本丸・香港丸、シンガポール着	
24日		露政府、第三艦隊派遣を決定
28日	日本丸・香港丸、ジャワ島南岸チラチャップ着	支隊、ノシ・ベ島着
29日	鏑木武官、支隊のマダガスカル着の第一報	本隊、サン・マリー島着
30日	軍令部、マダガスカルの情報収集を外務省に依頼	
	森義太郎海軍中佐、偽名でシンガポール潜入	
05年		
1月		
1日		旅順陥落
2日	ベルグ、ノシ・ベ島着	
3日	日本丸・香港丸、ボルネオ島ラブアン着	
初旬	森中佐、マラッカ海峡とスマトラ島視察に出発	
	巡洋艦2隻が函館入港、津軽・宗谷海峡を監視	
7日	日本丸、シャム湾内に擬似機雷を投下	
9日		本隊ノシ・ベ島着、支隊と合流
12日	本野公使、仏政府に中立違反を抗議	
18日	日本丸・香港丸、任務を終え佐世保着	
末	森中佐、ジャワ島一周の視察に出発	
2月		
8日	東乙彦駐印陸軍武官、ディエゴ・スアレスの赤崎伝三郎にバ艦隊の情報収集を電報で依頼	
16日	英独仏海軍武官が第三艦隊出航の第一報	ネボガートフ第三艦隊、リバーヴァ発
27日	南遣支隊、待ち伏せ偽装工作に出立	
3月		
初旬	森大佐、セレベス島・ジャワ島視察に出発	
8日	南遣支隊、カムラン湾・ヴァン・フォン湾を視察	
10日		奉天会戦（露、奉天から撤退）
11日	東武官、赤崎のバ艦隊情報を東京に打電	
15日	南遣支隊、シンガポール着	
16日		バ艦隊、ノシ・ベ島発
17日	ロイター通信、バ艦隊のノシ・ベ島発を報道	

18日	南遣支隊、ラブアン視察	
24日		第三艦隊、スエズ運河着
下旬	カール・カイセル、マダガスカル着	モロッコ事件（独皇帝上陸）
4月		
1日	南遣支隊、偽装工作、視察を終えて鎮海に帰還	
5日		バ艦隊、マラッカ海峡に進入
7日	鏑木武官、バ艦隊マラッカ海峡突入の第一報	
8日	田中領事、森大佐、バ艦隊通過を監視	バ艦隊、シンガポール通過
	小村外相、田中領事に仏領インドシナ調査命令	
11日	軍令部、外務省に上海・厦門・福州・汕頭・香港・マニラ・バンコク在外公館での情報収集を依頼	
12日	野間政一香港領事、カニンガムをサイゴン派遣	
14日	連合艦隊、対馬海峡に「碁盤の目」の索敵網構築	バ艦隊、カムラン湾着
15日	軍令部、東條明次大尉を香港に密派	仏艦隊司令官、バ艦隊を歓迎
	連合艦隊、日本丸・香港丸に津軽海峡の警備命令	
中旬から下旬	野間領事、三井物産にトンキン湾調査を依頼	
	稲垣満次郎駐暹公使、日本人4名をシャム湾派遣	
	成田五郎フィリピン領事、ルソン海峡南部調査	
	大賀亀吉汕頭主任、広東省東端に諜報網を構築	
	上野専一厦門領事、福建省南部に諜報網を構築	
	中村巍福州領事、福建省中北部に諜報網を構築	
	中村領事、大阪商船の汽船2隻で台湾海峡監視	
	山本正勝台湾海軍参謀長、ジャンクで海峡監視	
	山本参謀長、ルソン海峡北部をジャンクで監視	
16日	森大佐、バ艦隊カムラン湾停泊の第一報	
17日	パリ本野公使、バ艦隊カムラン湾停泊の確報	
	連合艦隊、第六第四警戒線間に仮装巡洋艦配置	
18日	小村外相、本野公使に仏中立違反へ抗議を命令	
	小村外相、英外務省の仲介依頼を林公使に命令	
19日	軍令部、外務省にシンガポール・香港領事館からカムラン湾にスパイを派遣するよう依頼	
	本野公使、仏外務省に中立違反を抗議	

20日	カニンガム、サイゴン着	
21日	本野公使、仏外相に中立違反を再抗議	仏司令官、バ艦隊出航を催促
	駐日英公使、日本の対仏強硬姿勢を本国に打電	
22日	駐仏英大使、仏外相に仏領インドシナ危機を警告	
	軍令部、津軽海峡への連携水雷敷設作戦を発動	
23日	カニンガム、カムラン湾に潜入	
24日	野間領事、バ艦隊カムラン湾停泊の確報を打電	
	宮治民三郎海軍大尉、偽名で上海総領事館着任	
25日	杉山常高、カムラン湾沖でバ艦隊を目撃	
26日	本野公使、仏外務省に三度目の抗議	バ艦隊、ヴァン・フォン湾着
27日	仏外務次官、日本は事実誤認と反論	仏外相、バ艦隊は仏領海外と仏国会で答弁
29日	カニンガム、サイゴンに帰着	バ艦隊、ヴァン・フォン湾で発覚
30日	野間領事、バ艦隊ヴァン・フォン湾停泊の第一報	
5月		
1日	仏総督府、カニンガムの電報を打電拒否	
	本野公使、バ艦隊のヴァン・フォン湾停泊を抗議	
2日		仏総督府、バ艦隊退去を要請
3日	東條大尉、偽名で香港領事館に着任	
5日	本野公使、仏外務省で中立違反を詰問	
	駐日英公使、日本の仏攻撃可能性を本国に報告	
初旬	宮治大尉、在上海日本人に情報収集協力を依頼	
	山本条太郎上海三井支店長、崇明島に諜報網設置	
	森恪三井支店員、汽船で上海・マニラ間を調査	
6日	ドナルド、サイゴン着	
7日	仏外相、本野の抗議に再調査を約束	
	カニンガム香港着、仏中立違反を欧米各紙に配信	
8日	『ザ・タイムズ』社説で仏中立違反を非難	
9日	英下院で仏中立違反批判、日英同盟の発動を議論	仏政府、中立遵守を強調
		第三艦隊、ヴァン・フォン湾着
13日	ドナルド、カムラン湾潜入、輸送船多数と一報	

14日		バ艦隊、仏領インドシナ発
15日	アヴァス通信、バ艦隊仏領インドシナ出航と報道	
17日	ドナルド、ヴァン・フォン湾着、艦影なしと確認	
18日		バ艦隊、英貨物船を拿捕
19日	津軽海峡防衛司令部を函館に設置	バ艦隊、オスカル二世号を臨検
20日	山本条太郎、上海・崇明島航路のスパイ船購入	バ艦隊、ルソン海峡南部通過
21日		クバーニ号離脱、宗谷海峡へ
22日	軍令部、津軽海峡東側での哨戒強化を命令	テーリェク号離脱、日本南岸へ
23日	オスカル二世号、口之津（長崎南端）着、バ艦隊	フェリケルザーム少将病死
	「台湾東方を経て対馬海峡へ向かう」と報告	バ艦隊、台湾東側で石炭搭載
24日	鎮海湾で連合艦隊討議、北進（津軽海峡）を決定	
25日	軍令部、北進への慎重論を連合艦隊へ通達	バ艦隊、上海へ輸送艦6隻分離
	連合艦隊、26日正午までに艦影発見できぬ場合	
	北進すると決定	輸送艦6隻、呉淞（上海）着
	呉淞駅長、上海総領事館に露艦到着を通報	
	22時、宮治大尉、軍令部に第一報	
	22時44分、総領事館、外務省に打電	
26日	00時05分、軍令部、露輸送艦の呉淞着を受信	バ艦隊、東シナ海ゆっくり北進
	軍令部、鎮海の連合艦隊司令部に転電	
	連合艦隊司令部、北進を放棄、対馬海峡監視強化	
	08時、宮治大尉、呉淞視察に出発	
	小田切総領事、上海道台に露艦抑留を主張	
27日	04時47分、信濃丸、敵艦発見の第一報打電	バ艦隊、対馬海峡に向け航行中
	04時52分、信濃丸「タタタ」打電	
	05時05分、厳島「タタタ」を鎮海に転電	
	東郷平八郎、三笠で電報受信	
	東郷、「敵艦見ユ」を軍令部にケーブルで打電	
	06時00分、連合艦隊全艦に出撃を命令	
	06時05分、三笠、鎮海から抜錨・出撃	
	13時39分、連合艦隊主力、バ艦隊発見	
	13時55分、三笠Z旗掲揚「皇国ノ興廃」打電	

	14時05分、艦隊主力が敵前大回頭 連合艦隊がバ艦隊主力を撃破 19時10分、敵主力への攻撃中止命令	日本海海戦 バ艦隊、大半が沈没・大破
28日	敵の降伏受入、戦闘終了、連合艦隊の大勝利	ネボガートフ艦隊、降伏
6月		
初旬	連合艦隊、バ艦隊の残艦発見のため日本海を哨戒	
12日	バ艦隊の残艦監視のため竹島に望楼建設を決定	
8月		
19日	竹島の海軍望楼の運用開始	
9月		
5日	ポーツマス講和条約締結	
10月		
15日	日露両国が講和条約を批准、日露戦争終結	
24日	竹島の海軍望楼の撤去完了	

図版出典一覧

（本書頁）

8　中央が日本海海戦時に戦艦三笠の艦橋に立つ東郷平八郎、東城鉦太郎『三笠艦橋之圖』：三笠保存会蔵

40　海軍軍令部第三班長の江頭安太郎大佐：「近代日本人の肖像」国立国会図書館蔵

41　「大海情」第414号：［⑨、千代田、160］防衛研究所戦史研究センター図書館蔵

42　防衛研究所戦史研究センターの目録箱：筆者撮影

45　ペテルブルクの旧日本公使館：Maria Pavlova 撮影

46　駐露公使館付海軍駐在員の広瀬武夫少佐：「近代日本人の肖像」国立国会図書館蔵

59　駐オデッサ領事の飯島亀太郎：飯島永和（以下、敬称略）提供

60　山座円次郎外務省政務局長：「近代日本人の肖像」国立国会図書館蔵

63　ロシア第二太平洋艦隊司令長官のZ・P・ロジェーストヴェンスキー中将：Constantine Pleshakov, *The Tsar's Last Armada: The Epic Journey to the Battle of Tsushima,* (New York: Basic Books, 2002).

65　バルチック艦隊の旗艦クニャージ・スヴォーロフ号：В. Я. Крестяников, Цусимское сражение 14-15 мая 1905г. В.Я. Крестьянинов, Цусимское сражение 14-15 мая 1905 г. (СПб.: Остров, 2003).

83　①電報の原文（英語）：Motono to Komura, Telegram No.221 on 28.10.1904, TEL No.4008,『来電明治三十七年七～十二月』, *TEL 63,Checklist of Archives in the Japanese Ministry of Foreign Affairs*, Tokyo, Japan, 1868-1945, Microfilmed for the Library of Congress, 108-109.

84　②電報の暗号文、③電報の解読文（仏語）：Motono to Komura, Coded Telegram No.221 on 28.10.1904, «*Разные сведения касающиеся русско-японской войны*: по переписке с чиновником *особых поручений Мануйловым*», Государственный Архив Российской Федерации (ГАРФ, Москва), Ф.102, ДПОО, Опись 316, 1904-

II, Дело 1, част 4, л.109.

85 軍令部長時代の伊集院五郎：「近代日本人の肖像」国立国会図書館蔵

86 英地中海管区司令長官時代のジョン・A・フィッシャー大将：Geoffrey Penn, *Infighting Admirals: Fisher's Feud with Beresford and the Reactionaries,* (Barnsley: Leo Cooper, 2000).

87 横須賀の記念艦三笠にある三六式無線電信機：筆者撮影

91 ロンドンの旧海軍省、オールド・アドミラルティ・ビルディング（OAB）：世古直希撮影

96 駐英公使館付海軍武官の鏑木誠大佐：鏑木胤昭提供

96 英海軍情報部次長のスチュアート・ニコルソン大佐：J.L.Rodgers 提供

101 ロシア海軍潜水艇デリフィーン号：В.А. Кучер, Ю.В. Мануйлов, В.П. Семенов. Русские подводные лодки. История создания и использования. 1834-1923 гг. Научно-исторический справочник. Том *I, часть 1.* (СПб.: ЦКБ МТ «Рубин», 1994).

105 林董駐英公使：「近代日本人の肖像」国立国会図書館蔵

119 ヴィーゴ要塞から見るヴィーゴ湾：筆者撮影

121 赤羽四郎駐スペイン公使：雑誌『太陽』第5巻第9号（博文館、1899年4月号）口絵

122 20世紀初頭のタンジールの街並：Zouhair Raissuni, Tanger Maroc 提供

125 中村商店の中村健次郎：中村譲提供

126 トルコ服を着た山田寅次郎：Istanbul Naval Museum

127 イスタンブール新市街のガラタ塔：筆者撮影

130 ウィーン駐在公使時代の牧野伸顕：牧野伸和提供

130 レジナルド・ヴァイオン：Reginald Wyon, *The Balkans from within,* (New York: C. Scribner's Sons, 1904)

132 スエズ運河を通過するフェリケルザーム支隊：Pleshakov, *The Tsar's Last Armada,* (New York: Basic Books, 2002).

133 1904年春、海門号クルーの集合写真：Peter Slattery, *Reporting the Russo-Japanese War, 1904-5: Lionel James's first wireless transmissions to The Times,* (Kent: Global Oriental, 2004).

144 石で枠を組んだ井戸、大きな兵舎のような建物跡（アンハヴァトビ湾）：筆

者撮影

145 現在はビーチとなっている墓地跡、ブッシュに覆われた墓碑（アンハヴァトビ湾）：筆者撮影

146 エル・ヴィルにあるロシア第二太平洋艦隊の記念碑、エル・ヴィル街外れカトリック墓地のロシア兵の墓（ノシ・ベ島）：筆者撮影

148 赤崎伝三郎：白磯旅館提供

148 天草市高浜の白磯旅館：天草市提供

148 ディエゴ・スアレスの旧「キモノ・ホテル」：筆者撮影

150 ノシ・ベ島エル・ヴィル沖のロシア艦隊見取図：本野一郎より小村寿太郎宛1905年3月20日付機密第5号『日露戦役関係露国波羅的艦隊東航関係一件』第3巻［5.2.2.20］外交史料館蔵

151 カール・カイセル：Krigsarkivet, Stockholm

152 欧州駐在時代の明石元二郎：明石元紹提供

155 シンガポールのロビンソン・ロード：National Archives of Singapore.

156 外務次官時代の田中都吉：外交史料館蔵

157 W・G・セントクレア：National Portrait Gallery, London.

158 森義太郎（後列左から2人目）：会津武家屋敷蔵

172 養殖池の続くカムラン湾の南部：筆者撮影

182 テオフィル・デルカッセ仏外相：Charles Dawbarn, *Makers of new France,* (London: Mills & Boon, 1915)

183 パリ駐在公使時代の本野一郎：本野盛幸提供

185 養殖いかだが浮かぶヴァン・フォン湾：筆者撮影

187 日露戦争勃発直後のウィリアム・H・ドナルド：Alan & Nancy Donald

191 第五代ランスダウン侯爵ヘンリー・ペティ＝フィッツモーリス英外相：National Portrait Gallery, London.

203 1905年2月10日付ブランドの小田切宛報告書第50号：PQR to XYZ, Report No.50 on 10.02.1905,『日露戦役ニ関スル軍事諜報者報告』［5.2.2.35］外交史料館蔵

205 山本条太郎：『山本条太郎伝記』（山本条太郎翁伝記編纂会、1942年）

205 森恪：森恪伝記編纂会編『森恪』（高山書院、1941年）

207 1904年11月15日付の東航露國太平洋第二艦隊所在表：1904年11月15日付「大

海情」防衛研究所戦史研究センター図書館蔵
208 露国艦影図：扇達治「日露戦争情報録」（1905 年 7 月）扇ルイ（対馬市）提供
210 隠岐島前《とうぜん》西ノ島の高崎山に残る望楼跡：筆者撮影
218 流氷の海を巡視する海軍巡洋艦「某巡洋艦ノ北海航行（其一）」：『日露戦役海軍写真帖』第 3 巻（小川一真出版部、1905 年）
223 上海時代の若き松岡洋右：松岡志郎提供
233 松江市の千酌海岸の絵（爾佐《にさ》神社所蔵）：筆者撮影
239 クイヴァサーリ島の大砲台：筆者撮影

著者紹介

稲葉千晴（いなば・ちはる）

1957年栃木県小山市生れ。早稲田大学大学院文学研究科西洋史専攻博士課程前期修了。早稲田中学・高校教諭、東洋英和女学院短大助教授を経て、名城大学都市情報学部教授。博士（法学）。専門は国際関係論。著書に『明石工作——謀略の日露戦争』（丸善ライブラリー）、編著に *Rethinking the Russo-Japanese War, 1904-5, Vol II: The Nichinan Papers,* ed. John Chapman & Chiharu Inaba (Kent: Global Oriental, 2007)、訳書にコンスタンティン・プレシャコフ『日本海海戦、悲劇への航海——バルチック艦隊の最期』上下巻（ＮＨＫ出版）などがある。

バルチック艦隊ヲ捕捉セヨ——海軍情報部の日露戦争——

2016年3月30日　初版第1刷発行
2016年6月 1 日　初版第2刷発行

著　者　稲葉千晴
装幀者　山田英春
発行者　南里　功

発行所　成文社

〒240-0003 横浜市保土ヶ谷区天王町 2-42-2
電話 045 (332) 6515
振替 00110-5-363630
http://www.seibunsha.net/

組版　編集工房 dos.
印刷
製本　モリモト印刷

落丁・乱丁はお取替えします

Printed in Japan
ISBN978-4-86520-016-4 C0021

歴史

松山大学編

マツヤマの記憶

日露戦争一〇〇年とロシア兵捕虜

四六判上製　240頁　2000円

978-4-915730-45-0

マツヤマ！　そう叫んで投降するロシア兵がいたという。国際法を遵守して近代国家を目指した日本。実際に捕虜を迎えた市民たち。捕虜受け入れの実相、国内の他の収容所との比較、日露の収容所比較、ロシア側からの視点などを包摂して、その実態を新たに検証する。　2004

歴史

日露戦争研究会編

日露戦争研究の新視点

A5判上製　544頁　6000円

978-4-915730-49-8

戦争に大きく関わっていた欧米列強。戦場となった朝鮮半島と中国。戦いの影響を受けざるをえなかったアジア諸国。当事国であった日露、とくにロシア側の実態を明らかにするとともに、従来の研究に欠けていた新たな視角と方法を駆使して百年前の戦争の実相に迫る。　2005

歴史

大野哲弥著

国際通信史でみる明治日本

A5判上製　304頁　3400円

978-4-915730-95-5

明治初頭の国際海底ケーブルの敷設状況、それを利用した岩倉使節団と留守政府の交信、台湾出兵時の交信、樺太千島交換交渉に関わる日露間の交信、また日露戦争時の新技術無線電信の利用状況等の史実を明らかにしつつ、政治、外交、経済の面から、明治の日本を見直す。　2012

歴史

土屋好古著

「帝国」の黄昏、未完の「国民」

日露戦争・第一次革命とロシアの社会

A5判上製　352頁　6000円

978-4-915730-93-1

日露戦争がロシアに問いかけたもの——それは、「帝国」という存在の困難と「国民」形成という課題であった。日露戦争を「長い一九世紀」という歴史的文脈の中に位置づけて、自由主義者たちの「下から」の国民形成の模索と第一次革命の意味を論じる。　2012

歴史

E・J・ディロン著　成田富夫訳

ロシアの失墜

届かなかった一知識人の声

A5判上製　512頁　6000円

978-4-86520-006-5

十九世紀半ば、アイルランドに生まれた著者は、ロシアへと深く入り込んでいく。ウィッテの側近にもなっていた彼は、帝政ロシアの崩壊に直面。ロシアが生まれ変わろうとするとき、それはロシア民衆にとって幸せなことか、未知なるものへの懐疑と願望を吐露していく。　2014

歴史

神長英輔著

「北洋」の誕生

場と人と物語

A5判上製　280頁　3500円

978-4-86520-008-9

北洋とは何か、北洋漁業とは何か。19世紀半ば以降のその通史（＝場）を概観し、そこに関わった人物たちの生涯（＝人）を辿りながら、北洋（漁業）の歴史の語り方そのもの（＝物語）を問うていく。いまなお形を変えながら語り継がれている物語に迫る。　2014

価格は全て本体価格です。

SEIBUNSHA

出版案内
2015

「郡司大尉千嶋占守嶋遠征隅田川出艇之実況」小国政画、明治26年（神長英輔著『北洋の誕生』カバーより）

成文社

〒240-0003　横浜市保土ヶ谷区天王町 2-42-2

Tel. 045-332-6515　Fax. 045-336-2064　URL http://www.seibunsha.net/

価格はすべて本体価格です。末尾が◎の書籍は電子媒体（PDF）となります。

歴史

『ロシア原初年代記』を読む

キエフ・ルーシとヨーロッパ、あるいは「ロシアとヨーロッパ」についての覚書

栗生沢猛夫著

A5判上製貼函入　1056頁　16000円　978-4-86520-011-9

キエフ・ルーシの歴史は、スカンディナヴィアからギリシアに至る南北の道を中心として描かれてきた。本書は従来見過ごされがちであった西方ヨーロッパとの関係（東西の道）に重点をおいて見直し、ロシアがヨーロッパの一員として歴史的歩みを始めたことを示していく。　2015

歴史

イヴァン雷帝

R・G・スクルィンニコフ著　栗生沢猛夫訳

四六判上製　400頁　3690円　978-4-915730-07-8

テロルは権力の弱さから発し一度始められた強制と暴力の支配はやがて権力の統制から外れそれ自体の論理で動きだす――イヴァン雷帝とその時代は、今日のロシアを知るうえでも貴重な示唆を与え続ける。朝日、読売、日経、産経など各紙誌絶賛のロングセラー。　1994

歴史

評伝ゲルツェン

長縄光男著

A5判上製　560頁　6800円　978-4-915730-88-7

トム・ストッパード「コースト・オブ・ユートピア」の主人公の本邦初の本格的評伝。十九世紀半ばという世界史の転換期に「人間の自由と尊厳」の旗印を掲げ、ロシアとヨーロッパを駆け抜けたロシア最大の知識人の壮絶な生涯を鮮烈に描く。　2012

歴史

清韓論

東北アジア文献研究叢刊 4

O・N・デニー著　岡本隆司校訂・訳註

B5判上製　104頁　3000円　978-4-915730-79-5

十九世紀末葉に朝鮮国王の顧問官だった著者によって書かれた本書は、清朝と朝鮮の関係ばかりでなく、近代東北アジア史の重大な一局面を伝え、その後の日本、ロシアの動向などを考えても示唆的である。厳密な校訂を経た英文テキストと訳文、詳細な註釈を付す。　2010

歴史

国際通信史でみる明治日本

大野哲弥著

A5判上製　304頁　3400円　978-4-915730-95-5

明治初頭の国際海底ケーブルの敷設状況、それを利用した岩倉使節団と留守政府の交信、台湾出兵時の交信、樺太千島交換交渉に関わる日露間の交信、また日露戦争時の新技術無線電信の利用状況等の史実を明らかにしつつ、政治、外交、経済の面から、明治の日本を見直す。　2012

歴史

日露戦争の秘密

ロシア側史料で明るみに出た諜報戦の内幕

D・B・パヴロフ、S・A・ペトロフ著　I・V・チェレヴァンコ史料編纂　左近毅訳

四六判上製　388頁　3690円　978-4-915730-08-5

大諜報の主役、明石元二郎を追尾していたロシア側スパイ。ロシア満州軍司令部諜報機関の赤裸々な戦時公式報告書。軍事密偵、横川省三、沖禎介の翻訳されていた日記。九十年を経て初めてロシアで公開された史料が満載された「驚くべき書」（立花隆氏）。　1994

歴史

松村正義著

日露戦争一〇〇年

新しい発見を求めて

四六判上製
256頁
2000円
978-4-915730-40-5

日露戦争から一〇〇年を経て、ようやく明らかにされてきた真実を紹介する。講和会議を巡る日露および周辺諸国の虚々実々の駆け引き。前世紀末になって開放された中国、ロシアの戦跡訪問で分かった事。歴史的遺産を丹念に発掘し、改めて日露戦争の現代的意義を問う。　2003

歴史

松山大学編

マツヤマの記憶

日露戦争一〇〇年とロシア兵捕虜

四六判上製
240頁
2000円
978-4-915730-45-0

マツヤマ！　そう叫んで投降するロシア兵がいたという。国際法を遵守して近代国家を目指した日本。実際に捕虜を迎えた市民たち。捕虜受け入れの実相、国内の他の収容所との比較、日露の収容所比較、ロシア側からの視点などを包摂して、その実態を新たに検証する。　2004

歴史

日露戦争研究会編

日露戦争研究の新視点

A5判上製
544頁
6000円
978-4-915730-49-8

戦争に大きく関わっていた欧米列強。戦場となった朝鮮半島と中国。戦いの影響を受けざるをえなかったアジア諸国。当事国であった日露、とくにロシア側の実態を明らかにするとともに、従来の研究に欠けていた新たな視角と方法を駆使して百年前の戦争の実相に迫る。　2005

歴史

松村正義著

日露戦争と日本在外公館の〝外国新聞操縦〟

A5判上製
328頁
3800円
978-4-915730-82-5

極東の小国日本が大国ロシアに勝利するために採った外交手段のひとつが〝外国新聞操縦〟であった。現在では使われなくなったこの用語の内実に迫り、戦争を限定戦争として世界大戦化させないため、世界中の日本の在外公館で行われた広報外交の実相に迫る。　2010

歴史

土屋好古著

「帝国」の黄昏、未完の「国民」

日露戦争・第一次革命とロシアの社会

A5判上製
352頁
6000円
978-4-915730-93-1

日露戦争がロシアに問いかけたもの――それは、「帝国」という存在の困難と「国民」形成という課題であった。日露戦争を「長い一九世紀」という歴史的文脈の中に位置づけて、自由主義者たちの「下から」の国民形成の模索と第一次革命の意味を論じる。　2012

歴史

E・J・ディロン著　成田富夫訳

ロシアの失墜

届かなかった一知識人の声

A5判上製
512頁
6000円
978-4-86520-006-5

十九世紀半ば、アイルランドに生まれた著者は、ロシアへと深く入り込んでいく。ウィッテの側近にもなっていた彼は、帝政ロシアの崩壊に直面。ロシアが生まれ変わろうとするとき、それはロシア民衆にとって幸せなことか、未知なるものへの懐疑と願望を吐露していく。　2014

歴史

神長英輔著

「北洋」の誕生

場と人と物語

A5判上製
280頁
3500円
978-4-86520-008-9

北洋とは何か、北洋漁業とは何か。19世紀半ば以降のその通史（＝場）を概観し、そこに関わった人物たちの生涯（＝人）を辿りながら、北洋（漁業）の歴史の語り方そのもの（＝物語）を問うていく。いまなお形を変えながら語り継がれている物語に迫る。　2014

歴史

太田丈太郎著

「ロシア・モダニズム」を生きる

日本とロシア、コトバとヒトのネットワーク

A5判上製
424頁
5000円
978-4-86520-009-6

一九〇〇年代から三〇年代まで、日本とロシアで交わされた、そのネットワークに迫る。個々のヒトの、作品やコトバの関わり、その彩りゆたかなネットワーク。それらを本邦初公開の資料を使って鮮やかに蘇らせる。掘り起こされる日露交流新史。　2014

歴史

N・ヴィシネフスキー著　小山内道子訳

トナカイ王

北方先住民のサハリン史

四六判上製
224頁
2000円
978-4-915730-52-8

サハリン・ポロナイスク（敷香）の先住民集落「オタス」で「トナカイ王」と呼ばれたヤクート人ドミートリー・ヴィノクーロフ。かれは故郷ヤクーチア（現・サハ共和国）の独立に向け、日本の支援を求めて活動した。戦前、日本とソ連に翻弄された北方先住民たちの貴重な記録。　2006

歴史・文学

リディア・ヤーストレボヴァ著／小山内道子訳

始まったのは大連だった

リュドミーラの恋の物語

四六判上製
240頁
2000円
978-4-915730-91-7

大連で白系ロシア人の裕福な家庭に育ったミーラ。日本降伏後に進攻してきたソ連軍の将校サーシャ。その出会い、別離、そして永い時を経ての再会。物語は、日本人の知らなかった満州、オーストラリア、ソ連を舞台に繰り広げられる。　2012

歴史

沢田和彦著

日露交流都市物語

A5判上製
424頁
4200円
978-4-86520-003-4

江戸時代から昭和時代前半までの日露交流史上の事象と人物を取り上げ、関係する都市別に紹介。国内外の基本文献はもとより、日本正教会機関誌の記事、外事警察の記録、各地の郷土資料、ロシア語雑誌の記事、全国・地方紙の記事を利用し、多くの新事実を発掘していく。　2014

歴史

沢田和彦著

白系ロシア人と日本文化

A5判上製
392頁
3800円
978-4-915730-58-0

ロシア革命後に故国を離れた人びとの多くは自国の風俗、習慣を保持しつつ、長い年月をかけて世界各地に定着、同化、それぞれの国や地域の政治・経済・文化の領域において多様な貢献をなしてきた。日本にやってきたかれらが残した足跡を精緻に検証する。　2007　◎

歴史

ニコライ堂遺聞

長縄光男著

四六判上製
416頁
3800円
978-4-915730-57-3

明治という新しい時代の息吹を胸に、その時代の形成に何ほどかの寄与をなさんとした人々。祖国を離れ新生日本の誕生に己の人生をかけたロシア人たちと、その姿に胸打たれ後を追った日本人たち。ニコライ堂に集った人々の栄光、挫折、そして再生が描かれる。　2007

歴史

ポダルコ・ピョートル著

白系ロシア人とニッポン

A5判上製
224頁
2400円
978-4-915730-81-8

来日した外国人のなかで、ロシア人が最も多かった時代があった。一九一七年の十月革命後に革命軍に抗して戦い、敗れて亡命した白系ロシア人たちだ。ソ連時代には顧みられなかった彼らを、日露関係史を専門とするロシア人研究者が入念に掘り起こして紹介する。　2010

歴史

満洲の中のロシア

境界の流動性と人的ネットワーク

生田美智子編

A5判上製
304頁
3400円
978-4-915730-92-4

満洲は、白系ロシアとソヴィエトロシアが拮抗して共存する世界でも類を見ない空間であった。本書は、その空間における境界の流動性や人的ネットワークに着目、生き残りをかけたダイナミズムを持つものとして、様々な角度から照射していく。　2012

歴史

ロシア革命史

R・パイプス著　西山克典訳

A5判上製
446頁
5000円
978-4-915730-25-2

秘匿されていたレーニン文書の閲読、革命の対象としてのより広い時間の枠組、対象内容の広汎さ――。20世紀末葉にして初めて駆使できる資料と方法とで描かれる一大叙事詩。革命とは？　それが作り上げた体制とは？　求められ反芻される問いへの導きの書。　2000

歴史・思想

ボリス・ブルツクスの生涯と思想

民衆の自由主義を求めて

森岡真史著

A5判上製
456頁
4400円
978-4-915730-94-8

ソ連社会主義の同時代における透徹した批判者ボリス・ブルツクスの本邦初の本格的研究。ブルツクスがネップ下のロシアで、また国外追放後に亡命地で展開したソヴェト経済の分析と批判の全体像を、民衆に根ざした独自の自由主義経済思想とともに明らかにする。　2012

歴史

在外ロシア正教会の成立

移民のための教会から亡命教会へ

近藤喜重郎著

A5判上製
280頁
3200円
978-4-915730-83-2

革命によって離散を余儀なくされたロシア正教会の信徒たち。国内外で起きたさまざまな出来事が正教会の分裂と統合を促していく。その歴史を辿るなかで、在外ロシア正教会の指導者たちがいかにして信徒たちを統率しようとしていったのかを追う。　2010

歴史

クレムリンの子どもたち

V・クラスコーワ編　太田正一訳

978-4-915730-24-5

A5判上製
446頁
5000円

「子どもたちこそ輝く未来！」――だが、この国の未来はそら恐ろしいものになってしまった。秘密警察長官ジェルジーンスキイから大統領ゴルバチョフまで、歴代の赤い貴族の子どもたちを通して、その「家族の記録」すなわち「悲劇に満ちたソ連邦史」を描き尽くす。　1998

歴史

スターリンとイヴァン雷帝

スターリン時代のロシアにおけるイヴァン雷帝崇拝

モーリーン・ペリー著　栗生沢猛夫訳

978-4-915730-71-9

四六判上製
432頁
4200円

国家建設と防衛、圧制とテロル。矛盾に満ちたイヴァン雷帝の評価は、その時代の民衆と為政者によって、微妙に、そして大胆に変容を迫られてきた。スターリン時代に、その跡を辿る。国家、歴史、そしてロシアを考えるうえで、示唆に満ちた一冊。　2009

歴史

さまざまな生の断片

ソ連強制収容所の20年

J・ロッシ著　外川継男訳　内村剛介解題

978-4-915730-16-0

四六判上製
208頁
1942円

フランスに生まれ、若くしてコミュニストとなり、スパイ容疑でソ連で逮捕。以降二十四年の歳月を収容所で送った著者が、その経験した出来事を赤裸々に、淡々と述べた好編。スターリン獄の実態、そしてソ連邦とは何だったのかを考えるうえでも示唆的な書。　1996　◎

歴史・思想

サビタの花

ロシア史における私の歩み

外川継男著

978-4-915730-62-7

四六判上製
416頁
3800円

若き日にロシア史研究を志した著者は、まずアメリカ、そしてフランスに留学。ロシアのみならずさまざまな地域を訪問することで、ロシア・ソ連邦史、日露関係史に関する独自の考えを形成していく。訪れた地域、文明、文化、そして接した人びとの姿が生き生きと描かれる。　2007

歴史

日本領樺太・千島からソ連領サハリン州へ

一九四五年―一九四七年

エレーナ・サヴェーリエヴァ著　小山内道子訳　サハリン・樺太史研究会監修

978-4-86520-014-0

A5判上製
192頁
2200円

日本領樺太・千島がソ連領サハリン州へ移行する過程は、ソ連時代には半ばタブーであった。公文書館に保存されていた「極秘」文書が一九九二年に公開され、ようやくその全容が知られることになる。民政局によって指導された混乱の一年半を各方面において再現、検証する。　2015

歴史

長縄光男、沢田和彦編

異郷に生きる

来日ロシア人の足跡

A5判上製
274頁
2800円
978-4-915730-29-0

日本にやって来たロシア人たち——その消息の多くは知られていない。かれらは、文学、思想、芸術の分野だけでなく、日常生活の次元において、いかなる痕跡をとどめているのか。数奇な運命を辿った人びとの足跡を追うとともに、かれらが見た日本を浮かび上がらせる。 2001

歴史

中村喜和、長縄光男、長與進編

異郷に生きるII

来日ロシア人の足跡

A5判上製
274頁
2800円
978-4-915730-38-2

数奇な運命を辿ったロシアの人びとの足跡。それは、時代に翻弄されながらも、人としてしたたかに、そして豊かに生きた記録でもある。日本とロシアの草の根における人と人との交流の跡を辿ることで、異郷としての日本をも浮かび上がらせる。好評の第二弾—— 2003 ◎

歴史

中村喜和、安井亮平、長縄光男、長與進編

遥かなり、わが故郷

異郷に生きるIII

A5判上製
294頁
3000円
978-4-915730-48-1

鎖国時代の日本にやってきたロシアの人や文化。開国後に赴任したペテルブルクで榎本武揚が見たもの。大陸や半島、島嶼で出会うことになる日露の人々と文化の交流。日本とロシアのあいだで交わされた跡を辿ることで、日露交流を多面的に描き出す、好評の第三弾—— 2005

歴史

中村喜和、長縄光男、ポダルコ・ピョートル編

異郷に生きるIV

来日ロシア人の足跡

A5判上製
250頁
2600円
978-4-915730-69-6

ポーランド、東シベリア、ウラジヴォストーク、北朝鮮、南米、北米。ロシア、函館、東京、ソ連、そしてキューバ。時代に翻弄され、数奇な運命を辿ることになったロシアの人びと。さまざまな地域、時代における日露交流の記録を掘り起こして好評のシリーズ第四弾—— 2008

歴史

中村喜和、長縄光男、ポダルコ・ピョートル編

異郷に生きるV

来日ロシア人の足跡

A5判上製
368頁
3600円
978-4-915730-80-1

幕末の開港とともにやって来て発展したロシア正教会。日露戦争、日露協商、ロシア革命、大陸での日ソの対峙、そして戦後。その間にも多様な形で続けられてきた交流の歴史。さまざまな地域、時期における日露交流の記録を掘り起こして好評のシリーズ第五弾—— 2010

歴史

オーストリアの歴史

R・リケット著　青山孝徳訳

四六判並製
208頁
1942円
978-4-915730-12-2

中欧の核であり、それゆえに幾多の民族の葛藤、類のない統治を経てきたオーストリア。そのケルト人たちが居住した古代から、ハプスブルク帝国の勃興、繁栄、終焉、そして一次、二次共和国を経て現代までを描いた、今まで日本に類書がなかった通史。

1995

歴史

ハプスブルクとハンガリー

H・バラージュ・エーヴァ著　渡邊昭子、岩崎周一訳

四六判上製
416頁
4000円
978-4-915730-39-9

中央ヨーロッパに巨大な版図を誇ったハプスブルク君主国。本書は、その啓蒙絶対主義期について、幅広い見地から詳細かつ精緻に叙述する。君主国内最大の領域を有し、王国という地位を保ち続けたハンガリーから眺めることで、より生き生きと具体的にその実像を描く。

2003

歴史

統制経済と食糧問題

第一次大戦期におけるポズナン市食糧政策

松家仁著

A5判上製
304頁
3200円
978-4-915730-32-0

十八世紀末葉のポーランド分割でドイツに併合されたポズナン。本書は、第一次大戦下、そこで行われた戦時統制経済を具体的に描き出し、分析していく。そこには、民族、階級の問題など、それ以降の統制経済に付き纏うさまざまな負の遺産の萌芽がある——。

2001

歴史

国家建設のイコノグラフィー

ソ連とユーゴの五カ年計画プロパガンダ

亀田真澄著

A5判上製
184頁
2200円
978-4-86520-004-1

ユーゴスラヴィア第一次五カ年計画のプロパガンダは、ソ連の第一次・第二次五カ年計画とはいかに異なる想像力のうえになされていたのか。それぞれのメディアで創りだされる視覚表象を通し、国家が国民をどのようにデザインしていったのかを解明していく。

2014

歴史

カール・レンナー

1870—1950

ジークフリート・ナスコ著　青山孝徳訳

四六判上製
208頁
2000円
978-4-86520-013-3

オーストリア＝ハンガリー帝国に生まれ、両大戦間には労働運動、政治の場で生き、そして大戦後のオーストリアを国父として率いたレンナー。本書は、その八〇年にわたる生涯を、その時々に国家が直面した問題と、それに対するかれの対応とに言及しながら記述していく。

2015

歴史

彗星と飛行機と幻の祖国と

ミラン・ラスチスラウ・シチェファーニクの生涯

ヤーン・ユリーチェク著　長與進訳

A5判上製
336頁
4000円
978-4-86520-012-6

スロヴァキアの小さな村に生まれ、天文学の道へ。パリ—アルプス—南米—タヒチと世界を巡り、第一次大戦時にはフランス軍でパイロットとして活躍。そして、マサリク、ベネシュとともにチェコスロヴァキア建国に専念していく。その数奇な生涯をたどる。

2015

社会思想

黒滝正昭著

私の社会思想史

マルクス、ゴットシャルヒ、宇野弘蔵等との学問的対話

978-4-915730-75-7

A5判上製
488頁
4800円

「初期マルクス」の思想形成過程から入って、宇野弘蔵、ヒルファーディング等現代社会思想の森林の迷路を旅する。服部文男・ゴットシャルヒの導きで学問的対話の域に達した著者四十五年間の、研究の軌跡と問いかけ。 2009

歴史・思想

小沼堅司著

ユートピアの鎖

全体主義の歴史経験

978-4-915730-41-2

四六判上製
296頁
2500円

マルクス＝レーニン主義のドグマと「万世一党」支配の下で起っていた多くの悲劇。本書は、スターリンとその後の体制がもったメカニズムを明らかにするとともに、ドストエフスキー、ジイド、オーウェルなどいち早くそこに潜む悲劇性を看取した人びとの思想を紹介する。 2003

歴史・思想

A・シュタイン著　倉田稔訳

ヒルファディング伝

ナチズムとボルシェヴィズムに抗して

978-4-915730-00-9

B6変並製
112頁
1200円

名著『金融資本論』の著者としてだけでなく、社会民主主義を実践し大戦間の大蔵大臣を務めるなど党指導者・政治家として幅広く活躍したヒルファディング。ナチズムによる非業の死で終った彼の生涯を、個人的な思い出とともに盟友が鮮やかに描き尽くす。 1988

歴史・思想

倉田稔著

マルクス『資本論』ドイツ語初版

978-4-915730-18-4

B6判変形
36頁
300円

小樽商科大学図書館には、世界でも珍しいリーナ・シェーラー宛マルクス自署献呈本がある。この本が、シェーラーに献呈された経緯と背景、また日本の図書館に入って来ることになった数奇な経緯をエピソードとともに辿る。不朽の名著に関する簡便な説明を付す。 1997

歴史

倉田稔著

ハプスブルク・オーストリア・ウィーン

978-4-915730-31-3

四六判上製
192頁
1500円

中央ヨーロッパに永らく君臨したハプスブルク帝国。その居城であったウィーンは、いまでも多くの文化遺産を遺した、歴史に彩られた都である。その地に3年居住した著者が、歴史にとどまらず、多方面から独自の視点でオーストリア、ウィーンを描きだす。 2001

歴史・思想

倉田稔著

ルードルフ・ヒルファディング研究

978-4-915730-85-6

四六判上製
240頁
2400円

二十世紀前半の激動の時代に、ヒルファディングは初めマルクスに従いながら創造的な研究をし、そしてマルクスを超える視点を見出した。『金融資本論』の著者は、新しい現実をユニークに分析し、とりわけナチズムとソ連体制を冷静に観察し、批判した人物でもある。 2011

歴史・思想

ヨーロッパ　社会思想　小樽

私のなかの歴史

倉田稔著

四六判上製
256頁
2000円
978-4-915730-99-3

学問への目覚めから、ヨーロッパを中心とする社会思想史、そして小林多喜二論、日本社会論へと続く、著者の学問的足跡をたどる。『北海道新聞』に連載された記事（2011年）に大きく加筆して再構成。また、留学したヨーロッパでの経験を、著者独自の眼差しで描く。　2013

歴史・思想

マルクス主義

倉田稔著

四六判並製
160頁
1200円
978-4-86520-002-7

マルクス主義とは何か。その成り立ちから発展、変遷を、歴史上の思想、人物、事象を浮き彫りにしながら辿る。かつ、現代の世界情勢について、マルクス主義の視座から、グローバルにそして歴史を踏まえつつ分け入っていく。今日的課題を考えるときの一つの大きな視点。　2014

歴史・思想

進歩とは何か

N・K・ミハイロフスキー著　石川郁男訳

A5判上製
256頁
4854円
978-4-915730-06-1

個人を神聖不可侵とし、個人と人民を労働を媒介として結び付け、社会主義を「共同体的原理による個人的原理の勝利」とする。この思想の出発点が本書でありナロードニキ主義の古典である。その本邦初訳に加え、訳者「生涯と著作」所収。待望の本格的研究。　1994

歴史・思想

ロシア「保守反動」の美学

レオンチエフの生涯と思想

高野雅之著

四六判上製
240頁
2400円
978-4-915730-60-3

十九世紀ロシアの特異な人物であり、今日のロシアでブームを呼び起こしているレオンチエフの波乱にみちた生涯を追う。そして思想家としてのかれのなかに、すなわちその政論と歴史哲学のなかに、「美こそすべての基準」という独自の美学的世界観を跡づけていく。　2007

歴史・思想

ユーラシア主義とは何か

浜由樹子著

四六判上製
304頁
3000円
978-4-915730-78-8

ロシアはヨーロッパでもアジアでもないユーラシアである。ソ連邦崩壊後にロシア内外で注目を集めたこの主張は、一九二〇年代のロシア人亡命者の中から生まれた思想潮流に源を発している。その歴史的起源を解明し、戦間期国際関係史の中への位置づけを図る。　2010

歴史・思想

ロシアのオリエンタリズム

ロシアのアジア・イメージ、ピョートル大帝から亡命者まで

デイヴィド・シンメルペンニンク＝ファン＝デル＝オイェ著／浜由樹子訳

A5判上製
352頁
4000円
978-4-86520-000-3

敵か味方か、危険か運命か、他者か自己か。ロシアにとってアジアとは。他のヨーロッパ人よりもはるかに東方に通じていたロシア人が、オリエントをいかに多様な色相で眺めてきたかを検証。ユーラシア史、さらには世界史を考えようとする人には必読の書（杉山正明氏）。　2013

歴史・思想

イヴァーノフ＝ラズームニク著／佐野努・佐野洋子訳

ロシア社会思想史 上巻

インテリゲンツィヤによる個人主義のための闘い

A5判上製 616頁 7400円

978-4-915730-97-9

ロシア社会思想史はインテリゲンツィヤによる人格と人間の解放運動史である。ラヂーシェフ、デカブリストから、西欧主義とスラヴ主義を総合してロシア社会主義を創始するゲルツェンを経て、革命的民主主義者チェルヌイシェフスキーへとその旗は受け継がれていく。 2013

歴史・思想

イヴァーノフ＝ラズームニク著／佐野努・佐野洋子訳

ロシア社会思想史 下巻

インテリゲンツィヤによる個人主義のための闘い

A5判上製 584頁 7000円

978-4-915730-98-6

人間人格の解放をめざす個人主義のための闘い。倫理的個人主義を高唱したトルストイとドストエフスキー、社会学的個人主義を論証したミハイローフスキー。「大なる社会性」と「絶対なる個人主義」の結合というロシア社会主義の尊い遺訓は次世代の者へと託される。 2013

歴史・思想

T・G・マサリク著 石川達夫訳

ロシアとヨーロッパⅠ

ロシアにおける精神潮流の研究

A5判上製 376頁 4800円

978-4-915730-34-4

第1部「ロシアの歴史哲学と宗教哲学の諸問題」では、ロシア精神を理解するために、ロシア国家の起源から第一次革命に至るまでのロシア史を概観する。第2部「ロシアの歴史哲学と宗教哲学の概略」では、チャアダーエフからゲルツェンまでの思想家たちを検討する。 2002

歴史・思想

T・G・マサリク著 石川達夫・長與進訳

ロシアとヨーロッパⅡ

ロシアにおける精神潮流の研究

A5判上製 512頁 6900円

978-4-915730-35-1

第2部「ロシアの歴史哲学と宗教哲学の概略」（続き）では、バクーニンからミハイローフスキーまでの思想家、反動家、新しい思想潮流を検討。第3部第1編「神権政治対民主主義」では、西欧哲学と比較したロシア哲学の特徴を析出し、ロシアの歴史哲学的分析を行う。 2004

歴史・思想

T・G・マサリク著 石川達夫・長與進訳

ロシアとヨーロッパⅢ

ロシアにおける精神潮流の研究

A5判上製 480頁 6400円

978-4-915730-36-8

第3部第2編「神をめぐる闘い。ドストエフスキー」は、本書全体の核となるドストエフスキー論であり、ドストエフスキーの思想を批判的に分析する。第3編「巨人主義かヒューマニズムか。プーシキンからゴーリキーへ」では、ドストエフスキー以外の作家たちを論じる。 2005

歴史・思想

A・F・ローセフ著 大須賀史和訳

神話学序説

表現・存在・生活をめぐる哲学

四六判上製 322頁 3000円

978-4-915730-54-2

スターリン体制が確立しようとする一九二〇年代後半、ソ連に現れた哲学の巨人ローセフ。革命前「銀の時代」の精神をバックグラウンドに、ギリシア哲学、ロシア正教、宗教哲学、西欧哲学に通暁した著者が、革命の時代に抗いながら提起した哲学的構想の一つ。 2006

歴史・思想

ロシア宗教思想史

御子柴道夫著

四六判上製 304頁 2500円
978-4-915730-37-5

神を論じることは人間を論じること、神を信じることは人間を信じること。ロシア正教一千年の歴史のなかで伝統として蓄積され、今なおその底流に生き続ける思想とはなにか。ビザンチン、ヨーロッパ、ロシアの原資料を渉猟し、対話することで、その思想の本質に迫る。　2003

歴史・思想

ロシア革命と亡命思想家
1900—1946

御子柴道夫編

A5判上製 432頁 4000円
978-4-915730-53-5

革命と戦争の時代を生きたロシアの思想家たちが、その雰囲気を語り、その社会に訴えかけた諸論文を紹介する。その背後には、激しい時代の奔流の中で何かを求めて耳傾けている切迫した顔の聴衆が見える。時代を概観できる詳細な年表、各論文の丁寧な解題を付す。　2006

歴史・文学

原典によるロシア文学への招待
古代からゴーゴリまで

川崎隆司著

四六判上製 336頁 3200円
978-4-915730-70-2

古代から近代までのロシア文学・思想を、その特異な歴史的背景を解説しながら、それぞれの代表的作品の原典を通して紹介。文学を理解するために一番大切なことはなによりも原典を読むことであるとする著者が、独自の視点で描く。　2008

歴史・文学

近代ロシア文学の成立と西欧

白倉克文著

四六判上製 256頁 3000円
978-4-915730-28-3

カラムジン、ジュコフスキー、プーシキン、ゴーゴリ。ロシア文学の基礎をなし、世界的現象にまで高めたかれらは、いかにして西欧と接し、どのようなものを享受したのか。西欧世界の摂取を通じ、近代の相克そのものを体験せねばならなかったロシアを微細に描きだす。　2001

歴史・文学

ラジーシチェフからチェーホフへ
ロシア文化の人間性

白倉克文著

四六判上製 400頁 4000円
978-4-915730-84-9

十八世紀から二十世紀にかけてのロシア文化が、思想・文学を中心に据えて、絵画や音楽も絡めながら、複合的・重層的に紹介される。そこに通底する身近な者への愛、弱者との共感という感情、そうした人間への眼差しを検証していく。　2011

歴史・文学

ロシア出版文化史
十八世紀の印刷業と知識人

ゲーリー・マーカー著　白倉克文訳

A5判上製 400頁 4800円
978-4-86520-007-2

近代ロシアの出版業はピョートル大帝の主導で端緒が開かれ、十八世紀末には全盛期を迎えた。この百年間で出版業の担い手は次々に移り変わったが、著者はその紆余曲折を、政治・宗教・教育との関係のなかに丹念に検証していく。特異で興味深いロシア社会史。　2014

歴史・文学

M・プリーシヴィン著　太田正一訳

森と水と日の照る夜

セーヴェル民俗紀行

A5変上製
320頁
3107円
978-4-915730-14-6

知られざる大地セーヴェル。その魂の水辺に暮らすのは、泣き女、呪術師、隠者、分離派、世捨て人、そして多くの名もなき人びと…。実存の人、ロシアの自然の歌い手が白夜に記す「愕かざる鳥たちの国」の民俗誌。一九〇六年夏、それは北の原郷への旅から始まった。　1996

自然・文学

M・プリーシヴィン著　太田正一編訳

プリーシヴィンの森の手帖

四六判上製
208頁
2000円
978-4-915730-73-3

ロシアの自然のただ中にいた！　生きとし生けるものをひたすら観察し洞察し表現し、そのなかに自らと同根同種の血を感受する歓び、優しさ、またその厳しさ。生の個性の面白さをとことん愉しみ、また生の孤独の豊かさを味わい尽くす珠玉の掌編。　2009

歴史・民俗

中堀正洋著

ロシア民衆挽歌

セーヴェルの葬礼泣き歌

四六判上製
288頁
2800円
978-4-915730-77-1

世界的に見られる葬礼泣き歌を十九世紀ロシアに検証する。天才的泣き女と謳われたフェドソーヴァの泣き歌を中心に、時代とセーヴェル（ロシア北部地方）という特殊な地域の民間伝承、民俗資料を用い、当時の民衆の諸観念と泣き歌との関連を考察していく。　2010

歴史・文学

中村喜和編

イワンのくらし いまむかし

ロシア民衆の世界

四六判上製
272頁
2718円
978-4-915730-09-2

ロシアで「ナロード」と呼ばれる一般の民衆＝イワンたちはどんな生活をしているだろうか？「昔ばなし」「日々のくらし」「人ともの」「植物誌」「旅の記録」。五つの日常生活の視点によってまとめられた記録、論稿が、ロシア民衆の世界を浮かび上がらせる。　1994

文学

V・ベローフ著　中村喜和訳

村の生きものたち

B6判上製
160頁
1500円
978-4-915730-19-1

ひとりで郵便配達をした馬、もらわれていった仔犬に乳をやりにいく母犬、屋根に登ったヤギのこと……。「魚釣りがとりもつ縁」で北ロシアの農村に暮らす動物好きのフェージャと知り合った「私」が、村のさまざまな動物たちの姿を見つめて描く詩情豊かなスケッチ集。　1997

文学

大森雅子著

時空間を打破する ミハイル・ブルガーコフ論

A5判上製 448頁 7500円
978-4-86520-010-2

20世紀ロシア文学を代表する作家の新たな像の構築を試みる。代表作に共通するモチーフやテーマが、当時のソ連の社会、文化の中でどのように形成され、初期作品から生涯最後の長篇小説『巨匠とマルガリータ』にいかに結実していったのかを明らかにする。　2014

文学

S・ドヴラートフ著　沼野充義訳

わが家の人びと

ドヴラートフ家年代記

四六判上製 224頁 2200円
978-4-915730-20-7

祖父達の逸話に始まり、ドヴラートフ家の多彩な人々の姿を鮮やかに描きながら、アメリカに亡命した作者に息子が生まれるまで、四代にわたる年代記が繰り広げられる。その語りは軽やかで、ユーモアに満ち、どこまで本当か分からないホラ話の呼吸で進んでいく。　1997

文学

S・ドヴラートフ著　ペトロフ＝守屋愛訳　沼野充義解説

かばん

四六判上製 224頁 2200円
978-4-915730-27-6

ソ連からアメリカへ旅行鞄一つで亡命したドヴラートフ。彼がそのかばんをニューヨークで開いたとき、そこに見出したのは、底の抜けた陽気さと温かさ、それでいてちょっぴり悲しいソビエトでの思い出の数々だった。独特のユーモアとアイロニーの作家、本邦第二弾。　2000

文学

竹内恵子著

廃墟のテクスト

亡命詩人ヨシフ・ブロツキイと現代

四六判上製 336頁 3400円
978-4-915730-96-2

ソ連とアメリカ、東西陣営の両端から現代社会をアイロニカルに観察するという経験こそ、戦後の文化的廃墟から出発した彼を世界的詩人へと押し上げていく。ノーベル賞詩人の遺したテクストを読み解く本邦初の本格的研究。「極上の講義を受けている気分」（管啓次郎氏）。　2013

歴史・文学

高橋誠一郎著

ロシアの近代化と若きドストエフスキー

「祖国戦争」からクリミア戦争へ

四六判上製 272頁 2600円
978-4-915730-59-7

祖国戦争から十数年をへて始まりクリミア戦争の時期まで続いたニコライ一世（在位一八二五―五五年）の「暗黒の三〇年」。父親との確執、そして初期作品を詳しく分析することで、ドストエフスキーが「人間の謎」にどのように迫ったのかを明らかにする。　2007

歴史・文学

高橋誠一郎著

黒澤明で「白痴」を読み解く

四六判上製 352頁 2800円
978-4-915730-86-3

「白痴」の方法や意義を深く理解していた黒澤映画を通し、登場人物の関係に注目しつつ「白痴」を具体的に読み直す――。ロシアの「キリスト公爵」とされる主人公ムィシキンの謎に迫るだけでなく、その現代的な意義をも明らかにしていく。　2011

歴史・文学

高橋誠一郎著

黒澤明と小林秀雄

「罪と罰」をめぐる静かなる決闘

四六判上製
３０４頁
２５００円
978-4-86520-005-8

一九五六年十二月、黒澤明と小林秀雄は対談を行ったが、残念ながらその記事が掲載されなかったため、詳細は分かっていない。共にドストエフスキーにこだわり続けた両雄の思考遍歴をたどり、その時代背景を探ることで「対談」の謎に迫る。　２０１４

文学

長瀬隆著

ドストエフスキーとは何か

四六判上製
４４８頁
４２００円
978-4-915730-67-2

全作品を解明する鍵ドヴォイニーク（二重人、分身）は両義性を有する非合理的な言葉である。唯一絶対神を有りとする非合理な精神はこの一語の存在と深く結びついている。ドストエフスキーの偉大さはこの問題にこだわり、それを究極まで追及したことにある。　２００８

文学

木下豊房著

近代日本文学とドストエフスキー

夢と自意識のドラマ

四六判上製
３３６頁
３３０１円
978-4-915730-05-4

二×二が四は死の始まりだ。近代合理主義への抵抗と、夢想、空想、自意識のはざまでの葛藤。ポリフォニックに乱舞し、苦悩するドストエフスキーの子供たち。近代日本の作家、詩人に潜在する「ドストエフスキー的問題」に光を当て、創作意識と方法の本質に迫る。　１９９３

文学

木下豊房著

ドストエフスキー その対話的世界

四六判上製
３６８頁
３６００円
978-4-915730-33-7

現代に生きるドストエフスキー文学の本質を作家の対話的人間観と創作方法の接点から論じる。ロシアと日本の研究史の水脈を踏まえ、創作理念の独創性とその深さに光をあてる。国際化する研究のなかでの成果。他に、興味深いエッセイ多数。　２００２

文学

木下宣子著

ロシアの冠毛

Ａ５判上製
１１２頁
１８００円
978-4-915730-43-6

著者は二十世紀末の転換期のロシアを三度にわたって訪問。日本人として、日本の女性として、ロシアをうたった。そこに一貫して流れるのは、混迷する現代ロシアの身近な現実を通して、その行く末を温かく見つめようとする詩人の魂である。精霊に導かれた幻景の旅の詩。　２００３

歴史・芸術

近藤昌夫、渡辺聡子、角伸明、大平美智代、加藤純子著

イメージのポルカ

スラヴの視覚芸術

A5判上製 272頁 2800円

978-4-915730-68-9

聖像画イコン、シャガール、カンディンスキーの絵画、ノルシュティン、シュヴァンクマイエルのアニメ、ペトルーシュカやカシュパーレクなどの喜劇人形――聖と俗の様々な視覚芸術を触媒に、スラヴ世界の共通性とともに民族の個性を追い求める6編を収録。

2008

文学

J・サイフェルト詩集 飯島周訳

新編 ヴィーナスの腕

四六変上製 160頁 1600円

978-4-915730-26-9

詩人の全作品を通じて流れるのは『この世の美しきものすべて』、特に女性の美しさと自由に対するあこがれ、愛と死の織りなす人世模様や不条理を、日常的な言葉で表現しようとする努力である。ノーベル文学賞を受賞したチェコの国民的詩人の本領を伝える新編選集。

2000

文学

関口時正・沼野充義編

チェスワフ・ミウォシュ詩集

四六判上製 208頁 2000円

978-4-915730-87-0

ポーランドで自主管理労組《連帯》の活動が盛り上がりを見せる一九八〇年、亡命先のアメリカでノーベル文学賞を受賞し、一躍世界に名を知られることとなったチェスワフ・ミウォシュ。かれの生誕百年を記念して編まれた訳詩集。

2011

文学

飯島周、小原雅俊編

ポケットのなかの東欧文学

ルネッサンスから現代まで

四六判上製 560頁 5000円

978-4-915730-56-6

隠れた原石が放つもうひとつのヨーロッパの息吹。49人の著者による詩、小説、エッセイを一堂に集めたアンソロジー。目を閉じてページをめくると、そこは、どこか懐かしい、それでいて新しい世界。ポケットから語りかける、知られざる名作がここにある。

2006

芸術・文学

加藤有子編

ブルーノ・シュルツの世界

A5判上製 252頁 3000円

978-4-86520-001-0

シュルツの小説は、現在四〇ちかくの言語に訳され、世界各地で作家や芸術家にインスピレーションを与えている。そのかれは画業も残した。かれのガラス版画、油彩を収録するほか、作品の翻案と翻訳、作品が各所に与えた影響を論じるエッセイ、論考を集める。

2013

歴史・文学

沓掛良彦・阿部賢一編

バッカナリア 酒と文学の饗宴

四六判上製 384頁 3000円

978-4-915730-90-0

「酒」を愛し、世界の「文学」に通じた十二名の論考による「饗宴」。世界各地の文学作品で言及される酒を、縦横に読解していく。盃を片手に、さらなる読書へと誘うブックガイドも収録。酒を愛し、詩と小説を愛するすべての人に捧げる。

2012

文学

プラハ

ペトル・クラール著　阿部賢一訳

四六判上製
208頁
2000円
978-4-915730-55-9

パリへ亡命した詩人が、故郷プラハを追憶するとき、かつてない都市の姿が浮かび上がってくる。さりげない街の光景に、詩人は、いにしえの都市が発するメッセージを読み取っていく。夢想と現実を行き来しながら、百塔の都プラハの魅力を伝えてくれる珠玉のエッセイ。　2006

歴史・文学

プラハ　カフカの街

エマヌエル・フリンタ著　ヤン・ルカス写真　阿部賢一訳

菊判上製
192頁
2400円
978-4-915730-64-1

プラハ生まれのドイツ語作家フランツ・カフカ。彼のテクストに刻印された都市を、世紀末プラハを知悉する批評家エマヌエル・フリンタが解読していく。世紀転換期における都市の社会・文化的位相の解読を試みる画期的論考。写真家ヤン・ルカスによる写真を多数収録。　2008

芸術・文学

イジー・コラーシュの詩学

阿部賢一著

A5判上製
452頁
8400円
978-4-915730-51-1

チェコに生まれたイジー・コラーシュは「コラージュ」の詩人である。かれはコラージュという芸術手法を造形芸術のみならず、言語芸術においても考察し、体系的に検討した。ファシズムとスターリニズムの時代を生きねばならなかった芸術家の詩学の全貌。　2006

文学

古いシルクハットから出た話

アヴィグドル・ダガン著　阿部賢一他訳

四六判上製
176頁
1600円
978-4-915730-63-4

世界各地を転々とした外交官が〈古いシルクハット〉を回すとき、都市の記憶が数々の逸話とともに想い起こされる。様々な都市と様々な人間模様――。プラハに育ち、イスラエルの外交官として活躍したチェコ語作家アヴィグドル・ダガンが綴る晩年の代表的な短編集。　2008

文学

イヴァン・ツァンカル作品選

イヴァン・ゴドレール、佐々木とも子訳　鈴木啓世画

四六判上製
176頁
1600円
978-4-915730-65-8

四十年間働き続けたあなたの物語――労働と刻苦の末、いまや安らかな老後を迎えるばかりのひとりの農夫。しかし彼の目の前に突き出されたのはあまりにも意外な報酬だった。スロヴェニア文学の巨匠が描く豊かな抒情性と鋭い批判精神に満ちた代表作他一編。　2008

文学

慈悲の聖母病棟

イヴァン・ツァンカル著　佐々木とも子、イヴァン・ゴドレール訳　鈴木啓世画

四六判上製
208頁
2000円
978-4-915730-89-4

町を見下ろす丘の上に佇む慈悲の聖母会修道院――その附属病棟の一室に十四人の少女たちがベッドを並べている。丘の下の俗世を逃れたアルカディアのような世界で四季は夢見るように移り変わり、少女たちの静謐な日々が流れていくが……。　2011

文学

工藤左千夫著

新版 ファンタジー文学の世界へ

主観の哲学のために

四六判上製
160頁
1600円
978-4-915730-42-9

ファンタジーは現代への警鐘の文学であるとする著者が、J・R・R・トールキン、C・S・ルイス、フィリパ・ピアス、神沢利子、M・エンデ、ブロイスラー、宮沢賢治、ル・グウィンなどの東西の著名な作品を読み解き、そのなかで、主観の哲学獲得のための糸口を探る。　2003

文学

工藤左千夫著

すてきな絵本にであえたら

絵本児童文学基礎講座I

四六判並製
192頁
1600円
978-4-915730-46-7

小樽の絵本・児童文学研究センターで長年にわたって開講され、好評を得ている基礎講座の待望の活字化。第一巻の本巻は、就学前の児童にどのような絵本を、どのように読み聞かせたらよいのかを解説する。母親が子どもと一緒に学んでいくための必携、必読の書。　2004

文学

工藤左千夫著

本とすてきにであえたら

絵本児童文学基礎講座II

四六判並製
200頁
1600円
978-4-915730-66-5

絵本・児童文学研究センター基礎講座の第二弾。本巻は、就学後の児童にどのような本を与えたらよいのかを解説する。情操の必要性、第二次反抗期と秘密、社会性の意味、自尊の必要性など、子どもの成長に合わせ、そして自己実現へ向けた本との出会いを考えていく。　2008

文学

工藤直子、斎藤惇夫、藤田のぼる、工藤左千夫、中澤千磨夫著

だから子どもの本が好き

四六判上製
176頁
1600円
978-4-915730-61-0

私は何故子どもの本が好きか、何故子どもと子どもの本にかかわるのか、子どもの本とは何か――。五人の著者たちが、多くの聴衆を前に、この難問に悪戦苦闘し、それぞれの立場、それぞれの方法で、だから子どもの本が好き!、と答えようとした記録。　2007

文学

南裕介著

シベリアから還ってきたスパイ

四六判上製
340頁
1600円
978-4-915730-50-4

敗戦後シベリアに抑留され、ソ連によってスパイに仕立てられた日本人。帰国したかれらを追う米進駐軍の諜報機関、その諜報機関の爆破を企む反米過激派組織。戦後まもなく日本で起きたスパイ事件をもとに、敗戦後の日本の挫折と復活というテーマを独自のタッチで描く。　2005

国際理解

横浜国立大学留学生センター編

国際日本学入門

トランスナショナルへの12章

四六判上製
232頁
2200円
978-4-915730-72-6

横浜国立大学で六十数カ国の留学生と日本人学生がともに受講することのできる「国際理解」科目の人気講義をもとに執筆された論文集。対峙する複数の目＝「鏡」に映り、照らし合う認識。それが相互に作用し合う形で、「日本」を考える。

2009

哲学

素朴に生きる

大森荘蔵の哲学と人類の道

佐藤正衞著

四六判上製
256頁
2400円
978-4-915730-74-0

大森哲学の地平から生を問う！　戦後わが国の最高の知性の一人である大森荘蔵と正面からとり組んだ初めての書。大森が哲学的に明らかにした人間経験の根本的事実を、人類の発生とともに古い歴史をもつ狩猟採集文化の時代にまでさかのぼって検証する。

2009

歴史・思想

石川達夫著

マサリクとチェコの精神

アイデンティティと自律性を求めて

A5判上製　310頁　3800円

978-4-915730-10-8

マサリクの思想が養分を吸い取り、根を下ろす土壌となったチェコの精神史とはいかなるものであり、彼はそれをいかに見て何を汲み取ったのか？　宗教改革から現代までのチェコ精神史をマサリクの思想を織糸として読み解く。サントリー学芸賞・木村彰一賞同時受賞。　1995

歴史・文学

カレル・チャペック著　石川達夫訳

マサリクとの対話

哲人大統領の生涯と思想

A5判上製　344頁　3800円

978-4-915730-03-0

チェコスロヴァキアを建国させ、両大戦間の時代に奇跡的な繁栄と民主主義を現出させた哲人大統領の生涯と思想を、「ロボット」の造語で知られるチャペックが描いた大ベストセラー。伝記文学の傑作として名高い原著に、詳細な訳注をつけ初訳。各紙誌絶賛。　1993

チャペック小説選集

珠玉の作品を選んで編んだ本邦初の小説集

【全6巻】

子どもの頃に出会って、生涯忘れることのない作家。今なお世界中で読み継がれている、チェコが生んだ最高の才人。そして「ロボット」の造語で知られるカレル・チャペック。文学史上名高い哲学三部作を含む珠玉の作品を選んで、作家の本領を伝える。

文学

①受難像

K・チャペック著　石川達夫訳

四六判上製
200頁
1942円
978-4-915730-13-9

人間が出会う、謎めいた現実。その前に立たされた人間の当惑、真実を探りつつもつかめない人間の苦悩を描いた13編の哲学的・幻想的短編集。真実とは何か、人間はいかにして真実に至りうるかというテーマを追求した、実験的な傑作。

1995

文学

②苦悩に満ちた物語

K・チャペック著　石川達夫訳

四六判上製
184頁
1942円
978-4-915730-17-7

妻の不貞の結果生まれた娘を心底愛していた父は笑われるべきか？　外的な状況からはつかめない人間の内的な真実や、ジレンマに立たされ、相対的な真実の中で決定的な決断を下せない人間の苦悩などを描いた9編の中短編集。

1996

文学

③ホルドゥバル

K・チャペック著　飯島周訳

四六判上製
216頁
2136円
978-4-915730-11-5

アメリカでの出稼ぎから帰ってくると、家には若い男が住み込んでいて、妻も娘もよそよそしい……。献身的な愛に生きて悲劇的な最期を遂げた男の運命を描きながら、真実の測り難さと認識の多様性というテーマを展開した3部作の第1作。

1995

文学

④流れ星

K・チャペック著　飯島周訳

四六判上製
228頁
2233円
978-4-915730-15-3

飛行機事故のために瀕死の状態で病院に運び込まれた身元不明の患者X。看護婦、超能力者、詩人それぞれがこの男の人生を推理し、様々な展開をもつ物語とする。一人の人間の運命を多角的に捉えようとした作品であり、3部作の第2作。

1996

文学

⑤平凡な人生

K・チャペック著　飯島周訳

四六判上製
224頁
2300円
978-4-915730-21-4

「平凡な人間の一生も記録されるべきだ」と考えた一人の男の自伝。その記録をもとに試みられる人生の様々な岐路での選択の可能性の検証。3部作の最後の作品であり、哲学的な相対性と、それに基づく人間理解の可能性の認知に至る。

1997

文学

⑥外典

K・チャペック著　石川達夫訳

四六判上製
240頁
2400円
978-4-915730-22-1

聖書、神話、古典文学、史実などに題材をとり、見逃されていた現実を明るみに出そうとするアイロニーとウィットに満ちた29編の短編集。絶対的な真実の強制と現実の一面的な理解に対して、各人の真実の相対性と現実の多面性を示す。

1997

書名索引

＊は現在品切れです。